计算机科学与技术丛书

新形态教材

计算机导论

微课视频版 | 第2版

刘进锋 编著

清华大学出版社
北京

内 容 简 介

本书以计算机系统层次为主线,基本按照从底层硬件到高层应用的顺序,深入浅出地介绍计算机主要知识领域的基本内容。全书共14章,分别为概论、计数系统、计算机中信息的表示方法、计算机组成、问题求解和算法设计、程序设计语言、操作系统、计算机网络、因特网应用、数据库、软件工程、信息安全、人工智能、计算的限制。

本书层次清晰、知识系统、内容翔实、重点突出、讲述准确,兼顾了理论性与实用性。本书可作为普通高等学校计算机科学与技术、软件工程、网络工程、信息安全、数字媒体技术、人工智能等专业及相近专业的本科生教材,也可供相关科技人员参考。

版权所有,侵权必究。举报:010-62782989,beiqinquan@tup.tsinghua.edu.cn。

图书在版编目(CIP)数据

计算机导论:微课视频版/刘进锋编著.—2版.—北京:清华大学出版社,2024.6(2024.9重印)
(计算机科学与技术丛书)
新形态教材
ISBN 978-7-302-66374-4

Ⅰ.①计… Ⅱ.①刘… Ⅲ.①电子计算机-高等学校-教材 Ⅳ.①TP3

中国国家版本馆 CIP 数据核字(2024)第 107751 号

责任编辑:曾 珊
封面设计:李召霞
责任校对:申晓焕
责任印制:沈 露

出版发行:清华大学出版社
    网　　址:https://www.tup.com.cn,https://www.wqxuetang.com
    地　　址:北京清华大学学研大厦A座　　邮　编:100084
    社 总 机:010-83470000　　邮　购:010-62786544
    投稿与读者服务:010-62776969,c-service@tup.tsinghua.edu.cn
    质量反馈:010-62772015,zhiliang@tup.tsinghua.edu.cn
    课件下载:https://www.tup.com.cn,010-83470236
印 装 者:三河市龙大印装有限公司
经　　销:全国新华书店
开　　本:185mm×260mm　　印　张:18.25　　字　数:444千字
版　　次:2020年9月第1版　2024年7月第2版　印　次:2024年9月第3次印刷
印　　数:3001~5000
定　　价:69.00元

产品编号:101994-01

前言
PREFACE

21世纪是高速发展的信息化时代,计算机应用不断深入并与其他学科相结合,相关知识领域不断扩大。"计算机导论"作为计算机类专业的入门课程,需要介绍的知识在不断增加,但相应的学时可能还在减少。为了适应信息产业新技术的发展,满足普通高等院校提高教学质量的需要,高校教学和学习的教材必须与时代同步并不断更新。

本书第1版自2020年9月出版以来,被不少高校选为教材,师生反响不错,但在使用过程中,通过读者反馈及作者本人发现了一些细节错误或描述不当之处。本着为读者负责的精神,有必要对第1版进行修订。由于本书第1版的章节安排比较严谨合理,所以本版基本没有调整章节,主要是对内容细节错误或描述不当之处进行了修改;相对而言,第9章的9.6节和第10章的10.4节改动略多。

本书主要面向计算机大类相关专业的学生。大多数学生在最初的学习中可能有一个误解,以为计算机专业就是熟练使用常用软件、维修电脑以及编写程序,实际上计算机专业需要学习的内容远非如此。本书将带领学生游历计算机的世界,让学生从不同角度了解计算机系统,了解计算机专业涉及内容的广度,并对本科阶段将学习的主要专业课的概况有所了解。其他读者如果对计算机专业感兴趣,从这本书入门,也是一个不错的选择。

本书采用自底向上、由内到外的方式,探讨了计算机如何工作,可以做什么以及如何做。计算机系统就像一个交响乐团,由许多不同的元素组织在一起,构成一个整体。本书旨在使学生对未来几年需要学习的主要课程有一个总体的了解,在此基础上,对相关课程的特点及相互关系有一个全局的把握。

第1章主要描述了本书的组织结构以及计算机软硬件的发展历史。计算机系统工作时是一个整体,为了能够方便地学习及探讨其功能,可以将其分层,每层在整个系统中扮演着特定的角色。这种分层构成了计算机系统的全景图。

第2章和第3章分析了最内层——信息层,它反映了计算机内部表示信息的方式,这是一个纯概念层。计算机内的信息采用二进制数字表示,所以要理解计算机处理技术,首先必须理解二进制数制以及它与其他数制(如人们日常使用的十进制数制)的关系,第2章介绍了该内容。第3章探讨了如何用二进制表示及存储多种类型(如数值、文本、图像、音频和视频)的信息。

第4章介绍了硬件层,探讨了计算机硬件的基础——门与电路。此外,第4章还介绍了计算机硬件各组成部分的功能以及计算机指令的工作流程。

第5章和第6章介绍了程序设计层。第5章分析了问题求解过程以及计算机的问题求解方法,讲述了算法在解决问题中的作用、开发算法的策略、跟踪和测试算法的技术,并介绍了算法的基本结构以及伪代码表示。第6章介绍了多种程序设计语言,描述了不同类型程序设计语言的特点及主要语法。

  第7章讨论了操作系统和文件系统。每台计算机都用操作系统管理计算机的资源,实现人机交互,了解操作系统能做什么是理解计算机的关键。

  第8章和第9章讨论了通信层。第8章介绍基本的计算机网络技术,第9章介绍因特网及其应用。现在,计算机不再只是个人使用的孤立系统,计算机被连接到网络上,以共享信息和资源。通信层是计算机连接的基础层,利用计算机技术,可以与地球上的任何地方通信。因特网逐渐演化成全球性的网络,万维网使通信变得相对容易,它从根本上改变了计算机的使用价值,使普通人也能使用它。

  前面(内部)的分层重点在于如何使计算机系统运转,而应用层的重点则是用计算机解决真实世界的问题。通过运行相应的应用程序可以在多个领域展示计算机的威力,例如财务管理、建筑设计或游戏等。这一层范围广大,涉及计算机科学的几个子学科。第10章讨论了数据库方面的问题,第11章讨论了软件工程相关问题,第12章讨论了信息安全问题,第13章讨论了人工智能。

  第14章讨论了计算机在硬件、软件及通信方面的缺陷,以及哪些问题计算机不能解决或解决得不好,并分析了计算机的这些缺陷。

  本书附带7个实验(相关资料请到清华大学出版社网站本书页面下载),读者既能通过实验提高动手能力,也有助于理解理论知识。

  有时读者很容易陷入细节,看不清事物的全貌。本书每章都设置了"小结",是对该章内容的概括,读者在学习完一章后,可以根据小结将该章核心内容回顾一遍。另外,在学习本书的过程中,应该时常回想一下计算机系统的全景图,了解每一章所讲的内容处于计算机系统的哪一个分层。每一层的细节很重要,但只有从整体上理解它们,才能将这些细节融会贯通,体会它们的精妙之处。当然,计算机系统的分层不是绝对的,有些内容可能贯穿好几层,所以应该灵活对待。

  本书基本涵盖了计算机科学领域的主要内容。考虑到初学者对算法的理解及程序设计能力有限,所以与数据结构相关的比较难的内容,本书没有涉及。考虑到篇幅以及学生的知识基础,本书也没有讨论计算机图形学以及图像处理的内容。

  本书在编写过程中得到了宁夏大学信息工程学院领导和同事的鼓励及大力帮助,清华大学出版社的相关人员尤其是曾珊编辑为本书的出版做了很多工作,在此一并感谢。作者在本书的编写过程中,花费了大量心血,力求做到完美,但由于精力和能力有限,书中难免有疏漏、不妥之处,恳请各位同仁与广大读者批评指正。

刘进锋

2024年6月

学习建议
LEARNING ADVICE

多数学校对于"计算机导论"课程安排的课时有限,教师在教学过程中应该把握以下原则。

(1) 重点突出。讲透各章节的核心内容,非核心内容可以让学生课后阅读。

(2) 全景胜过细节。如果学生学习某些内容有困难,在不影响总体理解的情况下,可以降低难度,略过较难的章节。例如,第 2 章可以不要求掌握小数部分的转换问题;第 12 章可以略过加密算法细节及认证机制等;第 13 章涉及人工智能某些方法时,可以只学习其思想。

(3) 通过实验促进理论掌握。本书附有 7 个实验(请到清华大学出版社网站本书页面下载),可以安排在实验课或课外。将理论与实验结合,通过实验促进学生对理论的理解。

本书建议安排 32 学时的理论课和 16 学时的实验课,具体学时分配如下。

理论课时安排

章　节	学 时 安 排
第 1 章　概论	3
第 2 章　计数系统	1
第 3 章　计算机中信息的表示方法	2
第 4 章　计算机组成	3
第 5 章　问题求解和算法设计	3
第 6 章　程序设计语言	2
第 7 章　操作系统	2
第 8 章　计算机网络	2
第 9 章　因特网应用	2
第 10 章　数据库	2
第 11 章　软件工程	3
第 12 章　信息安全	2
第 13 章　人工智能	3
第 14 章　计算的限制	2

实验课时安排

实验内容	学 时 安 排
实验 1　Windows 操作	2
实验 2　Word 操作练习	2
实验 3　Excel 操作练习	2

续表

实 验 内 容	学 时 安 排
实验4　程序设计实验	2
实验5　网络实验	2
实验6　搭建Web服务器实验	3
实验7　数据库实验	3

由于本书涉及内容繁多，各学校专业重点、教师和学生的情况都不同，在学习本书时，可适当调整学时，根据实际情况对部分章节的学时进行增减。例如，对于大数据方向，第10章应增加学时；对于信息安全方向，第12章应增加学时；如果觉得第13章不容易掌握，可以科普性地用1个学时介绍。

微课视频清单
VIDED LIST

内　容	时　长	位　置
视频 1：计算机分层	6min55s	1.1.1 节节首
视频 2：电子计算机诞生	11min34s	1.1.2 节 2 开始处
视频 3：数制转换	18min48s	2.3 节节首
视频 4：计算机数据表示总结	10min06s	3.6 节节尾
视频 5：布尔代数的一些属性	4min35s	4.1.3 节节尾
视频 6：计算机工作原理	9min43s	4.3 节节首
视频 7：计算机问题求解要点	7min15s	5.2.2 节节首
视频 8：选择结构	6min18s	5.4.1 节节首
视频 9：循环结构	8min12s	5.4.2 节节首
视频 10：插入排序	11min39s	5.4.5 节 3 开始处
视频 11：多道程序内存管理	12min05s	7.3.2 节节首
视频 12：目录	10min51s	7.6.2 节节首
视频 13：网络地址	11min45s	8.4 节节首
视频 14：域名解析	6min37s	9.5.2 节节首
视频 15：SQL 语句	12min16s	10.4.2 节节首
视频 16：软件测试	6min23s	11.3.6 节节首
视频 17：计算机病毒	18min16s	12.7 节节首
视频 18：人工智能发展历程	43min00s	13.1.2 节 2 开始处
视频 19：人工神经网络	25min11s	13.4.8 节节首
视频 20：停机问题	9min06s	14.3.3 节节首

目 录
CONTENTS

第 1 章 概论 ··· 1
  1.1 计算机系统 ·· 1
    1.1.1 计算机系统的分层 ··· 1
    1.1.2 抽象 ·· 3
  1.2 计算机的历史 ·· 3
    1.2.1 计算机硬件简史 ·· 3
    1.2.2 计算机软件简史 ·· 8
  1.3 计算机的分类 ··· 11
  1.4 计算机应用领域 ·· 12
  1.5 计算机科学与技术学科知识体系 ··· 14
    1.5.1 CS2013 概况 ··· 14
    1.5.2 知识领域 ··· 15
  1.6 小结 ··· 18
  1.7 习题 ··· 19

第 2 章 计数系统 ·· 21
  2.1 数字与计算 ·· 21
  2.2 其他计数系统的运算 ·· 23
  2.3 数制间的转换 ··· 23
    2.3.1 非十进制数转换为十进制数 ··· 23
    2.3.2 十进制数转换为非十进制数 ··· 24
    2.3.3 二进制数与八进制数、十六进制数的转换 ····························· 25
  2.4 计算机与二进制 ·· 26
  2.5 小结 ··· 27
  2.6 习题 ··· 28

第 3 章 计算机中信息的表示方法 ··· 29
  3.1 数据类型 ··· 29
    3.1.1 数据类型简介 ·· 29
    3.1.2 计算机内部的数据 ·· 30
  3.2 数值数据的表示方法 ·· 31
    3.2.1 整数的表示方法 ··· 32
    3.2.2 实数的表示方法 ··· 36
  3.3 字符的表示方法 ·· 38
  3.4 音频的表示方法 ·· 40
  3.5 图像和图形的表示方法 ··· 41

		3.5.1	图像的表示方法	41
		3.5.2	图形的表示方法	43
3.6	视频的表示方法			43
3.7	小结			44
3.8	习题			44

第4章 计算机组成 46

4.1	门与电路			46
	4.1.1	概述		46
	4.1.2	门		47
	4.1.3	电路		50
	4.1.4	集成电路		52
4.2	计算机硬件的基本结构			52
	4.2.1	存储程序原理		52
	4.2.2	计算机硬件的组成部件		52
4.3	计算机工作过程			55
	4.3.1	机器周期		56
	4.3.2	简单计算机		56
	4.3.3	具体实例演示		58
4.4	具体的计算机硬件			62
	4.4.1	CPU		62
	4.4.2	二级存储设备		64
	4.4.3	输入/输出设备		66
4.5	小结			69
4.6	习题			69

第5章 问题求解和算法设计 71

5.1	问题求解			71
	5.1.1	如何解决问题		71
	5.1.2	应用示例		72
5.2	计算机问题求解			73
	5.2.1	计算机问题求解过程		73
	5.2.2	计算机问题求解要点		74
5.3	伪代码			75
	5.3.1	伪代码的功能		75
	5.3.2	伪代码示例		77
5.4	算法基础			79
	5.4.1	使用选择结构		79
	5.4.2	使用循环结构		80
	5.4.3	复合变量及用法		81
	5.4.4	搜索算法		83
	5.4.5	排序算法		86
5.5	几个重要思想			89
5.6	小结			91
5.7	习题			91

第 6 章　程序设计语言 …… 92

6.1　计算机语言的演化 …… 92
- 6.1.1　机器语言 …… 92
- 6.1.2　汇编语言 …… 92
- 6.1.3　高级语言 …… 93

6.2　翻译 …… 93
- 6.2.1　编译和解释 …… 93
- 6.2.2　翻译过程 …… 94

6.3　编程范式 …… 94
- 6.3.1　命令式范式 …… 95
- 6.3.2　声明式范式 …… 98

6.4　高级程序语言的共同概念 …… 100
- 6.4.1　数据类型 …… 100
- 6.4.2　标识符 …… 101
- 6.4.3　输入输出结构 …… 102
- 6.4.4　表达式 …… 103
- 6.4.5　语句 …… 103

6.5　面向对象语言的要素 …… 106
- 6.5.1　封装 …… 107
- 6.5.2　继承 …… 108
- 6.5.3　多态性 …… 108

6.6　小结 …… 109

6.7　习题 …… 110

第 7 章　操作系统 …… 111

7.1　操作系统的角色 …… 111
- 7.1.1　应用软件与系统软件 …… 111
- 7.1.2　操作系统的基本功能 …… 112

7.2　操作系统的历史及演化 …… 113
- 7.2.1　批处理 …… 113
- 7.2.2　分时系统 …… 114
- 7.2.3　其他 …… 115

7.3　内存管理 …… 115
- 7.3.1　单道程序 …… 115
- 7.3.2　多道程序 …… 116

7.4　进程管理 …… 118
- 7.4.1　进程状态 …… 118
- 7.4.2　进程控制块 …… 119
- 7.4.3　CPU 调度 …… 119

7.5　设备管理 …… 120

7.6　文件系统与目录 …… 121
- 7.6.1　文件系统 …… 121
- 7.6.2　目录 …… 124

7.7 主流操作系统介绍 127
    7.7.1 UNIX 127
    7.7.2 Linux 127
    7.7.3 Windows 128
    7.7.4 macOS 129
    7.7.5 移动端操作系统 129
7.8 小结 130
7.9 习题 131

第8章 计算机网络 133

8.1 计算机网络概述 133
8.2 网络的类型 134
8.3 网络模型及网络协议 137
    8.3.1 OSI 模型 137
    8.3.2 TCP/IP 模型 137
    8.3.3 TCP/IP 协议的功能 138
8.4 网络地址 142
    8.4.1 网络地址概述 142
    8.4.2 子网掩码 144
8.5 家庭上网方式 144
8.6 网络互联 146
    8.6.1 传输介质 146
    8.6.2 网络互联设备 148
8.7 小结 150
8.8 习题 151

第9章 因特网应用 152

9.1 因特网概述 152
    9.1.1 因特网的起源及发展 152
    9.1.2 中国因特网的发展 153
    9.1.3 互联网与因特网的区别 153
9.2 电子邮件 154
    9.2.1 电子邮件系统有关协议 154
    9.2.2 电子邮件工作原理 154
    9.2.3 电子邮件的使用 155
9.3 FTP 155
9.4 Telnet 156
9.5 域名系统 157
    9.5.1 域名规则 157
    9.5.2 域名与 IP 地址解析 158
9.6 万维网 160
    9.6.1 Web 工作原理 160
    9.6.2 HTML 简介 162
9.7 小结 163
9.8 习题 164

第 10 章 数据库 ································· 165

10.1 数据库概述 ································· 165
10.1.1 数据库系统的应用 ················· 166
10.1.2 数据库系统的产生 ················· 167
10.2 数据抽象 ······································ 169
10.3 数据库模型 ··································· 169
10.3.1 层次数据库 ···························· 169
10.3.2 网状数据库 ···························· 170
10.3.3 关系数据库 ···························· 170
10.4 关系数据库详解 ···························· 171
10.4.1 关系数据库模型 ····················· 171
10.4.2 结构化查询语言 ····················· 172
10.5 数据库设计 ··································· 176
10.5.1 实体—联系模型的基本概念 ····· 177
10.5.2 实体—联系图的基本图素 ········ 178
10.5.3 从 E-R 图到关系 ····················· 179
10.6 大数据简介 ··································· 181
10.6.1 大数据的概念与意义 ·············· 181
10.6.2 大数据的来源 ························· 183
10.6.3 大数据的应用场景 ················· 183
10.6.4 大数据的处理方法 ················· 184
10.7 小结 ··· 185
10.8 习题 ··· 186

第 11 章 软件工程 ································· 188

11.1 软件工程概述 ································ 188
11.1.1 软件的特点 ···························· 188
11.1.2 软件危机 ································ 189
11.1.3 软件工程的概念 ····················· 190
11.2 软件开发模型 ································ 190
11.2.1 瀑布模型 ································ 190
11.2.2 增量模型 ································ 191
11.3 软件生命周期 ································ 191
11.3.1 软件生命周期阶段划分 ··········· 191
11.3.2 生命周期理论对开发过程的指导意义 ··· 192
11.3.3 定义时期 ································ 192
11.3.4 设计阶段 ································ 195
11.3.5 实现阶段 ································ 196
11.3.6 测试阶段 ································ 197
11.3.7 软件文档 ································ 199
11.4 软件项目管理 ································ 200
11.4.1 软件项目管理概况 ················· 200
11.4.2 软件过程能力评估 ················· 201
11.5 小结 ··· 202

11.6 习题 ……………………………………………………………………………………… 203

第 12 章 信息安全 …………………………………………………………………… 204

12.1 信息安全概述 …………………………………………………………………… 204
　　12.1.1 信息安全的必要性 ……………………………………………………… 204
　　12.1.2 信息安全的定义及属性 ………………………………………………… 204
　　12.1.3 安全威胁 ………………………………………………………………… 206
　　12.1.4 安全技术 ………………………………………………………………… 207
12.2 对称密钥密码 …………………………………………………………………… 208
　　12.2.1 传统对称密钥密码 ……………………………………………………… 209
　　12.2.2 现代对称密钥密码 ……………………………………………………… 210
12.3 非对称密钥密码 ………………………………………………………………… 211
12.4 数字签名 ………………………………………………………………………… 213
　　12.4.1 数字签名系统 …………………………………………………………… 213
　　12.4.2 数字签名提供的安全服务 ……………………………………………… 214
12.5 认证 ……………………………………………………………………………… 215
12.6 防火墙 …………………………………………………………………………… 217
　　12.6.1 包过滤防火墙 …………………………………………………………… 217
　　12.6.2 代理防火墙 ……………………………………………………………… 218
　　12.6.3 状态监测防火墙 ………………………………………………………… 219
　　12.6.4 防火墙技术展望 ………………………………………………………… 220
12.7 计算机病毒 ……………………………………………………………………… 220
　　12.7.1 计算机病毒的概念 ……………………………………………………… 220
　　12.7.2 计算机病毒的分类 ……………………………………………………… 220
　　12.7.3 计算机病毒的防御 ……………………………………………………… 222
12.8 信息安全管理措施 ……………………………………………………………… 222
12.9 小结 ……………………………………………………………………………… 223
12.10 习题 …………………………………………………………………………… 223

第 13 章 人工智能 …………………………………………………………………… 226

13.1 概论 ……………………………………………………………………………… 226
　　13.1.1 图灵测试 ………………………………………………………………… 226
　　13.1.2 人工智能的发展历程 …………………………………………………… 227
　　13.1.3 人工智能流派及发展 …………………………………………………… 229
13.2 知识表示 ………………………………………………………………………… 231
　　13.2.1 知识的概念 ……………………………………………………………… 231
　　13.2.2 语义网法 ………………………………………………………………… 232
　　13.2.3 谓词逻辑法 ……………………………………………………………… 233
13.3 专家系统 ………………………………………………………………………… 236
13.4 机器学习 ………………………………………………………………………… 238
　　13.4.1 基本概念 ………………………………………………………………… 238
　　13.4.2 学习方式 ………………………………………………………………… 239
　　13.4.3 线性回归 ………………………………………………………………… 240
　　13.4.4 k-近邻算法 …………………………………………………………… 242
　　13.4.5 决策树 …………………………………………………………………… 243

    13.4.6 贝叶斯算法 ·············· 245
    13.4.7 聚类算法 ·············· 246
    13.4.8 人工神经网络 ·········· 248
  13.5 深度学习 ················· 252
    13.5.1 深度学习的特点 ········ 252
    13.5.2 常用的深度学习框架 ···· 253
  13.6 人工智能的主要成果 ········· 254
    13.6.1 人工智能的 3 个层次 ···· 254
    13.6.2 人工智能的主要应用领域 · 254
  13.7 小结 ··················· 255
  13.8 习题 ··················· 256

第 14 章 计算的限制························ 257

  14.1 硬件限制 ················· 257
    14.1.1 算术运算的限制 ········ 257
    14.1.2 部件的限制 ············ 261
    14.1.3 通信的限制 ············ 261
  14.2 软件限制 ················· 262
    14.2.1 软件的复杂度 ·········· 263
    14.2.2 当前提高软件质量的方法 · 263
  14.3 问题可解性 ··············· 266
    14.3.1 算法比较 ·············· 266
    14.3.2 图灵机 ················ 268
    14.3.3 停机问题 ·············· 268
    14.3.4 算法分类 ·············· 270
  14.4 小结 ··················· 270
  14.5 习题 ··················· 271

附录 ASCII 码对照表及其说明 ················ 272
参考文献 ····································· 274

第 1 章 概 论

CHAPTER 1

本书将带你游览计算机的世界,让你从不同角度了解计算机系统。对于计算机相关专业的学生,本书将介绍在本科阶段要学习的主要专业课的概况。本书采用自底向上、由内到外的方式,探讨了计算机如何工作,可以做什么,以及如何做。计算机系统就像一个交响乐队,由许多不同的元素组织在一起,构成了一个整体。本章将综述全书的各部分内容,为读者提供一个计算机系统的全景图。

本章学习目标如下。
- 描述计算机系统的分层。
- 描述抽象的概念以及它与计算的关系。
- 描述计算机硬件和软件的历史。
- 描述计算机的分类。
- 描述计算机应用领域。
- 了解计算机科学与技术学科知识体系。

1.1 计算机系统

计算机系统由硬件、软件以及管理的数据构成。计算机硬件是构成计算机及其附件(包括机箱、电路板、芯片、电线、硬盘驱动器、键盘、显示器、打印机等)的物理元件集合。计算机软件是提供计算机执行的指令的程序集合。计算机系统的核心是它管理的数据,如果没有数据,硬件和软件都毫无用处。

1.1.1 计算机系统的分层

※读者可观看本书配套视频1:计算机分层。

计算机系统工作时,是一个整体,为了能够方便地学习及探讨其功能,可以将其分层,每层在整个系统中都扮演着特定的角色。计算机系统的分层如图 1-1 所示,就像一个洋葱的结构。这种分层构成了计算机系统的全景图,也是本书的基本结构。

将各个分层从计算机系统中剥离出来进行探讨,每个分层自身就不那么复杂了。下面简单讨论每个分层,并说明在本书中详细讨论它们的具体章节。讨论的顺序是从内到外,也称为自底向上。

最内层的信息层反映了计算机内表示信息的方式,它是一个纯概念层。计算机内的信

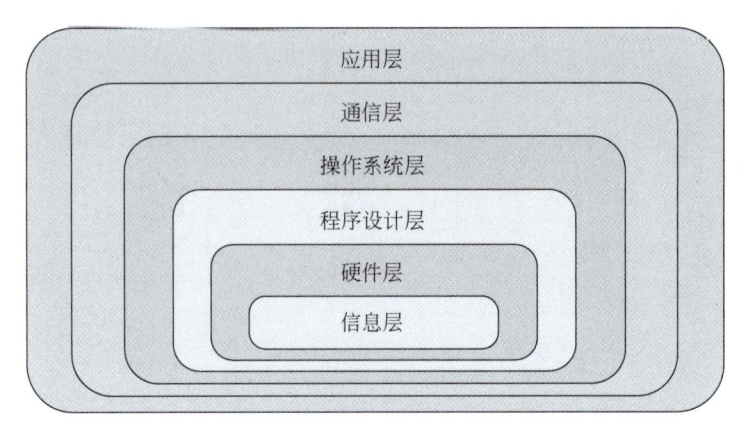

图 1-1　计算机系统的分层

息采用二进制数字来表示。所以,要理解计算机处理技术,首先必须理解二进制数制以及它与其他数制(如人们日常使用的十进制数制)的关系,并掌握如何用二进制表示及存储多种类型(如数值、字符、图像、音频和视频)的信息。第 2 章和第 3 章将探讨这些问题。

硬件层由计算机系统的物理硬件组成。计算机硬件包括门和电路,它们都按照基本原理控制电流。正是这些核心电路,使专用的元件(如计算机的中央处理器和存储器)得以运转。第 4 章将详细讨论这些问题。

程序设计层负责处理软件,用于实现计算机的指令以及管理数据。程序有多种形式,可以在许多层面上执行,由各种语言实现。尽管程序设计问题多种多样,但是它们的目的是相同的,即解决问题。第 5 章和第 6 章将探讨与算法和程序设计相关的问题。

每台计算机都用操作系统来管理计算机的资源,实现人机交互。常见的操作系统包括 Windows、Linux 以及 macOS 等。了解操作系统能做什么是理解计算机的关键。第 7 章将讨论这些问题。

现在,计算机不再只是个人使用的孤立系统,计算机被连接到网络上,以共享信息和资源。通信层是计算机连接的基础层,利用计算机技术可以与地球上的任何地方通信。因特网逐渐演化成全球性的网络,万维网使通信变得相对容易,它从根本上改变了计算机的使用价值,即普通人也能使用它。第 8 章和第 9 章将讨论有关网络通信的关键问题。

前面(内部)的分层重点在于使计算机系统运转,而应用层的重点则是用计算机解决真实世界的问题。通过运行相应的应用程序可以在多个领域展示计算机的威力,如财务管理、建筑设计或游戏。这一层范围广大,涉及计算机科学的几个子学科。本书在第 10 章讨论数据库方面的问题,第 11 章讨论软件工程相关问题,第 12 章讨论信息安全问题,第 13 章讨论人工智能。

本书的大部分章节都是介绍计算机能够做什么以及如何做的。本书最后讨论了计算机在硬件、软件及通信方面的缺陷,哪些问题不能解决或解决得不好,第 14 章将分析计算机的这些缺陷。

有时,我们很容易陷入细节,看不清事物的全貌。在学习本书的过程中,应该时常回想一下计算机系统的全景图,琢磨一下每章所讲的内容处于计算机系统的哪一层。每层的细节很重要,但只有从整体上理解它们,才能将这些细节融会贯通,体会到它们的精妙之处。

当然,计算机系统比较复杂,上述的分层方式不是绝对的,有些内容可能贯穿好几个层,所以应该灵活对待。

1.1.2 抽象

所谓抽象,是一种思考问题的方式,它删除或隐藏了复杂的细节,只保留实现目标所必需的信息。上面分析的计算机系统的层次是一个抽象的例子。当我们与计算机的一个分层打交道时,没有必要考虑其他分层。例如,在编写程序时,我们不必关心硬件是如何执行指令的。同样地,在运行程序时,我们也不必关心程序是如何编写的。

以汽车为例,即使我们知道汽车发动机是如何工作的,在开车时也不必考虑它。想象一下,如果在开车时,不断地想着火花塞如何点燃燃料从而驱动活塞推动曲柄轴带动齿轮工作,那样恐怕会把车开到沟里去了。一辆汽车太复杂,我们不能同时关注它的所有方面。这些技术细节就像变戏法时抛起的球,同时关注所有技术细节就太多了。但是,如果能够把汽车抽象成较小的规模,那么就可以将它简单处理,此时,无关的细节将被忽略。

信息隐藏是一个与抽象相关的概念。在开发软件时,程序员经常不允许程序的某一部分访问另一部分的信息,信息隐藏技术就能满足这种需求。此技术使程序的各个部分彼此隔离,从而减少错误,并使每个部分更易于理解。抽象关注的是外部视图,即事物的行为方式和我们与之互动的方式。信息隐藏是一种设计功能,它产生了抽象,使一些事情变得更容易。信息隐藏和抽象是一枚硬币的两面。

抽象艺术是另一种抽象的例子。一幅抽象画能表示某些东西,但绝不会陷于事实细节的泥淖,因为细节与画家的创作意图无关。事实上,现实的细节反而会妨碍那些画家认为重要的主题。

抽象是计算的关键,计算机系统的分层体现了抽象的概念。此外,抽象还以各种形式出现在各个分层中。事实上,在我们接下来要探讨的计算机系统的整个进化过程中,都有抽象的影子。

1.2 计算机的历史

与计算有关的历史十分悠久,下面分别介绍计算机硬件和软件的历史,它们对计算机系统进化以及前面提到的层次模型有着不同的影响。

大多数发明或创造都不是突然出现的,通常有一个不断发展的渐进过程,计算机的历史也是这样。辅助人们进行各种计算的设备自古就有,迄今为止,它们还在不断进化中。

1.2.1 计算机硬件简史

1. 机械计算机器(1930 年以前)

17 世纪中叶,法国数学家和物理学家布莱斯·帕斯卡(Blaise Pascal)建造并出售了一种齿轮驱动的机械机器,它可以执行整数的加法和减法运算,解决了自动进位这一关键问题。到了 20 世纪,尼克劳斯·沃思(Niklaus Wirth)发明了一种结构化的程序设计语言,他将其命名为 Pascal 语言,用来纪念帕斯卡这位发明首台机械计算器的科学家。

17 世纪末,德国数学家戈特弗里德·莱布尼茨(Gottfried Leibniz)建造了第一台能够进行 4 种整数运算(加法、减法、乘法和除法)的机械设备,称为莱布尼茨之轮(Leibniz

Wheel),如图 1-2 所示。遗憾的是,当时的机械齿轮和操作杆的水平有限,使莱布尼茨之轮的运算结果不那么可信。

18 世纪晚期,约瑟夫·雅卡尔(Joseph Jacquard)发明了提花织布机(Jacquard Loom)。这种织布机利用一套穿孔卡片来说明需要什么颜色的线,从而控制纺织图案。尽管提花织布机不是一种计算设备,但是它第一次使用了穿孔卡片(类似于存储程序)这种输入形式。

图 1-2 莱布尼茨之轮

19 世纪 20 年代,英国数学家查尔斯·巴贝奇(Charles Babbage)发明了差分机(Difference Engine)。它不仅能快速地进行简单的数学运算,还能解多项式方程。十几年后,巴贝奇提出了分析机(Analytical Engine)的设计构想,分析机不仅可以做数学运算,还可以做逻辑运算。分析机是一种机械通用计算机,在逻辑结构上与现代计算机很类似。由于设计太过复杂和资金不足等原因,他的设计根本就没有完整地实现出来。差分机和分析机的部分实验模型分别如图 1-3 和图 1-4 所示。

图 1-3 差分机

图 1-4 分析机的部分实验模型

英国著名诗人拜伦的独生女爱达·奥古斯塔(Ada Augusta)为分析机编制了人类历史上第一批计算机程序。美国国防部广泛使用的 Ada 程序设计语言就是以她的名字命名的。爱达是历史上第一位程序员,爱达和巴贝奇为计算机的发展建立了不朽的功勋,他们对计算机的预见超前了一个多世纪。正是他们的辛勤努力,为后来计算机的出现奠定了坚实的基础。

2. 电子计算机诞生(1930—1950 年)

※读者可观看本书配套视频 2:电子计算机诞生。

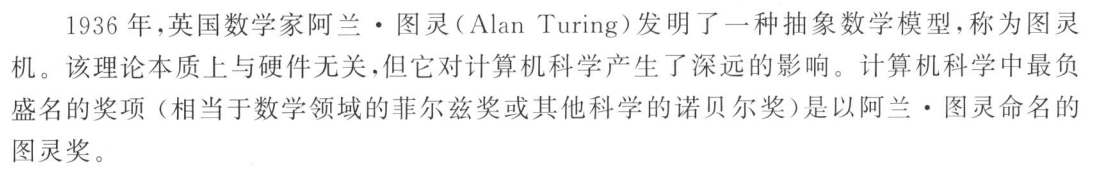

1936 年,英国数学家阿兰·图灵(Alan Turing)发明了一种抽象数学模型,称为图灵机。该理论本质上与硬件无关,但它对计算机科学产生了深远的影响。计算机科学中最负盛名的奖项(相当于数学领域的菲尔兹奖或其他科学的诺贝尔奖)是以阿兰·图灵命名的图灵奖。

1) 早期的电子计算机

在这一时期,计算机中的程序并不存储在存储器中,而是在计算机外部编程实现。下面简述其中比较杰出的代表。

1938 年,德国数学家康拉德·楚泽(Konrad Zuse)研制出 Z 系列通用计算机。其中,Z-3 型计算机是世界上第一台采用电磁继电器进行程序控制的通用自动计算机。

1939 年,美国的约翰·阿塔纳索夫(John Atanasoff)及其助手克利福德·贝利(Clifford Berry)发明了世界上第一台应用电子管技术建造的完全电子化的计算机,它又被称为 ABC(Atanasoff Berry Computer),主要用于解决一些线性方程问题。

20 世纪 30 年代,美国海军和 IBM 公司在哈佛大学发起了一项工程,在霍华德·艾肯(Howard Aiken)的直接领导下发明建造了一台名为 Mark I 的巨型计算机。这台计算机既使用了电子部件,也使用了机械部件。

1943 年,英国人汤米·佛劳斯(Tommy Flowers)发明了一台名为巨人(Colossus)的计算机,如图 1-5 所示。巨人计算机是为第二次世界大战期间破译德国密码而设计的,许多人认为它是世界上第一台计算机。

1946 年,美国宾夕法尼亚大学的约翰·莫奇利(John Mauchly)和普雷斯波·埃克特(J. Presper Eckert)成功研制了电子数字积分计算机(Electronic Numerical Integrator And Computer,ENIAC),许多人认为它是世界上第一台通用电子数字计算机。它共使用了 18000 个电子管、1500 个继电器及其他部件,长 30.48m、高 2.4m,重达 30t,如图 1-6 所示。

图 1-5 巨人计算机

2) 基于冯·诺依曼模型的计算机

前面 5 种计算机在处理不同的任务时,都需要重新插线或拨动开关进行外部编程,它们的存储单元仅用来存放数据。冯·诺依曼(John von Neumann)是 ENIAC 项目的顾问,他在一份报告中总结并提出了存储程序的概念,即程序和数据都应该存储在存储器中。按照

(a) ENIAC目前在宾夕法尼亚大学展馆的部分样品　　　　(b) ENIAC当年的照片

图 1-6　ENIAC

这种方法,每次使用计算机执行一项新的任务时,只需要改变程序,而不用重新布线或调节成百上千的开关。

离散变量自动电子计算机(Electronic Discrete Variable Automatic Computer,EDVAC)是由约翰·莫奇利和普雷斯波·埃克特设计的,冯·诺依曼担任了顾问。这台机器的概念及设计提出得很早,但真正造好是在 1952 年。这是第一台(概念上的)存储程序的电子计算机。电子延迟存储自动计算器(Electronic Delay Storage Automatic Calculator,EDSAC)是剑桥大学的莫里斯·威尔克斯(Maurice Wilkes)设计的,它借鉴了 EDVAC 的思想,于 1949 年建成,是第一台(实际的)存储程序的电子计算机。

3. 计算机硬件分代

1950 年至今出现的计算机差不多都基于冯·诺依曼模型。虽然它们的速度更快,体积更小,价格更便宜,但原理几乎是相同的。基于所采用的技术,计算机硬件的历史被划分成 4 代,每一代计算机的改进主要体现在硬件或软件方面,而不是基本模型。

1) 第一代(1950—1959 年)

第一代商用计算机使用真空管作为电路的元器件。图 1-7 所示为一个真空管。真空管耗电量大,易发热,而且不是特别可靠。使用真空管的计算机体积庞大,需要很大的专用机房,需要重型空调以及频繁维修。

第一代计算机的主存储器是在读/写臂下旋转的磁鼓。当被访问的存储器单元旋转到读/写臂下时,数据写入这个单元或从这个单元中读出。

第一代计算机的输入设备是读卡机,可以阅读穿孔卡片；输出设备是穿孔卡片或行式打印机。在这一代将要结束时,出现了磁带驱动器,它比读卡机快得多。

2) 第二代(1959—1965 年)

晶体管的出现标志着第二代计算机的诞生,晶体管代替真空管成为计算机硬件的主要部件。图 1-8 所示为一个晶体管,它比真空管体积小、速度快、能耗低、可靠性高、寿命长而且价格更便宜。

第二代计算机使用磁芯作为存储器,这是一种即时访问设备,比磁鼓的速度快。这一代还出现了磁盘这种新的外部存储设备。磁盘比磁带存储速度快,因为访问磁带上的一个数据项时,必须先访问这个数据项之前的所有数据,而磁盘上的数据都有位置标识符,磁盘的读/写头可以被直接送到磁盘上存储所需的信息的特定位置。

图 1-7　真空管　　　　　　　　图 1-8　晶体管

3）第三代(1965—1971 年)

在第二代计算机中,晶体管和其他计算机元件都靠手工集成在印刷电路板上。第三代计算机的特征是使用集成电路(Integrated Circuit,IC),它将大量的晶体管和电子线路组合在一块硅片上,故又称其为芯片,如图 1-9 所示。

集成电路比印刷电路小,更便宜,更快并且更可靠。Intel 公司的奠基人之一戈登·摩尔(Gordon Moore)提出了一个观点,他认为从发明集成电路起,一块集成电路板上能够容纳的晶体管的数量每 18～24 个月增长一倍,这就是著名的摩尔定律。

这一代计算机中,晶体管应用在存储器中,每个晶体管表示一位信息。这一代出现了终端(带有键盘和显示器的输入/输出设备),键盘方便用户直接输入信息,显示器可以方便快速地输出信息。

4）第四代(1971 年至今)

第四代计算机的特征是使用大规模和超大规模集成电路,如图 1-10 所示。20 世纪 70 年代早期,一个硅片上可以集成几千个晶体管。到 20 世纪 80 年代中期,一个硅片可以容纳整个微型计算机。在过去的几十年中,每一代计算机硬件的功能都变得越来越强大,体积越来越小,价格也越来越低。

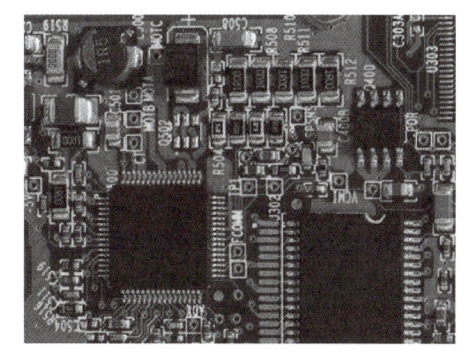

图 1-9　集成电路　　　　　　　　图 1-10　大规模集成电路

20 世纪 70 年代末,出现了个人计算机(Personal Computer,PC),很多计算机公司逐渐进入这一行业。个人计算机革命最著名的成功故事是苹果公司。1976 年,工程师史蒂夫·沃兹尼亚克(Stephen Wozniak)和高中生史蒂夫·乔布斯(Steve Jobs)在车库里创建了苹果公司,并组装个人计算机对外销售,大获成功。

IBM PC 是于 1981 年面世的,之后,其他公司迅速制造了许多与之兼容的机器。苹果公司在1984年生产了非常受欢迎的Macintosh微型计算机。

20世纪80年代,尽管使用单处理器的计算机占多数,但也出现了真正意义的使用并行体系结构的计算机。并行处理机使用多个互相连接的中央处理器协调并行工作,以加快执行速度。虽然把上百甚至上千个处理器组织在一台机器中有巨大的潜能,但是为这种机器进行程序设计的难度也很高。并行计算机的软件设计不同于通常的串行计算机软件设计,程序员通常需要重新思考解决问题的方法,利用并行性进行程序设计。

20世纪80年代至今,不断有人在研究突破冯·诺依曼结构的计算机,这些研究包括量子计算机、生物计算机、智能计算机等,但它们都还处于实验室阶段,离真正实用还有很长的距离。另外,虽然有各种所谓"第五代计算机"的提法,但概念大于实际,因此本书并不认可这些说法。

1.2.2 计算机软件简史

如果没有计算机软件的指引,计算机在开机后什么也做不了。了解软件的演变,对理解软件在现代计算机系统中的工作方式至关重要。

1. 第一代软件(1951—1959年)

第一代软件是用机器语言编写的。所谓机器语言就是特定计算机的指令。即使是将两个数字相加这样的小任务,也可能使用二进制数字(1和0)编写的3条指令,程序员必须记住二进制数字的组合表示什么。使用机器语言的程序员一定要对数字非常敏感,而且要非常细心,第一批程序员是数学家和工程师。用机器语言进行程序设计不仅耗时,而且容易出错。

由于编写机器代码非常乏味,有些程序员就开发了第一代人工程序设计语言,作为工具辅助程序设计,这种语言称为汇编语言,它们使用助记符表示每条机器语言指令。

由于每个程序在计算机上执行时采用的最终形式都是机器语言,所以汇编语言的开发者还创建了一种称为汇编器的翻译程序,把用汇编语言编写的程序翻译成机器语言。汇编器读取每条用助记符编写的程序指令,把它翻译成等价的机器语言。这些助记符都是英文单词的缩写码,有时难以理解,但它们比二进制数字串好用得多。第一代软件末期计算机语言的分层如图1-11所示。

图1-11 第一代软件末期计算机语言的分层

那些编写辅助工具的程序员,简化了他人的程序设计,是最初的系统程序员。因此,即使在第一代计算机软件中,也存在编写工具的程序员和使用工具的程序员这样的分类。汇编语言是程序员和机器硬件之间的缓冲器,即使是现在,如果必须要编写高效代码,还可能用汇编语言来编写。

2. 第二代软件(1959—1965年)

当硬件变得更强大时,就需要更强大的工具来有效地使用它们。汇编语言虽然比机器语言好用,但是不同计算机的汇编语言也不同,程序员还要针对特定计算机编程。为了改善这种状况,第二代软件使用了高级语言,用它编程更容易,而且高级语言与特定的计算机硬件无关。

第二代软件时期开发的语言中,有几种目前仍在使用。FORTRAN语言是为数学应用设计的，COBOL 语言是为商业应用设计的，Lisp 语言主要用于人工智能程序，它与 FORTRAN 和 COBOL 有很大的不同，而且没有被广泛使用。

高级语言的出现为在不同计算机上运行同一程序提供了可能。每种高级语言都有配套的翻译程序，这种程序可以把高级语言编写的程序翻译成等价的机器指令。最早时，高级语言的语句通常被翻译成汇编语言，然后这些汇编语言再被翻译成机器指令。任何计算机如果有称为编译器的翻译程序，就能够运行用 FORTRAN 或 COBOL 编写的程序。

在第二代软件末期，系统程序员的角色变得更加分明。系统程序员编写诸如汇编器和编译器这样的工具，使用这些工具编写程序的人，被称为应用程序员。随着包围硬件的软件变得越来越复杂，应用程序员距离计算机硬件越来越远了，第二代软件末期计算机语言的分层如图 1-12 所示。

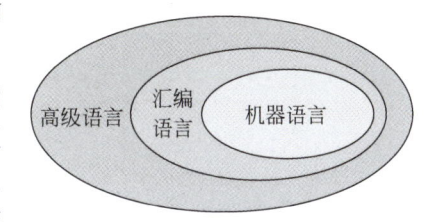

图 1-12 第二代软件末期计算机语言的分层

3. 第三代软件（1965—1971 年）

在第三代计算机时期，计算机的能力更强，可以处理多个作业。这一时期，出现了称为操作系统的系统软件，它能方便地控制计算机的资源，决定何时运行什么程序来完成某个作业。

在前两代软件时期，实用程序用于处理频繁执行的任务。装入器把程序载入内存，连接器则把大型程序连接在一起。第三代软件改进了这些实用程序，使它们处于操作系统的掌控中。实用程序、操作系统和语言翻译程序（汇编器和编译器）构成了系统软件。

用作输入/输出设备的计算机终端的出现，使用户能够直接访问计算机，而高级的系统软件则使机器运转得更快。但是，从键盘和屏幕输入/输出数据是个很慢的过程，比在内存中执行指令慢得多。因此出现了如何利用机器越来越强大的能力和速度的问题。解决方法就是分时，即许多用户用各自的终端同时与一台计算机进行通信（输入和输出），分时使用计算机资源，主要是中央处理器（Central Processing Unit，CPU）。控制这一进程的是操作系统，它负责组织和安排各个终端的作业。

对于用户来说，分时好像使他们有了自己的机器。每个用户都会被分配到一小段 CPU 时间，在 CPU 服务于一个用户时，其他用户将处于等待状态。用户通常不会察觉还有其他用户。但是，如果同时使用系统的用户太多，那么等待一个作业完成的时间就会变得很长。

在第三代软件中，出现了多用途的应用程序包，用 FORTRAN 语言编写的社会科学统计程序包（Statistical Package for the Social Science，SPSS）就是这样的程序包。SPSS 具有专用的语言，用户使用这种语言编写指令，作为程序的输入。使用这种专用语言，即使不是程序员也可以描述数据，并且对这些数据进行统计计算。

起初，计算机用户和程序员是一体的。在第一代软件末期，有了系统程序员和应用程序员的区分，但是，程序员仍然是用户。在第三代软件中，计算机用户的概念出现了，他们只使用计算机，并不需要懂得如何编写程序。

围绕硬件的软件层不断扩张，如图 1-13 所示。用户与硬件的距离逐渐加大，硬件逐渐演化成整个系统的一小部分。

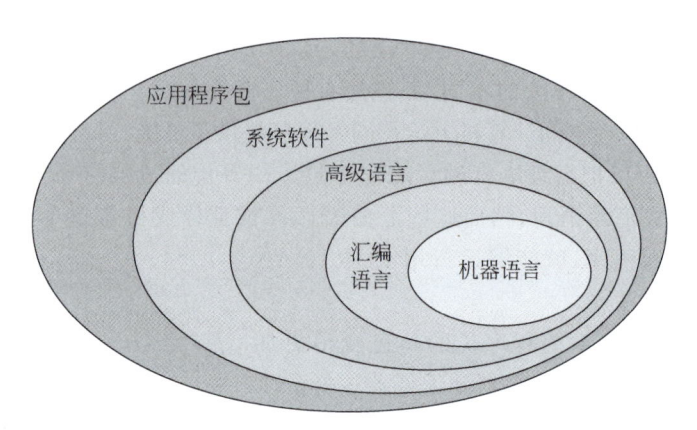

图 1-13　围绕硬件的软件层不断扩张

4. 第四代软件(1971—1989 年)

20 世纪 70 年代,出现了更好的程序设计技术——结构化程序设计方法,它是一种有逻辑、有规则的程序设计方法,Pascal 语言和 Modula-2 都是采用结构化程序设计的规则制定的。BASIC 这种为第三代计算机设计的语言也升级成更具有结构性的版本。此外,还出现了 C 语言,使用这种语言,用户可以在高级程序中使用一些汇编语句。

更好、更强大的操作系统也被开发出来了。UNIX 系统成了许多大学的标准配置。为 IBM PC 开发的 PC-DOS 系统和为了兼容开发的 MS-DOS 系统都成了个人计算机的标准系统。Macintosh 机的操作系统引入了鼠标的概念和点击式的图形界面,彻底改变了人机交互的方式。

高品质的、价格合理的应用程序软件包越来越多,这些软件包可以让一个没有计算机经验的用户完成一项特定的任务。3 种典型的应用程序包是电子制表软件、文字处理软件和数据库管理系统。Lotusl-2-3 是第一个商用电子制表软件,即使一个新手,也可以用它输入数据,对数据进行各种分析。WordPerfect 是第一个文字处理软件,dBase IV 是让用户存储、组织和提取数据的系统。

5. 第五代软件(1990 年至今)

第五代软件缘起于 3 个著名事件,即在计算机软件业具有主导地位的微软公司的崛起、面向对象的程序设计方法的出现以及万维网(World Wide Web,WWW)的普及。

在这一时期,微软公司的 Windows 操作系统在 PC 市场占有显著优势,Word 成了最常用的文字处理软件。20 世纪 90 年代中期,文字处理软件、电子制表软件、数据库程序和其他应用程序都被绑定在一个超级程序包中,这个程序包称为办公套件。

面向对象的程序设计方法成为大型程序设计项目的首选。结构化设计基于任务的层次划分,而面向对象的设计则基于数据对象的层次划分。Sun 公司为面向对象的编程方法设计的 Java 语言成为了 C++语言的竞争对手。

1989 年,欧洲粒子研究组织(European Organization for Nuclear Research,CERN[①])由 Tim Berners-Lee 领导的小组研究并设计了一个因特网(Internet)上最重要的应用——万维网。他为之创建了一套技术规则、格式化文档语言以及网站浏览器。此时的浏览器还不成熟,只能显示文本。1993 年,Marc Andreesen 和 Eric Bina 发布了第一个能显示图形的浏览

---

① CERN 源自法语 Conseil Européen pour la Recherche Nucléaire——编辑注

器 Mosaic。虽然 Internet 已经存在几十年了，但是万维网的出现，让使用 Internet 在世界范围内共享信息变得容易了，浏览器成为最重要的计算机应用程序。通过万维网共享信息成为软件最重要的方式之一，如图 1-14 所示。

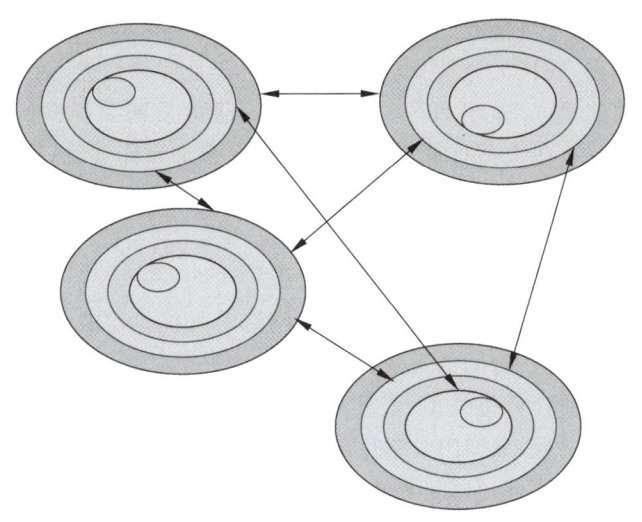

图 1-14　通过万维网共享信息

第五代软件重要的特征是用户概念的改变。早期的用户是程序员，他们编写程序来解决自己或他人的具体问题。随着个人计算机、计算机游戏、教育程序和用户友好的软件包的出现，许多人成为了计算机用户。万维网的出现，使网上冲浪成为了娱乐方式的一种选择，更多的人成为了计算机用户。当前，几乎所有人都是计算机用户。

1.3　计算机的分类

计算机系统按照不同的标准有不同的分类方式。从目前实用的角度，按照性能指标可以将计算机分为巨型计算机、大型计算机、服务器、个人计算机、手持设备、嵌入式计算机。但是随着技术的进步，各种型号的计算机的性能指标都在不断改进和提高，并且计算机的形态也随着时代在变化。因此，计算机的类别划分很难有一个精确的标准。

1. 巨型计算机

巨型计算机也称为超级计算机，是计算机中功能最强、运算速度最快、存储容量最大的一类，是国家科技发展水平和综合国力的重要标志。超级计算机拥有最强的并行计算能力，在气象、军事、能源、航天、探矿等领域承担大规模、高速度的计算任务。

TOP500（www.top500.org）榜单是对全球已安装的 500 台最快计算机进行排名的知名排行榜，每半年发布一次。在 2018 年前，我国的"天河 2 号"和"神威•太湖之光"分别 6 次和 4 次拿到冠军，连续 5 年占据了 TOP500 的榜首位置。2018 年 6 月，美国的 Summit 超越"神威•太湖之光"，排名第一，如图 1-15 所示。Summit 的计算核超过了 2000000 个，理

图 1-15　Summit 超级计算机

论峰值性能达到每秒 20 亿亿次计算。

2. 大型计算机

大型计算机是用来处理大容量数据的机器，主要用于大量数据和关键项目的计算，如银行金融交易及数据处理、人口普查、企业资源规划等。

与巨型计算机相比，现代大型计算机强调的不完全是计算性能，而是可靠性、安全性、向后兼容性和极其高效的输入/输出(I/O)性能。主机通常强调大规模的数据输入/输出，着重强调数据的吞吐量。有些大型计算机可以同时运行多个操作系统，因此，它不像是一台计算机，而更像是多台虚拟机。所以，一台主机可以替代多台普通的服务器，是虚拟化的先驱，同时主机还拥有强大的容错能力。

3. 服务器

服务器通常是指那些具有较高性能，能通过网络对外提供服务的计算机，其高性能主要表现在高速度的运算能力、长时间的可靠运行、强大的外部数据吞吐能力等方面。

服务器的构成与普通计算机类似，但在处理能力、稳定性、可靠性、安全性、可扩展性、可管理性等方面存在较大差异，其 CPU、芯片组、内存、磁盘系统、网络等硬件与普通计算机有所不同。服务器是网络的节点，存储、处理网络上 80% 的数据，在网络中起到举足轻重的作用。服务器主要有网络服务器、打印服务器、终端服务器、磁盘服务器、邮件服务器、文件服务器等。

4. 个人计算机

个人计算机是在大小、性能以及价位等多个方面适合个人使用，并由最终用户直接操控的计算机的统称。台式计算机(桌面计算机)、工作站、笔记本电脑到平板电脑等都属于个人计算机的范畴。工作站(Workstation)是一种高端的通用微型计算机，单用户使用，尤其在图形处理以及任务并行方面提供了比普通台式计算机更强大的性能。工作站通常配有高分辨率的大屏、多屏显示器及容量很大的内存和外存，并且具有极强的图形、图像处理功能。

5. 手持设备

手持设备也称为移动设备，如智能手机、Pad、电子书等。这些设备具有计算机的特征，可以接收输入，产生输出，有 CPU 和存储器。手持设备有允许用户安装应用和不允许用户安装应用两大类。

6. 嵌入式计算机

嵌入式计算机也称单片机或微控制器，是以应用为中心，以计算机技术为基础，软硬件可裁剪，适应应用系统对功能、可靠性、成本、体积、功耗等严格要求的专用计算机系统。嵌入式计算机把中央处理器、存储器、定时/计数器、各种输入/输出接口等都集成在一块集成电路芯片上，控制程序固化在存储器中，具有体积小、价格低廉、高度自动化、响应速度快等特点。嵌入式计算机通常作为装置或设备的一部分。事实上，生活中几乎所有电器设备里都使用嵌入式计算机，如手表、微波炉、洗衣机、电冰箱、电视、汽车等，都使用嵌入式系统。

1.4 计算机应用领域

1. 科学计算

早期的计算机主要用于科学计算，目前科学计算仍然是计算机应用的一个重要领域，如高能物理、工程设计、地震预测、气象预报、航天技术等。计算机具有高运算速度和精度以及逻辑判断能力,与其他学科结合,出现了计算力学、计算物理、计算化学、生物控制论等新的学科。

2. 信息管理

信息管理是目前计算机应用最广泛的一个领域。利用计算机可以加工、管理与操作任何形式的数据资料,如企业管理、物资管理、报表统计、账目计算、信息情报检索等。许多机构都建设了自己的管理信息系统(Management Information System,MIS),很多生产企业也采用了资源规划软件,商业流通领域则逐步使用电子信息交换系统,即所谓的无纸贸易。

3. 辅助技术

辅助技术包括计算机辅助设计(Computer Aided Design,CAD)、计算机辅助制造(Computer Aided Manufacturing,CAM)和计算机辅助教学(Computer Aided Instruction,CAI)等。

计算机辅助设计是利用计算机系统辅助设计人员进行工程或产品设计,以实现最佳设计效果的一种技术,它已广泛应用于飞机、汽车、机械、电子、建筑和轻工等领域。例如,在计算机的设计过程中,利用CAD技术进行体系结构模拟、逻辑模拟、插件划分、自动布线等,从而大大提高了设计工作的自动化程度。又如,在建筑设计过程中,可以利用CAD技术进行力学计算、结构计算、绘制建筑图纸等,这样不但提高了设计速度,而且可以大大提高设计质量。

计算机辅助制造是利用计算机系统进行生产设备的管理、控制和操作的过程。例如,在产品的制造过程中,用计算机控制机器的运行,处理生产过程中所需的数据,控制和处理材料的流动以及对产品进行检测等。使用CAM技术可以提高产品质量,降低成本,缩短生产周期,提高生产率和改善劳动条件。

计算机辅助教学是利用计算机系统辅助进行教学。可以用著作工具或高级语言来开发制作课件,它能引导学生循环渐进地学习,使学生轻松自如地从课件中学到所需要的知识。CAI的主要特色是交互教育、个别指导和因人施教。

4. 过程控制

过程控制是利用计算机及时采集检测数据,按最优值迅速地对控制对象进行自动调节或自动控制。采用计算机进行过程控制,不仅可以大大提高过程控制的自动化水平,而且可以提高控制的及时性和准确性,从而改善劳动条件,提高产品质量及合格率。计算机过程控制已在机械、冶金、石油、化工、纺织、水电、航天等领域得到广泛的应用。例如,在汽车工业方面,利用计算机控制机床和整个装配流水线,不仅可以实现精度要求高、形状复杂的零件加工自动化,而且可以使整个车间或工厂实现自动化。

5. 人工智能

人工智能(Artificial Intelligence,AI)是开发具有人类某些智能的应用系统,用计算机模拟人的思维判断、推理等智能活动,使计算机具有自适应学习和逻辑推理的功能,如计算机推理、智能学习系统、专家系统、机器人等,帮助人们学习和完成某些工作。现在人工智能的研究已取得不少成果,有些已走向实用阶段。人工智能在历史上经历了三起三落,目前世界各国对人工智能研究和应用的热情很高,加速了这一领域的发展。

6. 娱乐与游戏

计算机技术、多媒体技术、动画技术以及网络技术的不断发展，使得计算机能够以图像和声音集成形式向人们提供最新的娱乐和游戏方式。在计算机上可以观看影视节目，播放歌曲和音乐。许多影视节目、歌曲和音乐也可以从网络上下载，供人们免费或有偿欣赏。

1.5 计算机科学与技术学科知识体系

1.5.1 CS2013 概况

计算机科学与技术学科的变化日新月异，在多个方向上快速扩张，其课程体系的设计工作一向具有很强的挑战性，特别是既要面对日益多样化的与计算机科学相关的主题，又要面对计算领域与其他学科的日益融合。对本科生来说，"有限的在校学习时间与不断增长的知识的矛盾"更为突出。为了提高本科教学质量，电气和电子工程师协会（Institute of Electrical and Electronics Engineers，IEEE）和国际计算机学会（Association for Computing Machinery，ACM）每 10 年左右更新一次计算机课程体系规范，本书参考的是 Computer Science Curricula 2013，简称 CS2013。

CS2013 报告的撰写是在以下几个原则性指导意见下进行的。

（1）视计算机科学为一顶"大帐篷"（Big Tent）。现实情况下的计算机专业越来越多地涉及跨学科工作，如"计算生物学"（Computational Biology）、"计算工程学"（Computational Engineering），以及各种"计算 X 学"。以一个开放的态度看待计算机科学非常重要，作为一门学科，计算机科学应该积极寻求合作机会，与其他学科融合。

（2）控制课程体系的规模。虽然计算机科学的领域迅速扩大的势头还在继续，但课程体系的规模却不可能按同样的趋势随之扩张。鉴于此，CS2013 必须重新审视计算机科学的基本内容，为新增的知识点腾出空间，而不是让教学机构在设计其计算机科学专业时必须拿出比 CS2008 所要求的更多的总学时数。同时，要在计算机科学本质方面的教学不失其严谨性的前提下，提倡更灵活的课程设置。

CS2013 的知识本体由 18 个知识领域组成，对应计算领域中的 18 个研究专题，如表 1-1 所示。

表 1-1　CS2013 知识本体

缩写	知识领域	英文表示
AL	算法与复杂度	Algorithms and Complexity
AR	计算机体系结构与组织	Architecture and Organization
CN	计算科学	Computational Science
DS	离散数学	Discrete Structures
GV	图形与可视化	Graphics and Visualization
HCI	人机交互	Human-Computer Interaction
IAS	信息保障与安全	Information Assurance and Security
IM	信息管理	Information Management
IS	智能系统	Intelligent Systems
NC	网络与通信	Networking and Communications

续表

缩写	知识领域	英文表示
OS	操作系统	Operating Systems
PBD	基于平台的开发	Platform-based Development
PD	并行与分布式计算	Parallel and Distributed Computing
PL	程序设计语言	Programming Languages
SDF	软件开发基本原理	Software Development Fundamentals
SE	软件工程	Software Engineering
SF	系统基本原理	Systems Fundamentals
SP	社会问题与专业实践	Social Issues and Professional Practice

1.5.2 知识领域

下面简要介绍这 18 个知识领域。

1. 算法与复杂度

算法是计算机科学和软件工程的基础。现实世界中任何软件系统的性能仅依赖于两个方面：所选择的算法和在各不同层次实现的效率。

对所有软件系统的性能而言，好的算法设计都是至关重要的。此外，算法研究能够深刻理解问题的本质和可能的求解技术，而不依赖于具体的程序设计语言、程序设计模式、计算机硬件或其他任何与实现有关的内容。

计算的一个重要内容就是根据特定目的选择适当的算法并加以运用，同时认识到可能存在不合适的算法。这依赖于对那些具有良好定义的重要问题求解算法的理解，以及认识到这些算法的优缺点和它们在特定环境中的适宜性。效率是贯穿该领域的一个核心概念。

2. 计算机体系结构与组织

计算机在计算技术中处于核心地位。如果没有计算机，计算学科将只是理论数学的一个分支。作为计算机专业的学生，都应该对计算机系统的功能部件、功能特点、性能和相互作用有一定的理解，而不应该只将计算机看作一个执行程序的黑盒子。

了解计算机体系结构和组织还有一定的实际意义。为了构造程序，需要理解计算机体系结构，从而使该程序在一台真正的机器上能更有效地运行。在选择用于应用的系统时，应该理解各种部件之间的折中，如 CPU、时钟频率与内存大小的折中。

3. 计算科学

从该学科诞生之日起，计算科学的数值方法和技术就构成了计算机科学研究的一个主要领域。随着计算机问题求解能力的增强，该领域（正如该学科一样）已经在广度和深度两方面得到了发展。现在，计算科学本身就代表了一个学科，一个与计算机科学密切相关的学科。尽管它是计算机科学的一个组成部分，但不要求每个教学大纲都必须包含这些内容。

4. 离散结构

离散结构是计算机科学的基础内容，计算机科学许多领域的工作都要用到离散结构的概念。离散结构包括集合论、数理逻辑、代数系统、图论和组合数学等重要内容。离散结构的内容在数据结构、算法以及其他计算机科学领域都有广泛的应用。随着计算机科学与技术的日益成熟，越来越完美的分析技术被用于解决实际问题。为理解将来的计算技术，需要有坚实的离散结构基础。

5. 图形与可视化

图形与可视化领域可以划分成计算机图形学、可视化、虚拟现实以及计算机视觉4个相互关联的子领域。

计算机图形学是研究怎样用计算机生成、处理和显示图形的一个学科分支领域。可视化是指使用计算机图形学和图像处理技术，将数据转换成图形或图像在屏幕上显示，并进行交互处理的理论、方法和技术。虚拟现实是综合利用计算机三维图形技术、仿真技术、传感技术、显示技术、网络技术等合成一种虚拟环境，这种环境是计算机生成的一个以视觉感受为主，也包括视觉、触觉的综合可感知的人工环境，是计算机与用户之间的一种更为理想化的人—机界面形式。计算机视觉是研究怎样利用计算机实现人的视觉功能（包括对客观世界的三维场景的感知、识别和理解）的一个分支领域。对计算机视觉的理解和实践取决于计算学科中的核心概念，但也与物理、数学和心理学等密切相关。

6. 人机交互

人机交互的重点在于理解作为交互式对象的人的行为，知道怎样使用以人为中心的方法来开发和评价交互式软件系统。

7. 信息保障与安全

信息保障与安全是信息技术与计算的重要依靠，也是信息控制与处理过程的集合，该集合既包括技术方面的内容，也包括政策方面的内容，其目的在于通过保证其可用性、完整性、可认证性与机密性，用不可否认性来保护和定义信息和信息系统。保障包括了认证，使当前的与过去的过程和数据都是有效的，保障与安全的共同作用使信息变得更加可靠和完整。

8. 信息管理

信息管理几乎在所有使用计算机的场合都发挥着重要的作用。它包括信息获取、信息数字化、信息表示、组织、转化和信息的表现；有效地访问和更新存储信息的算法、数据建模和数据抽象以及物理文件的存储技术、共享数据的信息安全、隐私性、完备性和保护。要求学生能够建立概念和物理上的数据模型，对于给定的问题，能够选择和实现合适的信息管理解决方案。

9. 智能系统

人工智能关注的是自主系统的设计和分析。这些系统有些是软件系统，有些还配有传感器和传送器（如机器人或航天器）。一个智能系统要有感知环境、执行既定任务以及与其他代理进行交流的能力。这些能力包括计算机视觉、规划和动作、机器人学、多代理系统、语音识别和自然语言理解等。

智能系统依赖于一整套关于问题求解、搜索算法以及机器学习技术的专门知识表示机制和推理机制。人工智能为求解其他方法难以解决的问题提供了一些技术，包括启发式搜索、规划算法、知识表示的形式化机制、机器学习技术以及语言理解、计算机视觉和机器人学等领域中所包含的感知和动作问题的方法。

10. 网络与通信

计算机与通信网络的发展，尤其是基于传输控制协议/网际协议（Transmission Control Protocol/Internet Protocol，TCP/IP）的网络的发展，使得网络技术在计算机学科中变得更为重要。在以前的学科体系CC2001中，该领域包括计算机通信网络的基本概念和协议、多媒体系统、Web标准和技术、网络安全、移动计算以及分布式系统等传统网络的内容。

CS2013 对该领域进行了重组,将主要的关注点放在该领域的网络与通信方面,将网站应用和移动设备开发的内容放入基于平台的开发领域,将安全部分的内容放入新的信息保障和安全领域。该网络与通信的知识单元包括:网络应用、可靠数据传输、路由与转发、局域网、资源分配、移动网络、社会网络等。

11. 操作系统

操作系统是对计算机硬件行为的抽象,程序员用它对硬件进行控制。操作系统还负责管理计算机用户间的资源分配(如文件等)。

近年来,操作系统及其抽象机制相对于应用软件变得更加复杂,这就要求在系统地学习操作系统内部算法实现和数据结构之前,对操作系统有深入的理解。因此,操作系统的课程不仅要强调操作系统的使用(外部特性),还要强调它的设计和实现(内部特性)。

操作系统中的许多思想在其他计算机科学领域也有相当广泛的应用,如并行程序设计、算法设计与实现、虚拟环境的创建、网络高速缓存、安全系统的创建、网络管理等。

12. 基于平台的开发

这部分的内容不构成严格意义上的学科分支,它的划分是为了教学上的需要,将软件开发基本原理分支领域中基于指定平台的内容抽取出来,对它进行强调,它的基本问题与软件开发基础分支领域的基本问题相同,内容包括 Web 开发或基于移动设备平台开发等。

13. 并行与分布式计算

CC2001 将并行性的内容作为选修内容分别穿插在不同的学科领域。考虑到并行与分布式计算越来越突出的作用,CS2013 划分了这个新的领域。该领域包括程序设计模板、编程语言、算法、性能、体系结构和分布式系统等内容。并行与分布式计算建立在许多学科分支领域的基础上,包括对基础系统概念的理解,如并发和并行执行、一致性状态、内存操作和延迟。由于进程间的通信和协作根植于消息传递和共享内存模型的计算中,也存在于算法之中,如原子性、一致性以及条件等,因此,要想在实践中提高对该领域的把握,需要先对并发算法、问题分解策略、系统架构、实施策略与性能分析等内容有一个较深入的认识。

14. 程序设计语言

程序设计语言是程序员与计算机交流的主要工具。一个程序员不仅要掌握至少一种程序设计语言,更要了解各种程序设计语言的不同风格。在工作中,程序员会使用不同风格的语言,也会遇到许多不同的语言。为了迅速掌握一门新语言,程序员必须理解程序设计语言的语义以及在不同的程序设计范式之间设计上的折中。为了理解程序设计语言实用的一面,还要求程序员具有程序设计语言翻译和存储分配等方面的基础知识。

15. 软件开发基本原理

CS2013 在 CC2001 的基础上,对原来划分的程序设计基础领域进行了重组,将关注的内容进一步扩展到整个软件的开发过程,要求学生在大学一年级就系统地掌握软件开发的基本概念和技巧,包括算法的设计和简单分析、基本程序设计的概念、数据结构和基本的软件开发方法和工具等。

该领域课程要求在基本的编程中只强调那些在所有编程范例都常见的基础概念。可以综合程序设计语言、算法与复杂性以及软件工程等多个领域的内容,选择一个或多个编程范例(如面向对象编程、函数式编程或脚本编程)来说明这些概念。将形式化的分析与设计方法(如团队项目、软件生命周期)融入系列课程中,以形成一个完整的、连贯一致的第一学年的系列课程。

16. 软件工程

软件工程是一门关于如何有效构建满足用户需求的软件系统所需的理论、知识和实践的学科。软件工程适应各种软件开发，它包含需求分析、设计、构建、测试、运行和维护等软件系统生存周期的所有阶段。

软件工程使用工程化的方法、过程、技术和度量标准。它使用的工具有管理软件开发的工具，软件产品的分析和建模、质量评估和控制工具，确保有条不紊且有控制地实施软件进化和复用的工具。软件可由一个开发者或一组开发者进行开发，他们需要选择最适合已知开发环境的工具和方法。质量、进度、成本等软件工程的要素对软件系统的生产都是十分重要的。

17. 系统基本原理

系统基本原理不构成严格意义上的学科分支，它的划分是为了教学的需要，将构建应用程序所依赖的底层硬件、软件架构的基础概念抽取出来，为不同专业的学生奠定统一的基础。在以前的课程指南中，一个典型计算机系统的交互层包括硬件构造块、体系架构、操作系统服务、应用程序执行环境（特别是从现代应用视角出发来看并行执行），这些内容分散在许多知识领域。新领域为其他的知识领域（包括体系结构与组织、网络与通信、操作系统和并行与分布式计算）提出了一个统一的系统观点和共同的概念基础。

18. 社会问题与专业实践

学生需要了解计算机学科本身基本的文化、社会、法律和道德等问题，应该知道这个学科的过去、现在和未来。学生应该有提出关于社会对信息技术的影响问题的能力，以及对这些问题的可能答案进行评价的能力。将来的从业者必须能够在产品进入特定环境以前就能预测可能产生的影响和后果，并认识到他们承担的责任和失败后可能产生的后果，清楚地认识到他们自身的局限性和工具的局限性。学生需要认识到软硬件销售商和用户的权利，还必须遵守相关的职业道德。

知识领域并不是必需的课程和重要的课程样例，不同的学校和具体专业应该根据自己的实际情况取舍。

本书后面的章节将介绍上述部分知识领域的基础内容。因为这是一本计算机专业入门书，不可能面面俱到，因此在内容上有所取舍。

1.6 小结

计算机系统由构成设备的硬件、机器执行的软件及操作的数据组成，本章对计算机系统进行了概括性的介绍。计算系统可以分为多个层次，本书将大体按照从内到外的顺序逐一介绍这些分层。

我们通过计算机的历史了解了现代计算机系统的来源。计算机的历史被划分为4个时代，每个时代都以用于构建硬件的元件和为了让用户更好地利用这些硬件而开发的软件工具为特征。这些工具构成了包围硬件的软件层。

计算机科学与技术学科知识体系比较庞杂，CS2013的知识本体由18个知识领域构成。本书后续章节将分析构成计算系统的各个分层，目标是让读者理解和欣赏计算机系统的方方面面。

你可能会继续对计算机科学做深度的研究,为计算机系统的将来做出贡献;你也可能把计算机作为工具,成为其他学科的应用专家。无论你拥有什么样的未来,对计算机系统如何运作有一个基本了解都是必要的。

1.7 习题

1. 选择题

(1) 现代计算机是基于_____模型。
　　A. 莱布尼茨　　　　　　　　　　　B. 冯·诺依曼
　　C. 帕斯卡　　　　　　　　　　　　D. 查尔斯·巴比奇

(2) 在计算机中,_____子系统存储数据和程序。
　　A. 算术逻辑单元　　B. 输入/输出　　C. 存储器　　D. 控制单元

(3) 在计算机中,_____子系统执行计算和逻辑运算。
　　A. 算术逻辑单元　　B. 输入/输出　　C. 存储器　　D. 控制单元

(4) 在计算机中,_____子系统接收数据,还能将数据传给输出设备。
　　A. 算术逻辑单元　　B. 输入/输出　　C. 存储器　　D. 控制单元

(5) 在计算机中,_____子系统是其他子系统的管理者。
　　A. 算术逻辑单元　　B. 输入/输出　　C. 存储器　　D. 控制单元

(6) 根据冯·诺依曼模型,_____被存储在存储器中。
　　A. 只有数据　　　B. 只有程序　　C. 数据和程序　　D. 以上都不是

(7) 问题的分步骤解决被称为_____。
　　A. 硬件　　　　　B. 操作系统　　C. 计算机语言　　D. 算法

(8) FORTRAN 和 COBOL 是_____的例子。
　　A. 硬件　　　　　B. 操作系统　　C. 计算机语言　　D. 算法

(9) 在 17 世纪能执行加法和减法运算的计算机器是_____。
　　A. Pascaline　　　　　　　　　　B. Jacquard Loom
　　C. Analytical Engine　　　　　　D. Babbage Machine

(10) 在计算机语言中,_____是告诉计算机如何处理数据的一系列指令。
　　A. 操作系统　　　B. 算法　　　　C. 数据处理器　　D. 程序

(11) 第一台特殊用途的电子计算机被称为_____。
　　A. Pascal　　　　B. Pascaline　　C. ABC　　　　　D. ENIAC

(12) 第一代基于冯·诺依曼模型的计算机中有一个被称为_____。
　　A. Pascal　　　　B. Pascaline　　C. ABC　　　　　D. EDVAC

(13) 第一台使用存储和编程的计算机器被称为_____。
　　A. Madeline　　　　　　　　　　　B. EDVAC
　　C. Babbage Machine　　　　　　　D. Jacquard Loom

2. 问答题

(1) 计算机系统可以分为哪些层?各层的主要功能是什么?

(2) 试举几例，说明现实生活中你遇到的对事物的抽象。它们隐藏了什么细节？这些抽象是如何简化事物处理的？

(3) 第一台电子计算机应该是哪一台？你为什么这么认为？

(4) 计算机硬件分为哪几代？各有什么特点？

(5) 计算机软件分为哪几代？各有什么特点？

(6) 计算机系统按性能和用途可以分为哪几类？

(7) 简述计算机的应用领域。

(8) 计算机学科包括哪些知识领域？

第 2 章　计数系统

CHAPTER 2

本章介绍几种计数系统,重点讲述计算机硬件用来表示信息的基础——二进制,以及多种计数系统之间的转换。本章是第 3 章的先导。

本章学习目标如下。
- 理解不同的计数系统。
- 将二进制、八进制、十六进制数转换为十进制数。
- 将十进制数转换为二进制、八进制、十六进制数。
- 二进制、八进制、十六进制数相互转换。
- 理解二进制作为计算机信息表示的基础。

2.1　数字与计算

数字对计算至关重要。所有使用计算机存储和管理的信息类型,包括数值、字符、声音、图像、视频等信息最终都是以数字形式存储的。在计算机的最底层,所有信息都只用数字 0 和 1 存储。

在日常生活中,常用不同的规则来记录信息,如 1 年有 12 个月,1 小时有 60 分钟,1 分钟有 60 秒,1 米等于 10 分米,1 分米等于 10 厘米等。按进位表示一个数的计数方法称为进位计数制,又称数制。在进位计数制中,最常见的是十进制,此外还有二进制、八进制、十六进制等。计算机科学使用的是二进制。由于二进制写起来太长,为了方便,也使用八进制、十六进制。

计数系统有两个基本的概念:基数和运算规则。

基数是指一种数制中符号的总个数。二进制的基数是 2,使用 0 和 1 两个符号。八进制的基数是 8,使用 0~7 共 8 个符号。十进制的基数是 10,使用 0~9 共 10 个符号。十六进制的基数是 16,使用 0~9 以及 A、B、C、D、E、F(大小写均可)共 16 个符号。

运算规则就是进位或借位规则。例如,对于十进制,该规则是"逢十进一,借一当十";对于二进制,该规则是"逢二进一,借一当二",其他进制类似。

1. 十进制

十进制计数方法为"逢十进一",一个十进制数的每一位都只有 10 种状态,分别用 0~9 这 10 个数字表示,处于不同位置的数字代表不同的值,任何一个十进制数都可以表示为数字与 10 的幂次乘积之和。例如,十进制数 5296.45 可写成:

$$5296.45 = 5 \times 10^3 + 2 \times 10^2 + 9 \times 10^1 + 6 \times 10^0 + 4 \times 10^{-1} + 5 \times 10^{-2}$$

上式称为数值按位权多项式展开,其中 10 的各次幂称为十进制数的位权,10 称为基数。

2. 二进制

二进制是"逢二进一",每一位只有 0 和 1 两种状态,位权为 2 的各次幂。任何一个二进制数,同样可以用多项式之和来表示,如二进制数 1011.01 可以表示为:

$$1011.01 = 1 \times 2^3 + 0 \times 2^2 + 1 \times 2^1 + 1 \times 2^0 + 0 \times 2^{-1} + 1 \times 2^{-2}$$

二进制数整数部分的位权从最低位(小数点往左)开始依次是 $2^0, 2^1, 2^2, 2^3, 2^4, \cdots$,小数部分的位权从最高位(小数点往右)依次是 $2^{-1}, 2^{-2}, 2^{-3}, 2^{-4}, \cdots$。

3. 八进制

在计算机中,为了便于记忆和应用,除了二进制之外,还使用八进制数和十六进制数。八进制数的基数为 8,进位规则为"逢八进一",使用 0~7 共 8 个符号,位权是 8 的各次幂。例如,八进制数 3626.71 可以表示为:

$$3626.71 = 3 \times 8^3 + 6 \times 8^2 + 2 \times 8^1 + 6 \times 8^0 + 7 \times 8^{-1} + 1 \times 8^{-2}$$

4. 十六进制

十六进制数的基数为 16,进位规则为"逢十六进一",使用 0~9 及 A、B、C、D、E、F 这 16 个符号,其中 A~F 代表十进制数 10~15,位权是 16 的各次幂。例如,十六进制数 1B6D.4A 可表示为:

$$1B6D.4A = 1 \times 16^3 + 11 \times 16^2 + 6 \times 16^1 + 13 \times 16^0 + 4 \times 16^{-1} + 10 \times 16^{-2}$$

5. 进位计数制的表示

常用的 4 种进位计数制及其相互之间的对应关系如表 2-1 所示。

表 2-1 进制对照表

十进制	二进制	八进制	十六进制	十进制	二进制	八进制	十六进制
1	1	1	1	9	1001	11	9
2	10	2	2	10	1010	12	A
3	11	3	3	11	1011	13	B
4	100	4	4	12	1100	14	C
5	101	5	5	13	1101	15	D
6	110	6	6	14	1110	16	E
7	111	7	7	15	1111	17	F
8	1000	10	8	16	10000	20	10

4 种进制在书写时有如下 3 种表示方法。

(1) 在数字的后面加上下标(2)、(8)、(10)、(16),分别表示二进制、八进制、十进制和十六进制的数。例如,$3626.71_{(8)}$ 表示 3626.71 是个八进制数,$B5_{(16)}$ 表示 B5 是个十六进制数。

(2) 把一串数字用括号括起来,再加数制的下标 2、8、10、16。例如,$(10110101)_2$ 表示 10110101 是个二进制数,$(265)_8$ 表示 265 是个八进制数。

(3) 在数字的后面加上数制的字母符号 B、O、D、H 来分别表示二进制、八进制、十进制和十六进制。例如,10110101B 表示 10110101 是二进制数,B5H 表示 B5 是十六进制数。

本书采用了第二种表示法。在实际编程时,通常采用的是第三种表示方法,这是大家公认的习惯表示方法。

2.2　其他计数系统的运算

回忆一下十进制数运算的基本思想,0+1=1,1+1=2,2+1=3,以此类推。当要相加的两个数的和大于基数时,情况就变得比较有趣了。如1+9,因为没有表示10的符号,所以只能重复使用已有的数字,并且利用它们的位置,最右边的值将回0,它左边的位置上发生进位。因此,在以10为基数的计数系统中,1+9=10。

二进制运算的规则与十进制运算类似,不过可用的数字更少。0+1等于1,1+1等于0加一个进位,即10。同样的规则适用于较大数中的每一个数位,这一操作将持续到没有需要相加的数字为止。下面的例子是求二进制数101110和11011的和,每个数位之上的值标识了进位。

$$
\begin{array}{r}
11111 \quad \longleftarrow 进位 \\
101110 \\
+\ \ 11011 \\
\hline
=1001001
\end{array}
$$

可以通过把两个二进制数都转换成十进制数,用它们的和与上面的值比较来确认这个答案是否正确。101110等于十进制的46,11011等于27,它们的和是73,1001001等于十进制的73。

在初中学过的减法法则是9-1=8,8-1=7,以此类推,当要用一个较小的数减一个较大的数,如0-1时,要实现这样的减法,必须从减数数字中的左边数位上"借1"。更确切地说,借的是基数的一次幂。因此,在十进制中,借位时借到的是10。同样的规则适用于二进制减法。在二进制减法中,每次借位借到的是2。下面的例子是计算二进制数11001减110,例子上方标识出了借位。

$$
\begin{array}{r}
11 \quad \longleftarrow 借位 \\
11001 \\
-\ \ \ 110 \\
\hline
=10011
\end{array}
$$

八进制数加法的例子如下。
- $(7)_8+(2)_8=(11)_8$
- $(125)_8+(33)_8=(160)_8$

十六进制数加法的例子如下。
- $(9)_{16}+(1)_{16}=(A)_{16}$
- $(A)_{16}+(B)_{16}=(15)_{16}$
- $(12F)_{16}+(ED)_{16}=(21C)_{16}$

2.3　数制间的转换

※读者可观看本书配套视频3:数制转换。

2.3.1　非十进制数转换为十进制数

二进制、八进制与十六进制数转换为十进制数时,直接按多项式展开。

【例 2-1】 将二进制数 1011.01 转换为十进制数。

解：$(1011.01)_2 = 1\times 2^3 + 0\times 2^2 + 1\times 2^1 + 1\times 2^0 + 0\times 2^{-1} + 1\times 2^{-2} = 8+0+2+1+0+0.25 = (11.25)_{10}$

【例 2-2】 将八进制数 247.3 转换为十进制数。

解：$(247.3)_8 = 2\times 8^2 + 4\times 8^1 + 7\times 8^0 + 3\times 8^{-1} = (167.375)_{10}$

【例 2-3】 将十六进制数 A83 转换为十进制数。

解：$(A83)_{16} = 10\times 16^2 + 8\times 16^1 + 3\times 16^0 = (2691)_{10}$

2.3.2 十进制数转换为非十进制数

1. 十进制整数转换为非十进制整数

将十进制整数转换为非十进制整数采用的是"除基取余法"，即将十进制整数逐次除以要转换为的数值的基数，直到商为 0 为止，然后将所得的余数自下而上排列即可。

【例 2-4】 将十进制数 13 转换为二进制数。

解：该数为整数，用"除 2 取余法"，即将该整数反复用 2 除，直到商为 0；再将余数依次排列，先得出的余数在低位，后得出的余数在高位。

```
                余数
        2 | 13    1    ↑
        2 |  6    0    |
        2 |  3    1    |
        2 |  1    1    |
             0
```

由此可得 $(13)_{10} = (1101)_2$。

【例 2-5】 将十进制数 55 转换为八进制数。

解：将十进制整数通过"除 8 取余，逆序读数"转换为相应的八进制数。

```
               余数
       8 | 55    7    ↑
       8 |  6    6    |
            0
```

由此可得 $(55)_{10} = (67)_8$。

【例 2-6】 将十进制数 379 转换为十六进制数。

解：将十进制整数通过"除 16 取余，逆序读数"转换为十六进制整数。

```
               余数
      16 | 379    B    ↑
      16 |  23    7    |
      16 |   1    1    |
             0
```

由此可得 $(379)_{10} = (17B)_{16}$。

2. 十进制纯小数转换为非十进制纯小数

十进制纯小数转换为非十进制纯小数采用"乘基取整，顺序读取"规则。就是将已知十进制纯小数反复乘以要转换为的数制的基,保留结果的整数部分,然后不断地取小数部分乘以基数,保留结果的整数部分,反复进行,直到小数部分为 0 或满足精度要求为止。

【例 2-7】 将十进制小数 0.3125 转换为二进制数。

解：

$$0.3125 \times 2 = 0.6250 \quad 取整\ 0$$
$$0.6250 \times 2 = 1.25 \quad 取整\ 1$$
$$0.25 \times 2 = 0.5 \quad 取整\ 0$$
$$0.5 \times 2 = 1.0 \quad 取整\ 1$$

由此可得 $(0.3125)_{10} = (0.0101)_2$。

【例 2-8】 将十进制小数 0.32 转换为二进制数。

解：

$$0.32 \times 2 = 0.64 \quad 取整\ 0$$
$$0.64 \times 2 = 1.28 \quad 取整\ 1$$
$$0.28 \times 2 = 0.56 \quad 取整\ 0$$
$$0.56 \times 2 = 1.12 \quad 取整\ 1$$
$$0.12 \times 2 = 0.24 \quad 取整\ 0$$
$$\ldots$$

这样计算下去,小数部分永远不会为 0。这种情况说明,有的十进制小数不能用其他进制的小数精确表示。本例中如果要求转换后的二进制小数点后保留 4 位,则 $(0.32)_{10} = (0.0101)_2$。

同理,可将十进制小数通过"乘 8 取整,顺序读取"转换为相应的八进制小数,通过"乘 16 取整,顺序读取"转换为相应的十六进制小数。

3. 十进制数转换成非十进制数

如果一个十进制数既有整数部分,又有小数部分,应该如何处理呢？方法很简单,就是把整数部分和小数部分分别依照前面所讲的方法进行转换,再结合在一起即可。

【例 2-9】 将十进制数 13.3125 转换为二进制数。

解：只要将例 2-4 与例 2-7 的结果用小数点连接起来即可。

可得 $(13.3125)_{10} = (1101.0101)_2$。

上述将十进制数转换为二进制数的方法同样适用于将十进制数转换为八进制数和十六进制数,只不过所用基数不同而已。

2.3.3 二进制数与八进制数、十六进制数的转换

计算机内部使用二进制数。由于二进制数表示的位数多,读写很不方便,所以通常用八进制或十六进制数来书写。二进制和八进制与十六进制之间有着简单而直接的联系,它们之间的数据转换也非常简单。

1. 二进制数转换为八进制数

由于 3 位二进制数恰好是 1 位八进制数,因此将二进制数转换为八进制数时,只需以小数点为界,分别向左、向右,每 3 位二进制数分为一组,最后不足 3 位时用 0 补足 3 位(整数部分在高位补 0,小数部分在低位补 0)。然后将每组分别用对应的 1 位八进制数替换,即可完成转换。

【例 2-10】 将(11010101.0100101)₂ 转换为八进制数。

解：(011　010　101.　010　010　100)₂
　= (　3　　2　　5.　　2　　2　　4)₈

可得(11010101.0100101)₂ =(325.224)₈。

2. 八进制数转换为二进制数

由于 1 位八进制数恰好是 3 位二进制数，因此，只要将每位八进制数用相应的 3 位二进制数替换，即可完成转换。

【例 2-11】 将(652.307)₈ 转换为二进制数。

解：(　6　　5　　2　.　3　　0　　7　)₈
　= (　110　101　010.　011　000　111)₂

可得(652.307)₈ =(110101010.011000111)₂。

3. 二进制数转换为十六进制数

由于 4 位二进制数恰好是 1 位十六进制数，二进制数转换为十六进制数时，只需以小数点为界，分别向左、向右，每 4 位二进制数分为一组，不足 4 位时用 0 补足 4 位(整数在高位补 0，小数在低位补 0)。然后将每组分别用对应的 1 位十六进制数替换，即可完成转换。

【例 2-12】 将(1011010101.0111101)₂ 转换为十六进制数。

解：(0010　1101　0101.　0111　1010)₂
　= (　2　　D　　5.　7　　A　)₁₆

可得 (1011010101.0111101)₂ =(2D5.7A)₁₆。

4. 十六进制数转换为二进制数

对于十六进制数转换为二进制数，只要将每位十六进制数用相应的 4 位二进制数替换，即可完成转换。

【例 2-13】 将(1C5.1B)₁₆ 转换为二进制数。

解：(　1　　C　　5　.　1　　B　)₁₆
　= (0001　1100　0101　.　0001　1011)₂

可得 (1C5.1B)₁₆ = (111000101.00011011)₂。

2.4 计算机与二进制

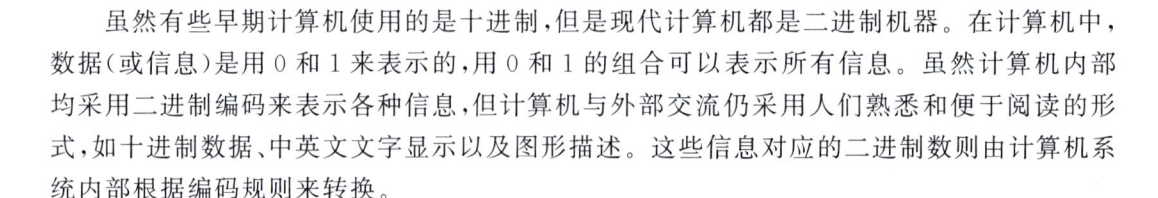

虽然有些早期计算机使用的是十进制，但是现代计算机都是二进制机器。在计算机中，数据(或信息)是用 0 和 1 来表示的，用 0 和 1 的组合可以表示所有信息。虽然计算机内部均采用二进制编码来表示各种信息，但计算机与外部交流仍采用人们熟悉和便于阅读的形式，如十进制数据、中英文文字显示以及图形描述。这些信息对应的二进制数则由计算机系统内部根据编码规则来转换。

1. 计算机采用二进制的原因

与十进制相比，二进制并不符合人们的习惯，但是计算机内部仍采用二进制编码表示信息，其主要原因有以下 4 点。

1) 容易实现

二进制数中只有 0 和 1 两个数码，易于用两种对立的物理状态表示。例如，用开关的闭合或断开两种状态分别表示1和0；用电脉冲有或无两种状态分别表示1和0；一切有两种对立稳定状态的器件(即双稳态器件)，均可以表示二进制的0和1。而十进制数有10个数码，需要十稳态器件，显然设计前一类器件要容易得多。

2) 可靠性高

计算机中实现双稳态器件的电路简单，而且两种状态所代表的两个数码在数字传输和处理中不容易出错，因而电路可靠性高。

3) 运算简单

在二进制中算术运算特别简单，加法和乘法仅各有3条运算规则。

- 加法：0+0=0,0+1=1,1+1=10。
- 乘法：0×0=0,0×1=1×0=0,1×1=1。

因此，可以大大简化计算机中运算电路的设计。相对而言，十进制的运算规则复杂很多。

4) 易于逻辑运算

计算机的工作离不开逻辑运算，二进制数的1和0正好可与逻辑命题的两个值"真"(True)与"假"(False)，或"是"(Yes)与"否"(No)相对应，这样就为计算机进行逻辑运算和在程序中的逻辑判断提供了方便，使逻辑代数成为计算机电路设计的数学基础。

2. 数据单位

计算机中最小的数据单位称为位(bit)，又叫比特，简记为b，就是一个为0或1的二进制数据。把8位集合在一起就构成了字节(Byte)，简记为B。字节集合在一起构成了字(word)。一个字的位数称为计算机的字长，不同类型的计算机有不同的字长。

现代计算机通常是32位或64位的，但也有些家用电器里使用的微处理器是8位的。无论使用的是什么计算机，它们最终采用的都是二进制计数系统。

计算机在表示数据时，还有KB、MB、GB、TB、PB等计量单位，计量换算关系如下：

1B=8b；
1KB=2^{10}B=1024B；
1MB=2^{20}B=1024KB；
1GB=2^{30}B=1024MB；
1TB=2^{40}B=1024GB；
1PB=2^{50}B=1024TB。

关于计算机和二进制数之间的关系，还有很多值得探讨的地方。计算机存储器中存储的都是由0和1组成的信息编码，它们代表不同的含义，有的表示计算机指令与程序，有的表示二进制数据，有的表示英文字母，有的则表示汉字，还有的表示图像，它们都采用各自不同的编码方案。本书在第3章将分析各种类型的数据，看看它们在计算机中是如何表示的，即采用什么样的编码方案。第4章将介绍如何用二进制数表示计算机执行的程序命令。

2.5 小结

数是使用位置计数法书写的，其中的每个数字的位置都有一个位值，数值等于每个数字与它的位值的乘积之和。位值是计数系统的基数的幂，在十进制计数系统中，位值是10的幂；在二进制计数系统中，位值是 2 的幂。

十进制数的运算规则也适用于其他计数系统，给计数系统中的最大数字加 1 将产生进位。

二进制数、八进制数和十六进制数是相关的，因为它们的基数都是 2 的幂。这种关系为它们之间的数值转换提供了快捷方式。

计算机硬件采用的是二进制数，低电压信号相当于 0，高电压信号相当于 1。

2.6 习题

(1) 计算机采用二进制编码有哪些好处？

(2) 计算机内部是采用二进制编码的，为什么还要学习多种计数系统的数值转换？

(3) 一个字节有几位？一个字有几位？

(4) 计算机表示数据时，B、KB、MB、GB、TB、PB 计量单位是怎样的关系？

(5) 请将下列数转换为十进制数。

  A. $(111)_2$ B. $(1011000)_2$ C. $(11110.111)_2$

  D. $(237)_8$ E. $(111)_8$ F. $(21.11)_8$

  G. $(FF)_{16}$ H. $(123)_{16}$ I. $(AB2.A)_{16}$

(6) 请将下列二进制数转换为八进制数和十六进制数。

  A. $(111110110)_2$ B. $(1000001)_2$

  C. $(100000.10)_2$ D. $(1111.111)_2$

(7) 请将下列十六进制数转换为二进制数和八进制数。

  A. $(A9)_{16}$ B. $(E07)_{16}$

  C. $(1001)_{16}$ D. $(BB.CC)_{16}$

(8) 请将下列十进制数转换为二进制数、八进制数和十六进制数。

  A. $(901)_{10}$ B. $(1001)_{10}$

  C. $(14.92)_{10}$ D. $(106.6)_{10}$

(9) 计算下列各进制的加法。

  A. $(1100011)_2+(11001)_2$ B. $(11111)_2+(1)_2$

  C. $(101)_8+(77)_8$ D. $(1FF)_{16}+(101)_{16}$

第 3 章　计算机中信息的表示方法

CHAPTER 3

计算机是一个可编程的数据处理机器,本章讨论不同的数据类型以及它们在计算机中是如何表示和存储的。

本章学习目标如下。
- 列出计算机中使用的 5 种不同的数据类型。
- 描述整数如何以无符号格式表示。
- 描述整数如何以二进制补码格式表示。
- 描述实数如何以浮点格式表示。
- 描述字符如何通过各种不同的编码标准表示。
- 描述音频如何表示。
- 描述图像和图形如何表示。
- 描述视频如何表示。

3.1　数据类型

没有数据,计算机就毫无用处,计算机执行的每个任务都是在以某种方式管理数据,因此,用适当的方式表示和组织数据是非常重要的。

首先,需要辨别"数据"和"信息"这两个术语。虽然它们通常可以互换使用,但进行区分有时还是有必要的,尤其对理解本章内容更是如此。数据是基本数值或事实,而信息是以有助于解决某种问题的方式组织和(或)处理的数据。

例如,计算机中存储的二进制数字 01000001,它就是"数据",但这个数据表示什么意思呢？即它包含的"信息"是什么呢？这就需要根据该数据具体的使用场合来判别。它可能表示的是一个数字,大小为十进制数 65；也可能是计算机指令的一部分,表示该指令是一条加法指令；也可能表示的是 A 这个字符；也可能表示的是图像的一个像素点的灰度,等等。

3.1.1　数据类型简介

计算机发展前期,计算机处理的几乎都是数值和字符数据,但现在它已经成为真正的多媒体设备,可以存储、表示以下各种类型的数据。

1. 数值

使用计算机(尤其是早期)的主要目的是对数值进行计算,如进行算术运算、求解代数或三角方程、找出微分方程的根等。

2. 字符
计算机利用文字处理程序处理字符,包括字符的存储、对齐、移动、删除等。

3. 音频(声音)
计算机能处理音频数据,我们可以使用计算机播放音乐,并且把声音作为数据输入到计算机中。

4. 图像和图形
计算机可以使用图像处理程序对图像进行创建、收缩、放大、旋转等。

5. 视频
计算机不但能用来播放视频,还能创建在视频中所看到的特技效果。

上述数据最终都被存储为二进制数据,被表示为由 0 和 1 组成的一串数字。本章将依次探讨每种数据类型,介绍它们在计算机中的表示方式。

3.1.2 计算机内部的数据

在开始介绍各种数据类型的表示法之前,要记住二进制的固有特性。1 位(bit)只能是 0 或 1,没有其他的可能,因此,1 位只能表示两种状态之一。例如,如果我们要把食物分成"甜"和"酸"两类,那么只用 1 位二进制数即可。可以规定 0 表示食物是甜的,1 表示食物是酸的。但是,如果要表示更多的分类(如"辣"),1 位二进制数就不能胜任了。

要表示多于两种的状态,就需要多个位。2 位可以表示 4 种状态,因为 2 位可以构成 4 种 0 和 1 的组合,即 00、01、10 和 11。例如,如果要表示一辆汽车采用的是 4 种挡位(停车、发动、倒车和空挡)中的哪一种,只需要 2 位二进制数即可,停车用 00 表示,发动用 01 表示,倒车用 10 表示,空挡用 11 表示。位组合与它们表示的状态很多时候是人为定义的,如果你愿意,也可以用 00 表示倒车。

如果要表示的状态多于 4 种,那就需要两个以上的位。3 位二进制数可以表示 8 种状态,因为 3 位数字可以构成 8 种 0 和 1 的组合。同样地,4 位二进制数可以表示 16 种状态,5 位可以表示 32 种,以此类推。表 3-1 给出了一些位组合。注意,每列中的位组合都是二进制数。

表 3-1 位组合

1 位	2 位	3 位	4 位	5 位
0	00	000	0000	00000
1	01	001	0001	00001
—	10	010	0010	00010
—	11	011	0011	00011
—	—	100	0100	00100
—	—	101	0101	00101
—	—	110	0110	00110
—	—	111	0111	00111
—	—	—	1000	01000
—	—	—	1001	01001
—	—	—	1010	01010
—	—	—	1011	01011

续表

1 位	2 位	3 位	4 位	5 位
—	—	—	1100	01100
—	—	—	1101	01101
—	—	—	1110	01110
—	—	—	1111	01111
—	—	—	—	10000
—	—	—	—	10001
—	—	—	—	10010
—	—	—	—	10011
—	—	—	—	10100
—	—	—	—	10101
—	—	—	—	10110
—	—	—	—	10111
—	—	—	—	11000
—	—	—	—	11001
—	—	—	—	11010
—	—	—	—	11011
—	—	—	—	11100
—	—	—	—	11101
—	—	—	—	11110
—	—	—	—	11111

一般说来，n 位二进制数能表示 2^n 种状态。请注意，每当可用的位数增加一位，可以表示的状态的数量就会多一倍。

反过来，如果想要表示 25 种状态，需要多少位呢？4 位二进制数不够，因为只能表示 16 种状态，因此至少需要 5 位二进制数，它们可以表示 32 种状态。由于我们只需要表示 25 种状态，所以有些位组合没有使用（无意义）。

有时候为了以后扩充或其他原因，即使技术上只需要用最少的位数表示一组状态，也可能多分配一些位。

计算机体系结构一次能够寻址和移动的位数有一个最小值，通常是 2 的幂，如 8、16 或 32。因此，分配给任何类型的数据的最小存储量通常是 2 的幂的倍数。

3.2 数值数据的表示方法

数值是计算机系统最常用的数据类型。对正整数来说，很自然地以它的二进制数来表示和存储。数值的表示还有两个问题需要解决：

(1) 如何处理数字的符号（负数如何表示）？

(2) 对于实数，如何处理小数点？

有多种方法可处理符号问题，本章后面将陆续讨论。对于实数，计算机使用定点和浮点两种不同的表示方法。

数值数据表示的分类如图 3-1 所示。

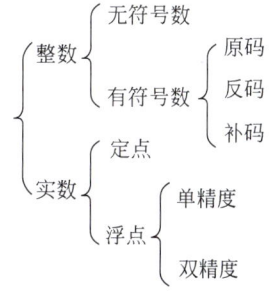

图 3-1 数值数据表示的分类

3.2.1 整数的表示方法

计算机系统中,为了更有效地表示和存储整数,有无符号数和有符号数两种不同的表示整数的方式。

1. 无符号整数表示法

无符号整数就是没有符号的整数,不能表示负数。计算机能表示的无符号整数的最大值是 2^n-1,这里 n 是计算机中分配用于表示无符号整数的二进制位数。例如,$n=8$ 时,能表示的最大无符号整数是 $2^8-1=255$,即表示的范围是 0~255。

1) 存储无符号整数

首先将整数转换为二进制数,如果要表示的整数转换为二进制数后不足 n 位,则在二进制整数的左边补 0,使它的总位数为 n。如果位数大于 n,该整数无法存储,会发生溢出,我们随后将讨论这个问题。

【例 3-1】 将十进制数 7 存储在 8 位存储单元中。

解:首先将 7 转换为二进制数 $(111)_2$。在左边加 5 个 0 使总位数为 8 位,即 $(00000111)_2$,再将该整数存储在存储单元中(因为计算机的存储单元的每一位,要么是 0,要么是 1,不可能为空,前面补 0 不影响数字的大小)。

【例 3-2】 将十进制数 258 存储在 16 位存储单元中。

解:首先将 258 转换为二进制数 $(100000010)_2$,在左边加 7 个 0 使总位数达到 16 位,即得到 $(0000000100000010)_2$,再将该整数存储在存储单元中。

2) 解析无符号整数

有时我们需要将计算机存储设备中的二进制位串显示为一个十进制的无符号整数。

【例 3-3】 当看到内存中的二进制位串 00101011,并且知道它表示的是一个无符号整数,那么它表示的相应的十进制数是多少?

解:使用第 2 章的数值转换方法,二进制整数 00101011 转换为十进制无符号整数 43。

3) 溢出

假设计算机的存储单元用 4 位来存储数据,那么它能存储的无符号整数的范围为 0~15。例如,当前存储单元中存储的整数是 $(11)_{10}$,又试图再加上 9,就发生了称为溢出的情况。因为 $11+9=20=(10100)_2$,也就是说表示十进制数 20 最少需要 5 位。在存储单元只有 4 位的情况下,计算机会丢掉最左边的位,保留右边的 4 位 0100。这样一来,看到的新的整数是 4(二进制数 0100 等于十进制数 4)而不是 20,就是由于溢出的原因。图 3-2 描述了为什么会发生这种情况。

4) 无符号整数的应用

无符号整数表示法因为不存储整数的符号,所有分配的位单元都可以用来存储数字,与后面讲的有符号整数相比,能提高存储的效率。计算机的某些应用中,如果确定不会用到负数,都可以用无符号整数表示。无符号整数可能应用于如下场合。

(1) 计数:当我们计数时,不需要负数,可以从 1(有时从 0)开始计数。

(2) 地址:有些计算机语言,在一个存储单元中存储了另一个存储单元的地址。地址都是从 0 开始到整个存储器的总字节数的正数,在这里同样也不会用到负数。

(3) 其他数据类型:我们后面将讲到的某些其他数据类型(字符、图像、音频和视频)在很多情况下使用的是非负整数。

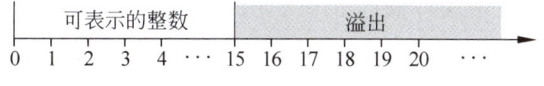

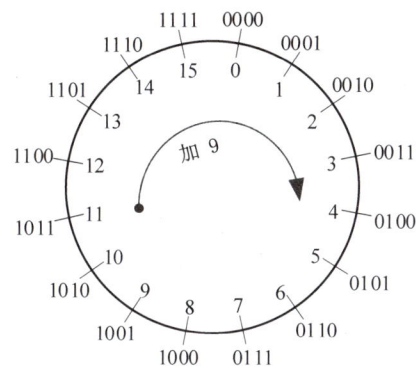

图 3-2　无符号整数的溢出

2. 有符号整数表示法

有符号整数包括负数、零以及正数。计算机中存储的是只有 0 和 1 的二进制串,所以怎么表示负号就成了一个需要解决的问题。

计算机发展过程中,出现了 3 种有符号整数的表示方法,分别是原码、反码以及补码。

1) 原码表示法

在这种方法中,n 位二进制数的有效范围 $0 \sim 2^n - 1$ 被分成两个相等的子范围。前一半表示正整数,后一半表示负整数。例如,当存储单元为 4 位时,有效范围是 0000~1111,这个范围被分为两半,0000~0111 以及 1000~1111。原码表示法如图 3-3 所示。

0000	0001	0010	0011	0100	0101	0110	0111	1000	1001	1010	1011	1100	1101	1110	1111
0	1	2	3	4	5	6	7	−0	−1	−2	−3	−4	−5	−6	−7

图 3-3　原码表示法

原码表示和存储一个整数时,需要分配最左边的 1 个二进制位(有时称为最高位)用于表示符号(0 表示正,1 表示负),剩余的二进制位用来表示数字的绝对值。可存储的数字范围是 $-(2^{n-1}-1) \sim (2^{n-1}-1)$,最大的正数值大约是无符号最大数的一半。例如,在一个 8 位存储单元中($n=8$),最左边的 1 位分配用于存储符号,其他 7 位表示数字的绝对值,存储范围是 −127~127。注意,原码表示方式中有两个 0:+0 和 −0,即图 3-3 中的 0000 和 1000。

【例 3-4】　用原码表示法将 +28 存储在 8 位存储单元中。

解:先将该整数转换为 7 位的二进制数。然后最左边的 1 位记为 0(下画线标记,下同),一共组成 8 位。

　　将 28 转换为 7 位的二进制　　0 0 1 1 1 0 0
　　加符号位并存储　　　　　　<u>0</u> 0 0 1 1 1 0 0

【例 3-5】　用原码表示法将 −28 存储在 8 位存储单元中。

解:先将 28 转换为 7 位二进制数。然后最左边的 1 位记为 1,一共组成 8 位。

　　将 28 转换为 7 位的二进制　　0 0 1 1 1 0 0
　　加符号位并存储　　　　　　<u>1</u> 0 0 1 1 1 0 0

【例3-6】 将用原码表示法存储的01001101转换成十进制整数。

解：因为最左位是0，所以符号为正。其余位(1001101)转换成十进制数77，得到整数是77。

【例3-7】 将用原码表示法存储的10100001转换成十进制整数。

解：因为最左位是1，所以符号为负。其余位(0100001)转换为十进制数33，得到的整数是-33。

原码表示法有两个问题。其一，表示0的方法有两种，一种是+0，另一种是-0，这不但浪费空间，而且会引起不必要的麻烦；其二，减法运算不能转换为加法运算。

以8位存储单元为例，0=1-1=1+(-1)=00000001+10000001=10000010=-2，这给计算机功能设计增加了复杂性。

基于上面两个原因，现在的计算机中，基本不用原码表示和存储整数了。

2) 反码表示法

反码表示法最高位是符号位(0表示正，1表示负)，正数的反码与原码相同，负数的反码是在其原码的基础上，除符号位外各位求反(原来为0的变为1，原来为1的变为0)。0的反码表示也有两个，即$(00000000)_2$和$(11111111)_2$。

【例3-8】 分别将十进制整数62和-62用反码表示法存储在8位存储单元中。

解：62的反码表示与原码表示相同，即$(00111110)_2$。

-62的原码表示为$(10111110)_2$，反码表示时，除了最左侧的符号位，其他位取反，得到$(11000001)_2$。

3) 补码表示法

当前几乎所有的计算机都使用补码表示法来存储有符号整数。这一方法中，有效范围$(0～2^n-1)$被分为两个相等的子范围。第一个子范围用来表示非负整数，第二个子范围用于表示负整数。补码能表示的数的范围是$-2^{n-1}～2^{n-1}-1$。例如，如果$n=4$，能表示的数的范围是-8～7，0000～0111表示非负数，1000～1111表示负数，补码表示法如图3-4所示。

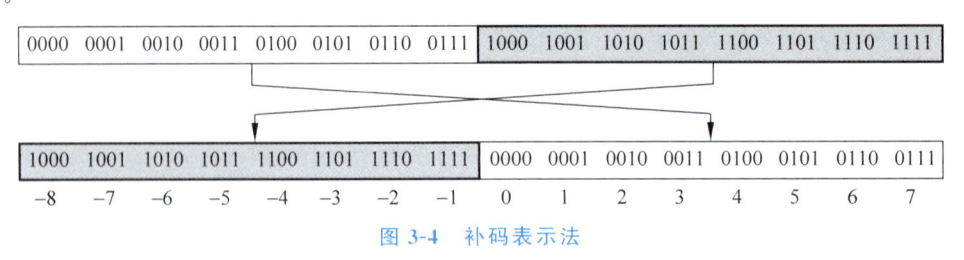

| 0000 0001 0010 0011 0100 0101 0110 0111 | 1000 1001 1010 1011 1100 1101 1110 1111 |

| 1000 1001 1010 1011 1100 1101 1110 1111 | 0000 0001 0010 0011 0100 0101 0110 0111 |
| -8 -7 -6 -5 -4 -3 -2 -1 | 0   1   2   3   4   5   6   7 |

图3-4 补码表示法

补码表示法的首位(最左位)决定符号，如果最左位是0，该整数非负，如果最左位是1，该整数是负数。

补码表示法中，正数的补码与原码相同，负数的补码是在该数反码的最低位加1。

【例3-9】 用补码表示法将整数28存储在8位存储单元中。

解：该整数是正数，其补码表示与原码表示相同，因此在将该整数从十进制转换为二进制数11100，再在左侧加3个0，使其构成8位二进制00011100。

【例3-10】 用补码表示法将整数-28存储在8位存储单元中。

解：该整数是负数，因此需要先表示为反码，再加1。

−28 的 8 位反码：　　　　　11100011
　　　　　　　　　　＋　　　　　　　1
　　　　　　　　　　＝　　　11100100

【例 3-11】 用补码表示法将整数 −28 存储在 16 位存储单元中。

解：该整数是负数，因此需要先表示为反码，再加 1。

−28 的 16 位反码：　　　1111111111100011
　　　　　　　　　　＋　　　　　　　　　　1
　　　　　　　　　　＝　　1111111111100100

已知一个补码表示的二进制串，求它表示的实际十进制数字，可以按下述方法计算。如果最高位为 0，表明该数为正数，直接将二进制串转换为十进制即可；如果最高位为 1，表明该数为负数，将该二进制串每位都取反，再加 1，得到的二进制串转换为十进制，前面加上负号。

【例 3-12】 已知在 8 位存储单元中存储的补码表示的二进制串 00001101，求它表示的实际十进制整数。

解：最左位为 0，因此符号为正，将该整数转换为十进制即可，$(00001101)_2=(13)_{10}$。

【例 3-13】 已知在 8 位存储单元中存储的补码表示的二进制串 11100110，求它表示的实际的十进制整数。

解：最左位是 1，因此符号为负，在整数转换为十进制前进行补码运算。

　　　11100110
取反：　00011001
＋　　　　　　　1
＝　　　00011010

$(00011010)_2=(26)_{10}$，加上负号，得到 −26。

4）补码表示法的溢出

同其他表示法一样，补码表示法存储的整数也会溢出。图 3-5 显示了当使用 4 位存储单元存储一个带符号的整数时出现的正负两种情况的溢出。当试图存储一个比 7 大的正整

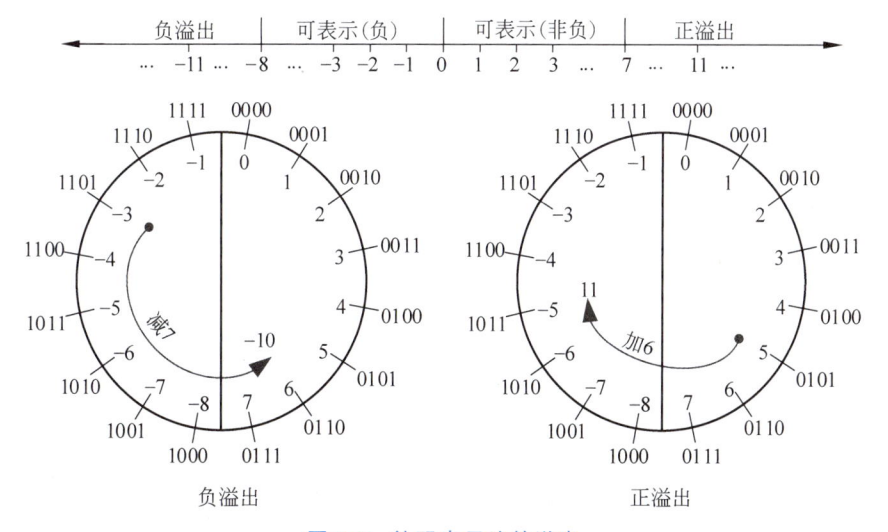

图 3-5　补码表示法的溢出

数时,出现正溢出。例如,存储单元保存的是整数5,想再加上6,我们期望的结果是11,但实际得到的值为-5。从图中可以形象地看到,从5开始顺时针走6个单位,就停在-5。当我们试图存储一个比-8还小的负整数时,出现负溢出。例如,整数-3再减去7,我们期望的结果是-10,但实际得到的值为+6。从图中可以形象地看到,从-3开始逆时针走7个单位,就停在+6了。

补码表示法的优点如下。

(1) 与原码和反码不同,补码不区分+0和-0,只有一种0的表示。

(2) 补码表示法的符号位可以直接参与运算,而且减法能转化为加法运算,在不溢出的情况下,能得到正确的结果。

例如,0=1-1=1+(-1)=0001【补码】+1111【补码】=0000【补码】=0。

正因为有上述优点,所以现在的计算机基本都采用补码表示和存储有符号整数。

3.2.2 实数的表示方法

实数具有整数部分和小数部分。例如,104.32、0.999999、357.0和3.14159都是十进制实数。

1. 实数的浮点表示法

数 N 的浮点形式可写成: $N=\pm M \times B^E$,其中,M 代表尾数,B 代表基,十进制数的基就是10,二进制数的基是2,E 代表阶码(指数)。

例如,十进制数74250000.00可以写成 7.425×10^7,可以看到它包含3部分,其中符号为+(正号隐含),尾数部分为7.425,指数为7;-0.000000000232可以写成 -2.32×10^{-10},其中符号为-,尾数为2.32,指数为-10。

用浮点格式表示二进制数字 $(1010010000000)_2$,使用类似十进制的方法,小数点前只保留一位数字,可以表示为 1.01001×2^{12},其中符号为+(隐含),指数为12(这里为了方便理解,写成十进制数12,实际情况下它以二进制数字1100存储),尾数为1.01001。

2. 规范化

为了使表示法的固定部分统一,科学记数法(用于十进制)和浮点表示法(用于二进制)都在小数点左边使用了唯一的非零数码,称为规范化。

+	2^6	×	1.0001110101
+	6		0001110101
↑	↑		↑
符号	指数		尾数

图 3-6 规范化表示

$(1000111.0101)_2$ 可以表示成如图3-6所示的规范化形式。

规范化以后,在计算机中表示时,需要考虑符号、指数和尾数这3部分的存储。因为所有的浮点数在规范化以后,尾数部分都是1.XXXX的形式,所以尾数部分小数点和左边的1不需要存储。

(1) 符号:符号可以用一个二进制位存储,0表示正数,1表示负数。

(2) 指数:指数(2的幂)可以为正,也可以为负,用余码表示法(后面讨论)表示。

(3) 尾数:尾数是指小数点右边的二进制数,它定义了该数的精度。尾数是作为无符号整数存储的,但需要记住,它不是整数。强调这一点是因为如果在尾数的左边插入多余的零,表示的值将改变,而在一个真正的整数中,如果在数字的左边插入多余的零,值是不会改变的。

3. 余码系统

浮点数的指数部分是有符号数,尽管可以用补码表示法存储,但现在计算机通常都使用一种称为余码的表示法表示指数。该表示法将原来的指数(可能是正数,也可能是负数)加一个正整数(称为偏移量),指数都变成了正数,可以用无符号数存储。这个偏移量的值是 $2^{m-1}-1$,m 是内存单元存储指数的位数。余码表示法的优点在于,当对指数进行比较或运算时不需要考虑正负。

4. IEEE 标准

IEEE 754 定义了几种存储浮点数的标准,这里只讨论单精度和双精度这两种最常用的格式(如图 3-7 所示)。方框上方的数是每一项的位数。

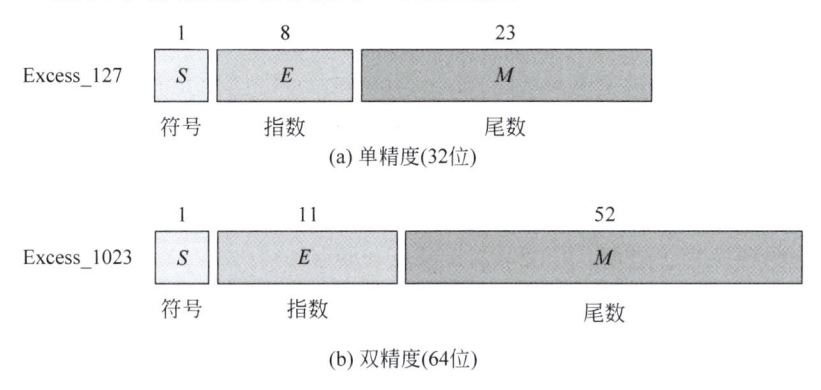

图 3-7 IEEE 单精度和双精度表示

单精度格式采用 32 位存储一个浮点数,符号占用 1 位(0 为正,1 为负),指数占用 8 位(余码使用的偏移量为 $2^{8-1}-1=127$),尾数占用 23 位(无符号数)。

双精度格式采用 64 位存储一个浮点数,符号占用 1 位(0 为正,1 为负),指数占用 11 位(余码使用偏移量为 1023),尾数占用 52 位。

一个实数可以按以下方法存储为 IEEE 标准浮点数格式。

(1) 在 S 中存储符号(0 或 1)。
(2) 将数字转换为二进制。
(3) 规范化。
(4) 找到 E 和 M 的值。
(5) 连接 S、E 和 M。

【例 3-14】 写出十进制数 6.75 的单精度表示。

解:

(1) 符号为正,所以 $S=0$。
(2) 十进制转换为二进制:$(6.75)_{10}=(110.11)_2$。
(3) 规范化:$(110.11)_2=(1.1011)\times 2^2$。
(4) 指数部分 E 使用余码,所以 $E=2+127=129=(10000001)_2$。
   尾数 $M=1011$,需要在 M 的右边增加 19 个 0 使之成为 23 位。
(5) 连接 S、E 和 M。

```
        0    10000001    10110000000000000000000
        S        E                  M
```

将 3 部分合并,存储在计算机中的二进制数字是 01000000110110000000000000000000。

【例 3-15】 写出十进制数 −161.875 的单精度表示。

解:

(1) 符号为负,所以 $S=1$。

(2) 十进制转换为二进制:$(161.875)_{10}=(10100001.111)_2$。

(3) 规范化:$(10100001.111)_2=(1.0100001111)\times 2^7$。

(4) 指数 $E=7+127=134=(10000110)_2$,尾数 $M=(0100001111)_2$。

(5) 连接 S、E 和 M。

$$\begin{array}{ccc} 1 & 10000110 & 01000011110000000000 \\ S & E & M \end{array}$$

存储在计算机中的二进制数字是 11000011001000011110000000000000。

【例 3-16】 写出十进制数 −0.0234375 的单精度表示。

解:

(1) 符号为负,所以 $S=1$。

(2) 十进制转换为二进制:$0.0234375=(0.0000011)_2$。

(3) 规范化:$0.0000011=1.1\times 2^{-6}$。

(4) 指数 $E=-6+127=121=(01111001)_2$,尾数 $M=(1)_2$。

(5) 连接 S、E 和 M。

$$\begin{array}{ccc} 1 & 01111001 & 10000000000000000000000 \\ S & E & M \end{array}$$

存储在计算机中的二进制数字是 10111100110000000000000000000000。

3.3 字符的表示方法

字符(Character)是文字与符号的总称,包括文字、图形符号、数学符号等。一组字符的集合就是字符集(Charset)。字符集常常和一种具体的语言文字对应起来,该文字中的所有字符或大部分常用字符就构成了该文字的字符集,如英文字符集、汉字字符集、日文汉字字符集等。

我们在计算机屏幕上看到的字符,不管是英文字符还是汉字字符,在计算机中是怎么表示和存储的呢?我们已经知道,计算机实质上只能存储二进制(0 和 1)序列串,计算机要处理各种字符,就需要将每个字符和一个二进制序列串对应起来,这种对应关系就是字符编码(Character Encoding)。

制定编码首先要确定字符集,并将字符集内的字符排序,然后和二进制数字对应起来。根据字符集内字符的多少,需要确定用几位二进制来编码,二者是对数关系。如果需要编码的字符有 n 个,那么至少需要 $\text{lb}n$ 位二进制来编码。

每种编码都限定了一个明确的字符集合,叫作被编码过的字符集(Coded Character Set),这是字符集的另外一个含义,通常所说的字符集大多是这个含义。下面介绍几种常见的字符集。

1. ASCII

ASCII(American Standard Code for Information Interchange)是目前计算机中使用最广泛的字符集及编码,由美国国家标准局(American National Standards Institute,ANSI)制定。它被国际标准化组织(International Organization for Standardization,ISO)认定为国际标准,称为 ISO 646 标准。

基本的 ASCII 字符集共有 128 个字符,其中有 96 个可打印字符,包括常用的字母、数字、标点符号等,另外还有 32 个控制字符。标准 ASCII 使用 7 个二进制位对字符进行编码。例如,大写字母 A~Z 的 ASCII 编码依次从 65(二进制为 1000001)到 90,小写字母 a~z 的 ASCII 编码依次从 97 到 122,相应的大小写字母之间差 32。数字字符(0,1,2,…,9)对应的 ASCII 编码从 48 到 57。具体 ASCII 码表请参考附录。

虽然标准 ASCII 码是 7 位编码,但由于计算机基本处理单位为字节(1 字节=8 位),所以一般仍以一个字节存放一个 ASCII 字符。每一个字节中多余出来的一位(最高位)在计算机内部通常保持为 0(在数据传输时可用作奇偶校验位)。

2. 汉字编码

1) GB2312

ASCII 编码只有 8 位,即使将最高位利用起来,总共也只能表示 $2^8=256$ 个字符。为了满足在计算机中使用汉字的需要,中国国家标准总局发布了一系列的汉字字符集国家标准编码,统称为 GB 码,或国标码。其中最有影响的是于 1980 年发布的《信息交换用汉字编码字符集 基本集》,简称为 GB2312。GB2312 编码通行于中国大陆,新加坡也采用此编码。

GB2312 是一个简体中文字符集,编码用两个字节(16 位二进制)表示一个汉字,所以理论上最多可以表示 $2^{16}=65536$ 个汉字。由于兼容等方面的限制,实际上 GB2312 由 6763 个常用汉字和 682 个全角的非汉字字符组成。

为了与 ASCII 兼容,GB2312 字符在进行存储时,通过将原来的每个字节的第 8 位(最左位)设置为 1,同西文加以区别。如果第 8 位为 0,表示西文字符,否则表示 GB2312 中的字符。例如,汉字"啊"在计算机中存储的是十六进制 B0A1,即二进制数 <u>1</u>0110000<u>1</u>0100001,注意每个字节最高位(下画线处)为 1。

2) Big5

在中国台湾、中国香港与中国澳门地区,使用的是繁体中文,而 GB2312 并不支持繁体汉字。在使用繁体中文字符集的地区,1984 年制定了一种繁体中文编码方案,被称为大五码,英文写作 Big5。

Big5 包括 13053 个繁体汉字,808 个标点符号、希腊字母及特殊符号。因为 Big5 的字符编码范围同 GB2312 的编码范围存在冲突,所以在一个文档中不能同时支持两种字符集的字符。

3) GBK

GB2312 的出现基本满足了汉字的计算机处理需要,但对于人名、古汉语等方面出现的罕用字,GB2312 不能处理,这导致了后来 GBK 及 GB18030 汉字字符集的出现。GBK 编码标准兼容 GB2312,共收录汉字 21003 个,符号 883 个,并提供 1894 个造字码位,将简、繁字融于一体。

3. Unicode

为了将全世界常用文字都包括进来,计算机制造商联合共同设计了一种名为 Unicode 的编码,它为每种语言中的每个字符设定了统一并且唯一的二进制编码,以满足跨语言、跨平台进行字符转换、处理的要求。Unicode 目前已经相当普及。

Unicode 的实现方式与编码方式不同。一个字符的 Unicode 编码是确定的,但是在实际传输过程中,由于不同系统平台,以及出于节省空间的目的,对 Unicode 编码的实现方式有所不同。Unicode 的实现方式称为 Unicode 转换格式(Unicode Translation Format,UTF),常用的有 UTF-8 和 UTF-16。

3.4 音频的表示方法

音频是声音或音乐的表现,本质上与上面讨论过的数值和字符不同。不同字符个数是可数的,而音频是不可数的,是随时间变化的模拟数据。在计算机中存储和处理音频信号,必须对其进行数字化,方法是按照一定的频率(时间间隔)对声音信号的幅值进行采样,然后对得到的一系列数据进行量化与二进制编码处理,即可将模拟声音信号转换为相应的二进制序列。这种数字化后的声音信息就能被计算机存储、传输和处理。当需要计算机播放数字化的音频时,会将数字信号还原为模拟信号播放,这样就可以听到声音了。

1. 采样

我们不可能记录一段音频信号的所有幅值,只能记录其中的一些。每隔一段时间在模拟声音波形上取一个幅值的过程称为采样,可以记录这些采样值来表现模拟信号。图 3-8 显示了在 1s 音频信号上采样 10 次的状况。

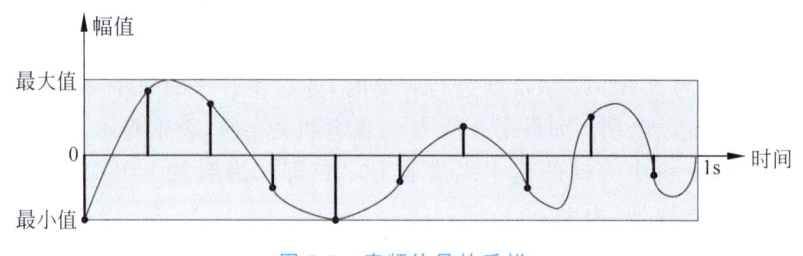

图 3-8 音频信号的采样

每秒钟需要采样多少次才能还原出原始音频信号呢?通常每秒 40 000 个左右样本的采样率就能很好地还原出音频信号。采样率低于这个值,人耳听到的还原声音会失真。较高的采样率当然会更保真,生成的声音质量更好,但到达某种程度后,再提高采样率,人耳已分辨不出差别了,这意味着白白浪费数据,多占用存储空间。

2. 量化

采样得到的值是实数,这意味着可能要为每一秒的样本存储几万个实数值。为了减少存储量,每个样本使用一个整数表示更合适。量化是将样本的值截取为最接近的整数值。例如,实际的采样值为 17.2,就可截取为 17;如果采样值为 17.7,就可截取为 18。

3. 编码

量化后的样本值需要被编码。一些系统的样本取值有正有负,另一些系统通过把曲线移动到正的区间从而只有正值。换言之,一些系统使用有符号整数表示样本,而另一些系统使用无符号整数表示。有符号整数可以用补码或原码表示。

每个样本编码时,系统需要决定分配多少位来表示它。早先仅有 8 位分配给声音样本,现在每个样本用 16、24 甚至 32 位表示都较常见。另外,编码时会在数据中加入一些用于纠错、同步和控制的数据。

4. 声音编码标准

当今音频编码的主流标准是 MP3(MPEG Layer 3 的简写),该标准是 MPEG 音频压缩编码标准的一部分。它采用的方案是每秒采样 44100 个样本,每个样本用 16 位编码,再使用信息压缩方法进行压缩,压缩后再存储。

3.5 图像和图形的表示方法

图像(Image)和图形(Graph)这两个术语有时会混用,严格意义上讲,图像是按照一个一个像素点(光栅图格式)存储的,而图形是按照几何形状描述(矢量图格式)存储的。

3.5.1 图像的表示方法

1. 像素

照片等自然场景的图像在计算机中是按光栅图(也称为位图)存储的。将图像在行和列的方向均匀地划分为若干个小格,每个小格称为一个像素,一幅图像的尺寸可以用像素点来衡量。像素点通常都很小,为了能直观地理解像素的概念,将图像的一部分放大,如图 3-9 所示,从放大的图像中看到的每一个小方块就是一个像素。

数码相机等图像数字化设备在拍照时,将连续的模拟图像信号转换为离散的数字信号,也就是像素表示的数字图像,图 3-10 展示了图像数字化过程,输出数字图像的每个小格就是一个像素。

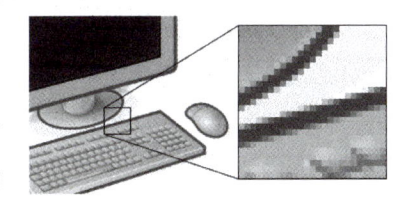

图 3-9 图像是由像素构成的

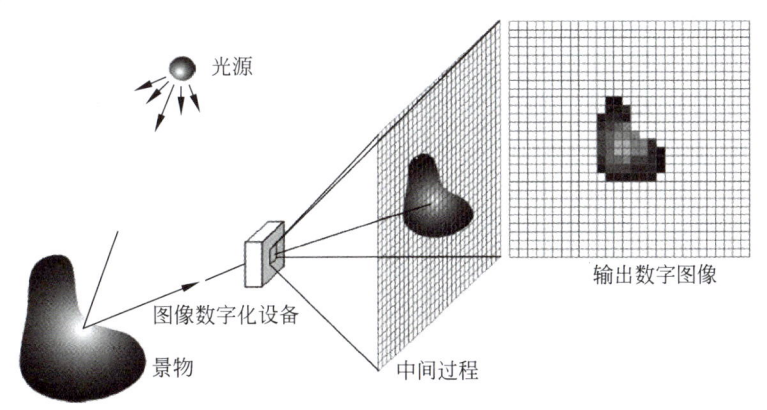

图 3-10 图像数字化过程

图像中像素点的个数称为分辨率,用"水平像素点数×垂直像素点数"表示。图像的分辨率越高,构成图像的像素点就越多,能表示的细节就越多,图像就越清晰;反之,分辨率越低,图像就越模糊。

2. 图像表示

存储图像本质上就是存储图像每个像素点的信息。根据色彩信息可将图像分为黑白图像、灰度图像和彩色图像。

1）黑白图像

黑白图像（有时也称二值图像、单色图像）只有黑和白两种颜色，因此构成它的每个像素只需要 1 位就能表示（通常用 0 表示黑色，1 表示白色）。一幅宽为 400 像素，高为 300 像素的图像需要 $400\times300\times1=120000b=15000B$ 来存储。

2）灰度图像

灰度图像的每个像素可以由纯黑、深黑、深灰、…、浅灰、纯白构成，为了表示不同的灰度层次，通常需要用 1B(8b) 表示一个像素，这样可以表示 2^8（0～255）种不同的状态。0 表示纯黑，1～254 表示从深到浅的不同灰度，255 表示纯白。黑白图像和灰度图像的例子如图 3-11 所示。

(a) 黑白图像　　(b) 灰度图像

图 3-11　黑白图像与灰度图像

3）彩色图像

彩色图像的表示分为真彩色和索引色。

（1）真彩色

我们知道，任何颜色都可以用红、绿、蓝 3 种颜色混合得到。真彩色使用 24 位编码一个像素，在该技术中，红、绿、蓝三原色（Red Green Blue，RGB）每一种都用 8 位表示。因为 8 位可以表示 0～255 的数，所以每种颜色都由为 0～255 的 3 组数字表示。真彩色模式可以编码 2^{24} 即 16777216 种颜色。表 3-2 显示了真彩色的一些颜色。

表 3-2　真彩色的一些颜色

颜色	R	G	B
黑色	0	0	0
红色	255	0	0
绿色	0	255	0
蓝色	0	0	255
黄色	255	255	0
青色	0	255	255
洋红	255	0	255
白色	255	255	255

(2) 索引色

真彩色模式使用了超过 1600 万种颜色,许多应用程序其实不需要如此大的颜色范围,索引色(或调色板色)模式仅使用其中的一部分。在该模式中,每个应用程序从大的色彩集中选择一些颜色(通常是 256 种)并对其建立索引。对选中的颜色赋一个 0～255 的值。这就好比艺术家可能在他们的画室用到很多种颜色,但一次仅用到调色板中的一些。索引色的使用减少了存储一个像素所需要的位数。索引色模式通常使用 256 个索引,需要用 8 位存储一个像素。

3. 图像格式

常见的图像格式有 BMP、JPG(JPEG)、PNG、GIF、PCX 等。BMP 是一种与硬件设备无关的图像文件格式,使用非常广泛,它不进行任何压缩,因此,BMP 文件所占用的空间很大。JPEG 使用真彩色模式,通过压缩图像来减少存储量。GIF 标准使用索引色模式。

3.5.2 图形的表示方法

图像像素表示有两个缺点,其一是文件尺寸太大,其二是重新调整图像大小不方便。放大位图图像意味着扩大像素,放大后的图像看上去很粗糙。图形(矢量图)编码方法并不存储每个像素的值,而是把一个图分解成几何图形的组合,如线段、矩形或圆形。每个几何形状由数学公式表达,线段可以由它端点的坐标描述,圆可以由圆心坐标和半径长度描述。矢量图是由定义如何绘制这些形状的一系列命令构成的。

当要显示或打印矢量图时,将图像的尺寸作为输入传给系统,系统重新设计图像的大小,并用相应的公式画出图像。

例如,考虑半径为 r 的圆形,程序需要绘制该圆的主要信息如下。

(1) 圆的半径 r。

(2) 圆心的位置(坐标)。

(3) 绘制的线型和颜色。

(4) 填充的类型和颜色。

当该圆的大小改变时,程序改变半径的值并重新计算这些信息以便再绘制一个圆。改变图像大小不会改变绘图的质量。

矢量图不适合存储细微精妙的照片图像,它适合存储采用几何元素创建的图形,如 TrueType 和 PostScript 字体、计算机辅助设计、工程绘图等。

3.6 视频的表示方法

视频是图像(称为帧)的时间推移的表示形式,视频由一系列连续放映的帧组成。所以,如果知道如何将一幅图像存储在计算机中,也就知道如何存储视频了。每一幅图像或帧按照位图模式储存,这些图像组合起来就可表示视频。需要注意的是,视频通常需要进行压缩后再存储,否则存储容量太大。

常见的视频格式有 MPEG、AVI、MOV、WMV、MKV、RMVB 等。

※ 读者可观看本书配套视频 4:计算机数据表示总结。

3.7 小结

计算机操作的数据包括数值、字符、声音、图像、图形、视频。由于计算机只能操作二进制数值,所以所有类型的数据都必须表示为二进制形式。

无符号整数由它们对应的二进制数表示,有符号整数常用补码表示。实数通常按IEEE 754 标准表示,由符号、尾数和指数 3 部分构成。字符根据使用的字符集不同,有不同的编码标准,常用的有西文 ASCII 编码、几种汉字编码,以及能表示各种文字的 Unicode 编码。模拟的声音信号经过采样、量化、编码后被表示为数字化的音频。图像通过像素表示,图形通过几何形状表示。视频由一系列图像构成。

计算机本质上只能存储二进制数,也就是 0 和 1 组成的序列串。这些序列串在不同的应用场合表达的含义不同。例如,二进制串 10111100110000000000000000000000,如果出现在无符号整数运算里,它表示十进制数 3166699520;如果出现在有符号整数的运算里,它表示十进制数 −1128267776;如果出现在浮点运算里,它表示 −0.0234375;如果出现在字符串处理里,根据字符编码不同,它表示若干个字符;如果出现在图像文件中,它表示几个像素点;如果出现在声音文件中,它表示某个音符。

3.8 习题

1. 判断题

(1) 计算机用模拟形式表示信息。(　　)
(2) 计算机系统内部使用二进制表示信息。(　　)
(3) 4 个二进制位可以表示 32 种状态。(　　)
(4) 使用原码表示法时,0 有两种表示方法。(　　)
(5) 整数数值最常用的是补码表示法。(　　)
(6) 当为计算结果分配的位容不下计算出的值时,将发生溢出。(　　)
(7) 在 ASCII 字符集中,大写字母和小写字母没有区别。(　　)
(8) Unicode 字符集包括 ASCII 字符集中的所有字符。(　　)
(9) 音频信号的数字化需要进行采样。(　　)
(10) MP3 音频格式是一种压缩格式。(　　)
(11) RGB 值用 3 个数字值表示一种颜色。(　　)
(12) 图像格式只有 BMP、GIF 和 JPEG 3 种。(　　)

2. 单项选择题

(1) 一个字节包含＿＿＿＿位。
　　A. 2　　　　　　B. 4　　　　　　C. 8　　　　　　D. 16
(2) 在一个有 64 种符号的集合中,要表示所有的符号,每个符号最少需要的位长度为＿＿＿＿位。
　　A. 4　　　　　　B. 5　　　　　　C. 6　　　　　　D. 7
(3) 10 位可以表示＿＿＿＿种符号。
　　A. 128　　　　　B. 256　　　　　C. 512　　　　　D. 1024

(4) 假如 E 的 ASCII 码是 1000101，那么 e 的 ASCII 码是_____。
　　A. 1000110　　　　B. 1000111　　　　C. 0000110　　　　D. 1100101
(5) 使用 16 位编码的字符集是_____。
　　A. ANSI　　　　　B. Unicode　　　　C. GB 2312　　　　D. 扩展 ASCII 码
(6) 图形(Graph)在计算机中通常使用_____方法来表示。
　　A. 位图　　　　　B. 矢量图　　　　C. 补码系统　　　　D. 答案 A 和 B
(7) 在计算机中表示图像的_____表示方法中，每个像素用一位表示。
　　A. 位图　　　　　B. 矢量图　　　　C. 量化　　　　　　D. 二值图像
(8) 当我们存储音乐到计算机中时，音频信号必须要_____。
　　A. 采样　　　　　B. 量化　　　　　C. 编码　　　　　　D. 以上全部
(9) 在数值的_____表示法中，如果最左边一位为 0，其表示的十进制数是非负的。
　　A. 补码　　　　　B. 浮点　　　　　C. 余码　　　　　　D. 答案 A 和 B
(10) 在数值的_____表示法中，如果最左边一位为 1，其表示的十进制数是负的。
　　A. 补码　　　　　B. 浮点　　　　　C. 余码　　　　　　D. 答案 A 和 B
(11) _____数字表示方法能存储小数部分。
　　A. 无符号整数　　B. 补码　　　　　C. 余码　　　　　　D. 以上都不是
(12) 浮点表示实数时，计算机存储_____。
　　A. 符号　　　　　B. 指数　　　　　C. 尾数　　　　　　D. 以上全部
(13) 存储于计算机中的数字的小数部分的精度由_____定义。
　　A. 符号　　　　　B. 指数　　　　　C. 尾数　　　　　　D. 以上全部

3. 问答题
(1) 请给出下面整数的原码、反码与补码的表示(8 位二进制)。
　　A. 127　　　　　B. －127　　　　C. 33　　　　　　　D. －100
(2) 将下列 8 位二进制补码表示的数用十进制表示出来。
　　A. 10000000　　B. 11001110　　　C. 11111111　　　　D. 01001011
(3) 浮点数表示时为什么需要规范化？
(4) 计算机中数值信息(包括整数和浮点数)是怎么表示的？
(5) 计算机中字符信息是怎么表示的？常用的字符集有哪些，它们各有什么特点？
(6) 计算机中音频信息是怎么表示的？
(7) 计算机中图像(位图)是怎么表示的？有哪些图像格式？
(8) 计算机中图形是怎么表示的？

第 4 章　计算机组成

CHAPTER 4

前面章节中讲过，计算机中所有的信息都是用二进制表示的。计算机是电子设备，本章探讨计算机如何使用电信号表示和操作这些二进制信息。此外，本章还将介绍计算机硬件各组成部分的功能以及计算机指令工作流程。

本章学习目标如下。
- 识别基础的门，描述每种门的行为。
- 用布尔表达式、逻辑框图和真值表描述门或电路的行为。
- 理解计算机硬件各组成部分的功能。
- 理解计算机指令工作流程。
- 了解具体计算机硬件。

4.1　门与电路

4.1.1　概述

电信号有不同的电压，计算机根据信号电压的高低区分信号的值（0 或 1），低于某电压，用数字 0 表示，高于某电压，用数字 1 表示。

门是电信号执行基本运算的设备。一个门接受一个或多个输入信号，生成一个输出信号。门的类型很多，本节将分析几种最基本的类型，每种类型的门执行一个特定的逻辑功能。

电路是由门组合而成的，可以执行更加复杂的任务。例如，电路可以用来执行算术运算和存储数据。在电路中，一个门的输出值通常会作为另一个门或多个门的输入值。电路中的电流由经过精心设计的相互关联的门逻辑控制。

门和电路的表示法有 3 种，即布尔表达式、逻辑框图以及真值表。它们互不相同，但效果一样。在关于门和电路的讨论中，将分析这 3 种类型的表示法。

英国数学家乔治·布尔（George Boole）发明了一种代数运算，其中变量和函数的值只有 0 和 1。这种代数称为布尔（Boolean）代数，它的表达式是演示电路活动的极好方式。布尔代数特有的运算和属性使我们能够用数学符号定义和操作电路逻辑。

逻辑框图是电路的图形化表示。每种类型的门由一个特定的图形符号表示，通过不同方法把这些门连接在一起，就可以真实地表示出整个电路逻辑。

真值表列出了一种门可能遇到的所有输入组合和相应的输出,从而定义了这种门的功能。可以设计更复杂的真值表,用足够多的行和列说明对于任何一套输入值,整个电路是如何运作的。

4.1.2 门

计算机中的门有时又叫作逻辑门,因为每个门都执行一种逻辑操作。由于我们处理的是二进制信息,所以每个输入和输出值只能是 0(对应低电压信号)或 1(对应高电压信号)。门的类型和输入值决定了输出值。

本节将分析 6 种类型的门,它们分别是非(NOT)门、与(AND)门、或(OR)门、异或(XOR)门、与非(NAND)门、或非(NOR)门。在分析完这些门之后,将说明如何把它们组合成电路。

1. 非门

非门接受一个输入值,生成一个输出值。图 4-1 展示了非门的 3 种表示法,即它的布尔表达式、逻辑框图符号和真值表。在这些表示法中,变量 A 表示输入信号,其值可以是 0 或 1;变量 X 表示输出信号,其值可以是 0 或 1,由 A 的值决定。

布尔表达式	逻辑框图符号	真值表

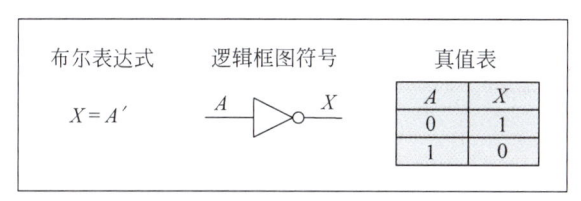

$X = A'$

A	X
0	1
1	0

图 4-1 非门的 3 种表示法

根据定义,如果非门的输入值是 0,则输出值是 1;如果输入值是 1,则输出值是 0。非门有时又叫作逆变器,因为它对输入值取反。

在布尔表达式中,非操作由"′"表示。有时,也用在输入值上面加单横杠表示这个运算。非门的逻辑框图符号是在三角形末端带一个小圆圈,输入和输出由流入和流出门的连接线表示。

这 3 种表示法只是同一事物的不同表示。例如,布尔表达式 0′ 的值总是 1;布尔表达式 1′ 的值总是 0。这种行为与真值表所示的值一致。

2. 与门

图 4-2 展示了与门的 3 种表示法,与门接收的输入信号至少是两个。两个输入信号的值决定了输出信号。如果与门的两个输入信号都是 1,那么输出是 1;否则,输出是 0。

布尔表达式	逻辑框图符号	真值表

$X = A \cdot B$

A	B	X
0	0	0
0	1	0
1	0	0
1	1	1

图 4-2 与门的 3 种表示法

在布尔表达式中,与操作由点(·)表示,有时也表示为星号(*)。该运算符通常可以省略,例如,$A·B$ 通常被写作 AB。

当有两个输入值时,每个输入值有两种可能,所以输入有 4 种 0 和 1 的组合。因此,在布尔表达式中,与运算符可能出现以下 4 种情况:

- 0·0=0
- 0·1=0
- 1·0=0
- 1·1=1

同样地,列出与门行为的真值表有 4 行,展示了 4 种可能的组合。真值表的输出列与布尔表达式的结果一致。

3. 或门

图 4-3 展示了或门的 3 种表示法。和与门一样,或门也至少有两个输入。如果两个输入值都是 0,那么输出是 0;否则,输出是 1。

布尔表达式	逻辑框图符号	真值表
$X = A + B$		A | B | X

A	B	X
0	0	0
0	1	1
1	0	1
1	1	1

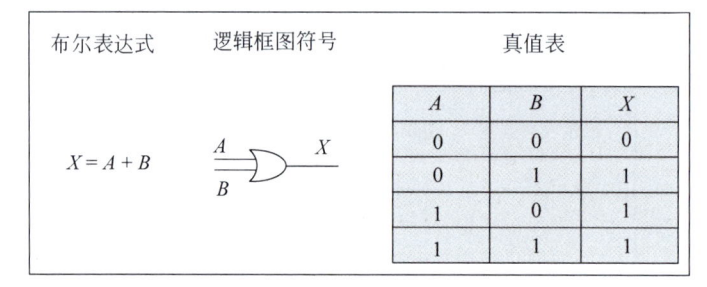

图 4-3 或门的 3 种表示法

在布尔表达式中,或操作由加号(+)表示。当或门有两个输入时,每个输入有两种可能的值,所以,和与门一样,或门也有 4 种输入组合,在真值表中有 4 行。

4. 异或门

图 4-4 展示了异或门的 3 种表示法。如果异或门的两个输入相同,则输出为 0;否则,输出为 1。注意异或门和或门之间的区别,只有一种输入使它们的结果不同。当两个输入信号都是 1 时,或门生成 1,而异或门生成 0。

布尔表达式	逻辑框图符号	真值表
$X = A \oplus B$		

A	B	X
0	0	0
0	1	1
1	0	1
1	1	0

图 4-4 异或门的 3 种表示法

通常,用布尔代数符号"⊕"表示异或运算。

5. 与非门和或非门

图 4-5 展示了与非门的 3 种表示法,图 4-6 展示了或非门的 3 种表示法。它们都接受两

个输入值。与非门相当于与门的结果再经过一个非门；或非门相当于或门的结果再经过一个非门。在布尔代数中，通常没有表示与非门和或非门的专用符号。

布尔表达式	逻辑框图符号	真值表		
		A	B	X
$X=(A\cdot B)'$		0	0	1
		0	1	1
		1	0	1
		1	1	0

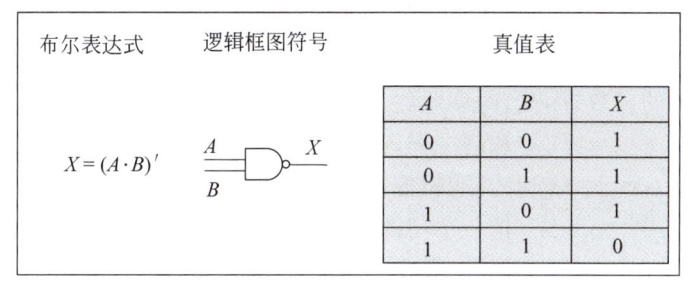

图 4-5　与非门的 3 种表示法

布尔表达式	逻辑框图符号	真值表		
		A	B	X
$X=(A+B)'$		0	0	1
		0	1	0
		1	0	0
		1	1	0

图 4-6　或非门的 3 种表示法

与非门和或非门的逻辑框图符号和与门及或门的相似，只是多了一个圈（说明取反运算）。

6. 具有更多输入的门

门可以被设计为接受 3 个或更多输入。例如，具有 3 个输入的与门，只有当 3 个输入值都是 1 时，输出值才为 1；具有 3 个输入的或门，如果任何一个输入值为 1，则生成的输出都是 1。这些定义和具有两个输入的门的定义一致。图 4-7 展示了具有 3 个输入的与门的 3 种表示法。

布尔表达式	逻辑框图符号	真值表			
		A	B	C	X
$X=A\cdot B\cdot C$		0	0	0	0
		0	0	1	0
		0	1	0	0
		0	1	1	0
		1	0	0	0
		1	0	1	0
		1	1	0	0
		1	1	1	1

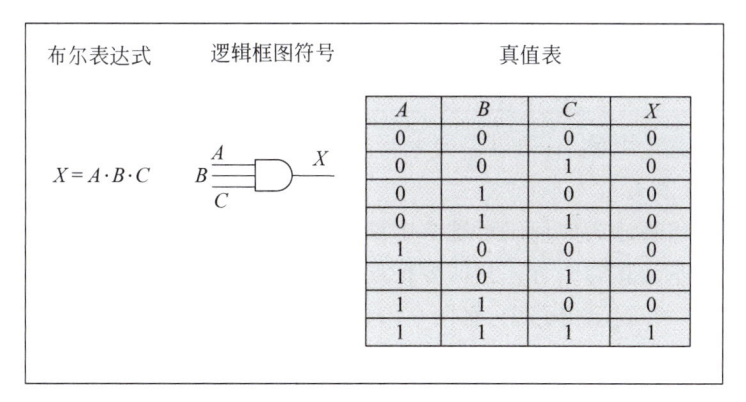

图 4-7　具有 3 个输入的与门的 3 种表示法

具有 3 个输入的门有 $2^3=8$ 种可能的输入组合。第 3 章中介绍过，n 个不同的输入有 2^n 种 0 和 1 的组合，这决定了真值表的行数。

对于逻辑框图符号，只需要在原始符号上加入第 3 个输入信号即可。对应布尔表达式，则需要重复一次与操作，以表示第 3 个值。

4.1.3　电路

我们已经知道单独的门是如何运作的,下面来看看如何把门组合成电路。电路可以分为两大类。一类是组合电路,输入值明确决定了输出;另一类是时序电路,它的输出是输入值和电路现有状态的函数,因此,时序电路通常涉及信息存储。本节只讨论组合电路。

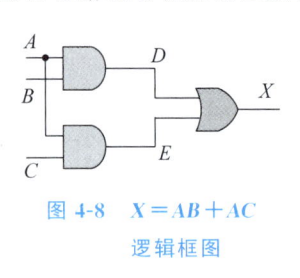

和门一样,我们能用 3 种方法描述整个电路的运作,即布尔表达式、逻辑框图和真值表,这 3 种表示法是等效的。

把一个门的输出作为另一个门的输入,就可以把门组合成电路。例如,考虑如图 4-8 所示的电路。

图 4-8　$X = AB + AC$ 逻辑框图

注意,A 同时是两个与门的输入。图中的连接点说明两条连接线是相连的。如果两条交叉的连接线的交汇处没有连接点,应该看作是一条连接线跨过了另一条,它们互不影响。

这个逻辑框图的意思是什么呢?让我们逆向看看,对于一个特定的输出结果,它的输入是什么。如果最后的输出 X 是 1,那么 D 或 E 中至少有一个是 1。如果 D 是 1,那么 A 和 B 必须都是 1。如果 E 是 1,那么 A 和 C 必须都是 1。D 和 E 可以同时为 1,但不是必须的。仔细分析这个逻辑框图,确保这种推理和你对门的理解一致。

现在,我们用真值表来表示整个电路的处理,如表 4-1 所示。

表 4-1　$X = AB + AC$ 真值表

A	B	C	D	E	X
0	0	0	0	0	0
0	0	1	0	0	0
0	1	0	0	0	0
0	1	1	0	0	0
1	0	0	0	0	0
1	0	1	0	1	1
1	1	0	1	0	1
1	1	1	1	1	1

因为这个电路有 3 个输入,所以需要 8 行来描述所有可能的输入组合。中间的列显示了电路的中间值(D 和 E)。

下面看看用布尔表达式如何表示这个电路。因为电路是一组互连的门,所以表示电路的布尔表达式是布尔运算的组合。只需要把这些运算组织成正确的形式,就可以创建一个有效的布尔表达式。在这个电路中,有两个与运算,每个与运算的输出是或运算的输入。因此,布尔表达式($AB + AC$)表示了这个电路(其中省略了与运算符)。

在编写真值表时,用布尔表达式标示列,比用任意的变量 D、E 和 X 好(如上面的真值表头中用 AB 代替 D),可以清楚地标示出这个列表示的是什么。其实,我们也可以用布尔表达式标示逻辑框图,取消图中的中间变量。

现在,从另一个方向入手,根据布尔表达式绘制对应的真值表和逻辑框图。考虑下面这个布尔表达式:$A(B + C)$。

在这个表达式中,两个输入值 B 和 C 将进行或运算。这个运算的结果将和 A 一起,作为与运算的输入,以生成最后的结果。因此,它对应的逻辑框图如图 4-9 所示。

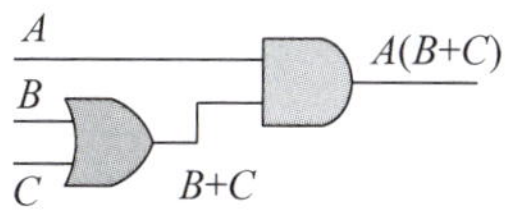

下面把这个电路表示为真值表,如表 4-2 所示。与前面的例子一样,因为这个电路有 3 个输入,所以真值表中有 8 行。

图 4-9　$A(B+C)$ 逻辑框图

表 4-2　$A(B+C)$ 真值表

A	B	C	B+C	A(B+C)
0	0	0	0	0
0	0	1	1	0
0	1	0	1	0
0	1	1	1	0
1	0	0	0	0
1	0	1	1	1
1	1	0	1	1
1	1	1	1	1

比较这两个例子中的真值表的最后一列,它们是完全一样的。这样就引出等价电路的概念:对每个输入值的组合,两个电路都生成完全相同的输出。

上面的过程证明了布尔代数的一个重要属性——分配律,即 $A(B+C)=AB+AC$。

这是布尔代数的一大优点,它允许我们利用可证明的数学法则来设计逻辑电路。表 4-3 列出了布尔代数的一些属性。

表 4-3　布尔代数的一些属性

属　　性	与	或
交换律	$AB=BA$	$A+B=B+A$
结合律	$(AB)C=A(BC)$	$(A+B)+C=A+(B+C)$
分配律	$A(B+C)=(AB)+(AC)$	$A+(BC)=(A+B)(A+C)$
恒等	$A\cdot 1=A$	$A+0=A$
余式	$AA'=0$	$A+A'=1$
德·摩根定律	$(AB)'=A'+B'$	$(A+B)'=A'B'$

这些属性与我们对门、真值表和逻辑框图的理解一致。例如,交换律属性,用通俗的话说,就是输入信号的顺序并不重要。余式的意思是,如果把一个信号和它的非作为与门的输入,那么得到的一定是 0,但如果把一个信号和它的非作为或门的输入,那么得到的一定是 1。

在布尔代数中,有一个非常著名也非常有用的定律——德·摩根定律。这个定律表明,对两个变量的与操作的结果进行非操作,等于对每个变量进行非操作后再对它们进行或操作。也就是说,对与门的输出求非,等价于先对每个信号求非,然后再把它们传入或门。

这个定律的第二部分是,对两个变量的或操作的结果进行非操作,等于对每个变量进行非操作后再对它们进行与操作。用电路术语来说,就是对或门的输出求非,等价于先对每个信号求非,然后再把它们传入与门。

德·摩根定律和其他布尔代数属性为定义、管理和评估逻辑电路的设计提供了正规的机制。

※读者可观看本书配套视频 5：布尔代数的一些属性。

4.1.4 集成电路

集成电路（又称芯片）是嵌入了多个门的硅片。这些硅片被封装在塑料或陶瓷中，边缘有引脚，可以焊接在电路板上或插入适合的插座中。每个引脚连接着一个门的输入或输出，或者连接电源或接地。

集成电路（IC）的规模是根据它们包含的门数分类的，如表 4-4 所示。这些分类也反映了 IC 技术的发展历史。

表 4-4 集成电路规模分类

缩　写	名　称	门　数　量
SSI	小规模集成电路	1～10
MSI	中等规模集成电路	10～100
LSI	大规模集成电路	100～100 000
VLSI	超大规模集成电路	超过 100 000

计算机中最重要的集成电路莫过于中央处理器（CPU）。下一节会讨论 CPU 的工作过程，此时只要认识到，CPU 只是一种具有输入线路和输出线路的高级电路。

每个 CPU 芯片都有大量的引脚，计算机系统的所有通信都是通过这些引脚完成的。这些通信把 CPU 和本身也是高级电路的存储器与 I/O 设备连接在一起。

4.2 计算机硬件的基本结构

4.2.1 存储程序原理

存储程序原理是将程序像数据一样存储到计算机内部存储器中的一种设计原理。程序存入存储器后，计算机便可自动地从一条指令转到另一条指令执行。现代计算机均按此原理设计。

存储程序原理是于 1945 年提出的，这是计算机历史上的重要节点，又称为"冯·诺依曼原理"，这个原理仍然是当今计算机的基础。尽管冯·诺依曼因此被称为"现代计算机之父"，但是这种思想可能源自 ENIAC 的开发者约翰·莫奇利和普雷斯波·埃克特，他们是与冯·诺依曼同时期的两位计算机先驱。另外，有证据证明艾奥瓦州立大学的约翰·阿塔纳索夫（John Atanasoff）的工作直接启发并影响了莫奇利和埃克特。

4.2.2 计算机硬件的组成部件

除了存储程序原理外，冯·诺依曼体系结构计算机的另一个主要特征是处理信息的部件独立于存储信息的部件。除了几种正处在研究阶段的计算机类型（如量子计算机、生物计算机等），目前应用的所有计算机都是冯·诺依曼体系结构，如图 4-10 所示。

冯·诺依曼体系结构包括以下 5 个主要部件。

- 对数据执行算术和逻辑运算的算术逻辑单元（Arithmetic/Logic Unit，ALU）；
- 控制其他部件工作的控制器；

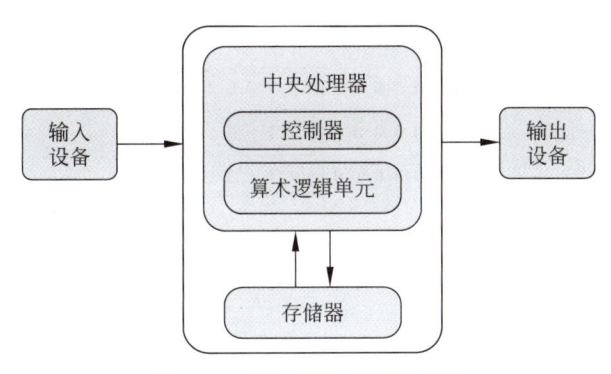

图 4-10　冯·诺依曼体系结构

- 存放数据和指令的存储器；
- 把数据从外部输送到计算机中的输入设备；
- 把结果从计算机内部输送到外部的输出设备。

1. 算术逻辑单元

算术逻辑单元也称为运算器，它能够执行基本加法和减法等算术运算以及与、或、非等逻辑运算，还能执行移位运算。

2. 控制器

控制器(Control Unit)通过发送信号给其他子系统来控制各个子系统的操作。控制器中包含两个重要的寄存器——指令寄存器和程序计数器。

指令寄存器(Instruction Register, IR)存储从内存中取来的指令，由控制器解释并执行指令。

程序计数器(Program Counter, PC)中保存着当前正在执行的指令的地址。当前指令执行完后，计数器将自动增加，指向下一条指令的内存地址。

这两个寄存器的用法在后面的内容中会具体讲到。

由于运算器与控制器的协作非常紧密，而且通常会集成在一块芯片上，所以它们常常被看作是一个整体，称为中央处理器(CPU)。

CPU 中还包含寄存器(Register)，它是用来临时存放数据的高速独立的存储单元。现代计算机工作时离不开寄存器，不同设计理念的计算机包含的寄存器数量不同，有的包含十多个，有的包含上百个。有时我们也把计算机的字长理解成它的通用寄存器的位宽，如所谓 16 位机的通用寄存器是 16 位的，32 位机的通用寄存器是 32 位的。本章后续在讲解计算机指令工作过程时，会用到寄存器，读者通过该部分的学习能更好地理解寄存器。

3. 存储器

存储器这个术语在计算机中有狭义和广义两种理解。狭义的存储器特指计算机硬件的五大组成部分之一，也是计算机的核心；广义的存储器指所有能存储信息的部件。存储器的概念到底是按狭义还是广义理解取决于上下文，这里就是狭义的概念。为了避免混淆，有时我们把狭义的存储器称为"主存储器"（简称主存）或"内存"。

1) 地址

主存储器是存储单元的集合，每一个存储单元都有唯一的标识，称为地址，通常存储一个字节(8 位)的数据，如图 4-11 所示。主存储器可以类比为商场的储物柜，每个柜子（相当

于 个存储单元)都有唯一的编号。

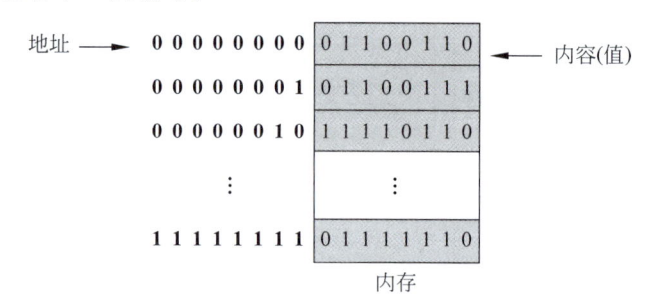

```
地址 ──→  00000000  01100110  ←── 内容(值)
          00000001  01100111
          00000010  11110110
             ⋮         ⋮
          11111111  01111110
                  内存
```

图 4-11 主存储器

主存地址是从 0 开始连续编号的。存储器地址空间是指对存储器进行编号的范围。地址空间的大小由地址总线的位宽决定。如果地址总线的位宽为 n,则地址空间为 $0 \sim 2^n - 1$。图 4-11 中地址位宽 $n=8$,地址空间为 $0 \sim 2^8 - 1$,即 $0 \sim 255$。地址空间的概念不妨以日常生活的例子来理解,假如要给一排柜子编号,但限定只能用 3 位十进制来编,那么柜子编号的范围就是 $0 \sim 10^3 - 1$,即 $0 \sim 999$。

多数计算机地址总线的宽度与计算机字长一致,有 8 位、16 位、32 位和 64 位。例如,Pentium 4 处理器是 32 位的机器,它的地址空间为 $0 \sim 2^{32} - 1$,即存储空间最多为 4GB。

2) 主存储器的类型

主存储器主要有随机存取存储器和只读存储器两种类型。

随机存取存储器(Random Access Memory,RAM)是计算机中主存的主要组成部分。RAM 中的信息既可以读出,也可以方便地写入(通过覆盖来擦除原有信息)。RAM 的另一个特点是易失性,当计算机断电后,储存在 RAM 中的信息将被删除。

只读存储器(Read Only Memory,ROM)的内容是由制造商写进去的,用户只能读,不能写。它具有非易失性的特点,即当切断电源后,存储在 ROM 中的信息也不会丢失。ROM 通常用来存储那些关机后也不能丢失的信息,如系统引导程序、开机自检程序等。ROM 还可以有以下 3 种特殊类型。

可编程只读存储器(Programmable Read-Only Memory,PROM)是一种特殊的 ROM。这种存储器在出厂时是空白的,计算机用户借助一些特殊的设备可以将信息写到上面。当信息被写入后,它就会像 ROM 一样不能够重写。

可擦除的可编程只读存储器(Erasable Programmable Read-Only Memory,EPROM)是一种特殊的 PROM,用户可以对它像普通 PROM 一样写入信息。与普通 PROM 不同的是,EPROM 上写入的信息可以用一种发出紫外光的特殊仪器对其擦除,擦除后,可以写入新的信息。EPROM 存储器需要拆下来擦写后再重新安装。

电可擦除的可编程只读存储器(Electrically Erasable Programmable Read-Only Memory,EEPROM)是一种特殊的 EPROM。对它的写入和擦除用电子脉冲即可,无须像普通 EPROM 那样从计算机上拆下来。

3) 高速缓存

相对于 CPU 的速度而言,内存访问相对很慢,因此许多计算机中都提供了速度比内存快但容量比内存小的高速缓存(Cache)。Cache 中存储的是最近常用的内存数据的一部分。当 CPU 读写数据时,在访问主存之前,CPU 会检查数据是否存储在 Cache 中,如果在,就直接访问 Cache，以加快访问速度。

4. 输入/输出设备（I/O 设备）

如果不能将需要计算的值从外界输入，或者不能将计算的结果报告给外界，那么计算机的计算能力再强也是无用的。输入/输出设备是计算机与外部世界沟通的渠道。

输入设备是将外界数据和程序输入计算机的设备。第一代输入设备是能读打孔纸带的设备，现代的输入设备包括键盘、鼠标、扫描仪等。

输出设备是能将存储在存储器上的信息以某种形式展示给外界的设备。最常用的输出设备是显示器和打印机。

5. 部件互连

前面介绍了组成计算机的五大部件。因为需要在这些部件中交换信息，所以需要部件互连，如图 4-12 所示。目前流行的互连方式是使用总线。总线是一组电线，把计算机的各个部件连接在一起，总线上传输地址、数据和控制信号 3 种类型的信息。地址用于选择写入或读出数据的内存位置；数据在 CPU、内存和输入/输出设备之间通过总线流动；控制信号用于管理地址和数据，例如，控制信号通常用于确定数据流向 CPU 或从 CPU 流出。总线宽度是总线可以同时传输的位数，总线越宽，可以同时传输的地址或数据位就越多。

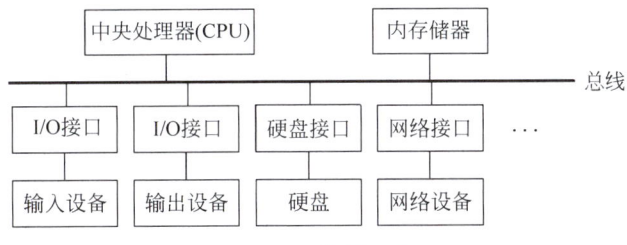

图 4-12 部件互连

CPU 和内存直接通过总线交换信息，输入/输出设备不能直接连接在这条总线上。输入/输出设备都是些机电、磁性或光学设备，而 CPU 和内存是电子设备。与 CPU 和内存相比，输入/输出设备的访问速度要慢得多，因此必须要有中介处理这种速度差异。输入/输出设备是通过一种被称为输入/输出控制器或接口的器件连接到总线上的，常见的接口有小型计算机系统接口（Small Computer System Interface，SCSI）、火线（FireWire）和通用串行总线（Universal Serial Bus，USB）等。

在个人计算机中，组成计算机的主要电路系统安装在一个印刷电路板上，这个电路板被称为主板。主板上还有其他设备（如鼠标、键盘或附加存储设备）与总线的接口。

4.3 计算机工作过程

※读者可观看本书配套视频 6：计算机工作原理。

计算机是一种能够存储、检索和处理数据的设备，计算机通过执行不同的指令序列实现需要的功能。后续的章节会介绍各种产生计算机指令的语言，本章的例子直接使用一些简单的指令。数据和指令都存储在内存中。

4.3.1 机器周期

CPU利用重复的机器周期一条一条地执行指令,从开始到结束。不同计算机的机器周期可能不同,但可以简化为取指令、分析指令和执行指令3个步骤。前面讲过,控制器里有两个专用的寄存器:程序计数器(PC)和指令寄存器(IR)。程序计数器保存的是下一条将被执行的指令的存储单元地址。在每个机器周期后,程序计数器将改变,指向下一条指令。

1. 取指令

按照程序计数器中的地址,从内存中读取该地址处的内容,并放入指令寄存器中。

在进入周期中的下一步之前,必须更新程序计数器,使它存放当前指令完成时要执行的下一条指令的地址。

2. 分析指令

对指令寄存器中存放的指令进行分析,确定它是什么指令。指令是由操作码和地址码组成的,操作码确定执行什么操作,地址码确定操作数的地址。有些指令要完成其功能,需要再访问一次内存获取数据,如加法指令可能需要从内存中获取加数。

3. 执行指令

根据分析指令的结果,由控制器发出完成该操作所需要的一系列控制信息,去完成该指令所要求的操作。

上述步骤完成后,程序计数器更新,其值为下一条指令的地址,为执行下一条指令做好准备。这3个步骤不断重复。

在过去的半个世纪中,计算机硬件发生了翻天覆地的变化,然而上述计算机的基本工作方式一直没有改变。

4.3.2 简单计算机

为了深入理解计算机的体系结构,以及指令处理过程,我们引入一台简单(非真实的)计算机,如图4-13所示。该计算机由CPU和存储器两个组成部分,略去输入/输出设备。

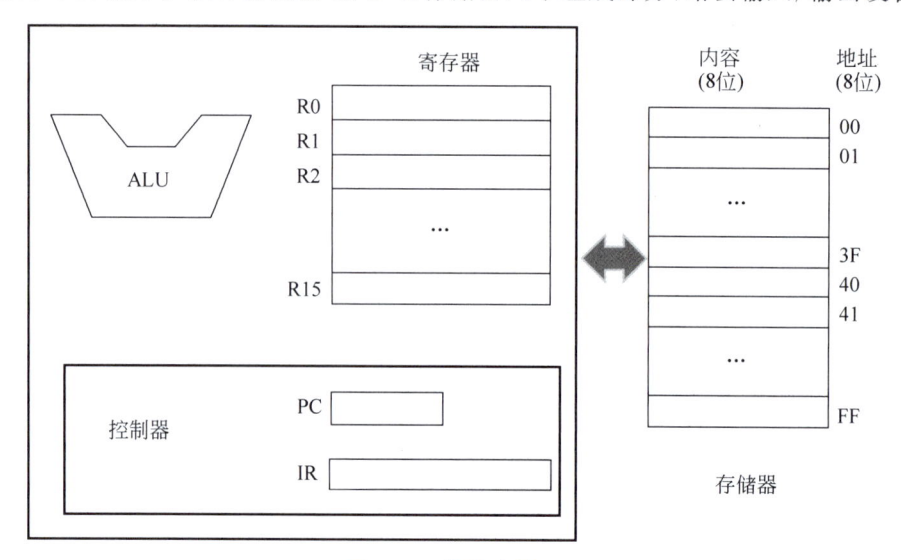

图 4-13 简单计算机

1. **CPU**

CPU 本身分为 3 部分：寄存器、算术逻辑单元(ALU)和控制器。该计算机中有 16 个 16 位的数据寄存器,名称为 R0~R15。这里,程序计数器(PC)是 8 位,指令寄存器(IR)是 16 位。

2. **存储器**

主存有 256 个存储单元,每个存储单元可以存储一个字节(8 位)。其地址用二进制表示为 00000000~11111111,用十六进制表示为 00~FF,主存中既有数据,又有指令,其中 $(00)_{16}$~$(3F)_{16}$ 存放指令,$(40)_{16}$~$(FF)_{16}$ 存放数据。

3. **指令集**

简单计算机理论上可以有 16 条指令,但这里只使用了 14 条。每条指令由操作码(Opcode)和操作数(Operand)两部分构成,操作码指明了在操作数上执行的操作的类型。每条指令由 16 位组成,被分成 4 个 4 位的域。最左边的 4 位表示操作码,其他 3 个域含有操作数或操作数的地址。表 4-5 是简单计算机的指令表。

表 4-5 简单计算机的指令表

指令	操作码 d1	操作数 d2	操作数 d3	操作数 d4	动作
HALT	0000	-	-	-	停止程序的执行
LOAD	0001	RD	Ms		将内存地址 Ms 处的数据装载到 RD 寄存器
STORE	0010	MD	Rs		将 Rs 寄存器的值保存到内存地址 MD 处
ADDI	0011	RD	Rs1	Rs2	整数加：将寄存器 Rs1 与寄存器 Rs2 的值相加,结果保存到寄存器 RD
ADDF	0100	RD	Rs1	Rs2	浮点数加：将寄存器 Rs1 与寄存器 Rs2 的值相加,结果保存到寄存器 RD
MOVE	0101	RD	Rs	-	将寄存器 Rs 的值传给寄存器 RD
NOT	0110	RD	Rs	-	将寄存器 Rs 的值取反后,结果保存到寄存器 RD
AND	0111	RD	Rs1	Rs2	寄存器 Rs1 和 Rs2 进行与运算,结果保存到寄存器 RD
OR	1000	RD	Rs1	Rs2	寄存器 Rs1 和 Rs2 进行或运算,结果保存到寄存器 RD
XOR	1001	RD	Rs1	Rs2	寄存器 Rs1 和 Rs2 进行异或运算,结果保存到寄存器 RD
INC	1010	R	-	-	寄存器 R 自增 1
DEC	1011	R	-	-	寄存器 R 自减 1
ROTATE	1100	R	n	0 或 1	寄存器 R 的值左移或右移动 n 位
JUMP	1101	R	n		如果 R0≠R,那么 PC=n,否则继续

注：Rs、Rs1、Rs2 为操作数来源寄存器；RD 为操作数目的寄存器。实际指令中 s、s1、s2 和 D 为具体值。Ms 为操作数来源内存地址；MD 为操作数目的内存地址。

并不是每条指令都需要 3 个操作数。任何不需要的操作数域被填为 0。例如,停机指令(HALT)的所有 3 个操作数域都填 0,传送指令(MOVE)和取反指令(NOT)的最后一个操作数域填 0。

寄存器用 4 位二进制数来表示(共有 $2^4=16$ 个),例如,R0 用 0000 表示,R3 用 0011 表示,等等。而内存单元用 8 位来表示(共有 $2^8=256$ 个),所以用两个域。

加法指令有两条,一条用作整数的相加(ADDI),一条用作浮点数的相加(ADDF)。循环移位指令(ROTATE)的第三个操作数如果是 0,那么指令就把 R 中的二进制位向右循环移位 n 位；如果第三个操作数是 1,则向左循环移位 n 位。

4. 处理指令

简单计算机的机器周期有 3 个阶段：取指令、分析指令和执行指令。在取指令阶段，按照 PC 值从内存地址处取到指令，装入 IR 中，然后 PC 值改变，指向下一条指令。在分析指令阶段，IR 中的指令被译码，所需的操作数从寄存器或内存中取到。在执行阶段，指令被执行，结果被放入合适的内存单元或寄存器中。一旦第三阶段结束，控制器又开始新的周期，处理下一条指令。处理过程一直继续，直到 CPU 遇到 HALT 指令。

4.3.3 具体实例演示

下面演示简单计算机如何进行整数 A 和 B 的相加，结果为 C。在数学上，这个操作表示为：

$$C = A + B$$

本节的简单计算机的 ALU 只能计算那些存储在 CPU 数据寄存器中的数据。为了用简单计算机处理这个加法问题，有必要把两个加数存放在寄存器中(如 R0 和 R1)，结果存放在第三个寄存器中(如 R2)。但是，由于 CPU 中的寄存器有限，所以常见的方法是把数据存储在内存中，需要计算时再临时把它们调入寄存器中。假定整数 A 存储在内存单元 $(40)_{16}$ 和 $(41)_{16}$ 中，B 存储在 $(42)_{16}$ 和 $(43)_{16}$ 中，计算结果 C 存储在内存单元 $(44)_{16}$ 和 $(45)_{16}$ 中，完成这个加法需要以下 5 条汇编指令。

LOAD R0，M40　　　含义：把内存地址 $(40)_{16}$ 的内容装入寄存器 R0。
LOAD R1，M42　　　含义：把内存地址 $(42)_{16}$ 的内容装入寄存器 R1。
ADDI R2，R0，R1　　含义：R0 和 R1 相加，结果存入 R2。
STORE M44，R2　　 含义：把 R2 的内容存入内存地址 $(44)_{16}$。
HALT　　　　　　　含义：停机。

表 4-6 列出了这 5 条指令的编码及解释。这 5 条汇编指令被分别编码为 16 位二进制数，即机器指令，为方便书写，有对应的十六进制数，如表 4-6 左边一列所示。按照表 4-5 的说明，指令可以分为 4 个域，每个域 4 位，表 4-6 右边 4 列是对该编码含义的解释，即为什么这样编码。

表 4-6　5 条指令编码及解释

指令编码	d1	d2	d3	d4
二进制 0001 0000 0100 0000 十六进制 1040	0001 对应 LOAD 指令	0000 对应 R0 寄存器	0100 0000 表示内存地址 $(40)_{16}$	
二进制 0001 0001 0100 0010 十六进制 1142	0001 对应 LOAD 指令	0001 对应 R1 寄存器	0100 0010 表示内存地址 $(42)_{16}$	
二进制 0011 0010 0000 0001 十六进制 3201	0011 对应 ADDI 指令	0010 对应 R2 寄存器	0000 对应 R0 寄存器	0001 对应 R1 寄存器
二进制 0010 0100 0100 0010 十六进制 2442	0010 对应 SRORE 指令	0100 0100 表示内存地址 $(44)_{16}$		0010 对应 R2 寄存器
二进制 0000 0000 0000 0000 十六进制 0000	0000 对应 HALT 指令	0000，用 0 填充，无意义	0000，用 0 填充，无意义	0000，用 0 填充，无意义

1. 存储指令和数据

假定指令和数据已存储在内存中了,由于一个存储单元存储一个字节(8 位),一条指令长度是 16 位,所以一条指令占用两个存储单元,5 条指令存储在内存单元 $(00)_{16} \sim (09)_{16}$ 中。计算的整数数据也是 16 位的,每个整数同样要占用两个存储单元,数据存储在 $(40)_{16} \sim (45)_{16}$ 共 6 个内存单元中。

需要注意以下两点。

(1) 每 4 位二进制数正好对应 1 位十六进制数,为了书写方便,下面图例中存储单元及寄存器里都用十六进制表示指令和数据。

(2) 虽然一条指令和一个整数保存在连续的两个存储单元中,但只要给出起始地址,系统会自动把两个存储单元的信息读出来。

2. 指令周期

计算机每条指令使用一个指令周期,5 条指令的小程序需要 5 个指令周期。现在假定需要相加的两个数分别是 161 和 254,它们在内存中用十六进制表示为 $(00A1)_{16}$ 和 $(00FE)_{16}$。

1) 周期 1

图 4-14 展示了周期 1 的状态。周期 1 开始前,PC 指向第一条指令,由于一个存储单元存储一个字节(8 位),一条指令长度是 16 位,所以指令在 $(00)_{16}$ 和 $(01)_{16}$ 两个存储单元中。控制器经历如下 3 个步骤。

(1) 控制器取出从内存单元 $(00)_{16}$ 开始的指令,放入 IR 中,PC 的值加 2。

(2) 控制器分析指令 $(1040)_{16}$ 为 R0←M40,即将存储器地址 $(40)_{16}$ 处开始的数据取出来,放入 R0 寄存器。

(3) 控制器执行指令,将存储在内存单元 $(40)_{16}$ 和 $(41)_{16}$ 中的整数装入寄存器 R0 中。

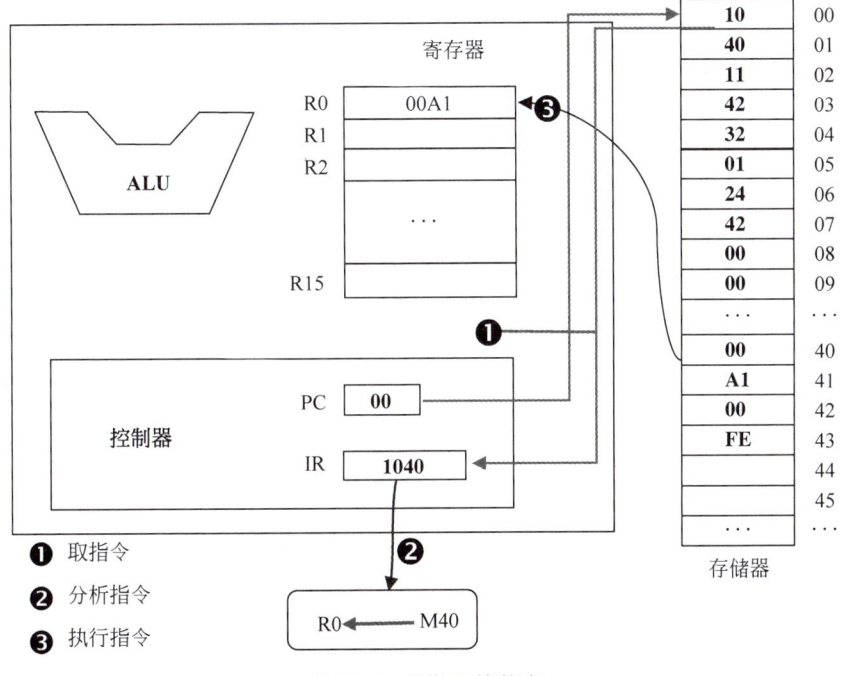

图 4-14 周期 1 的状态

2) 周期 2

图 4-15 展示了周期 2 的状态。周期 2 开始前，PC 指向程序的第二条指令，它在起始地址为 $(02)_{16}$ 的内存单元中，控制器经历如下 3 个步骤。

(1) 控制器取出 $(02)_{16}$ 开始连续两个存储单元中的指令，放入 IR 中，PC 的值加 2。

(2) 控制器分析指令 $(1142)_{16}$ 的功能是 R1←M42。

(3) 控制器执行指令，起始于内存单元 $(1142)_{16}$ 的整数被装入寄存器 R1 中。

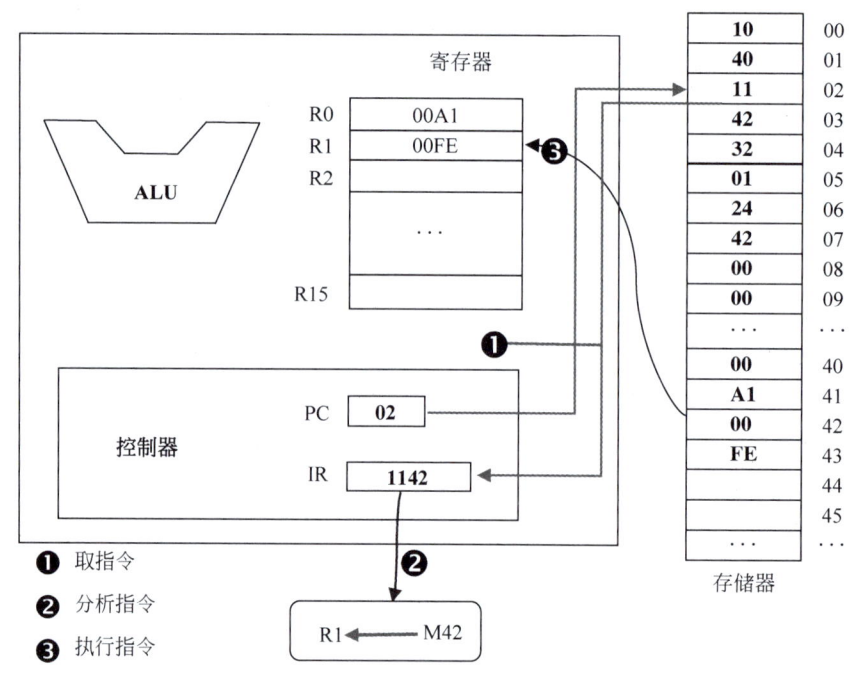

图 4-15　周期 2 的状态

3) 周期 3

图 4-16 展示了周期 3 的状态。周期 3 开始前，PC 指向程序的第三条指令，它的起始地址在内存单元 $(04)_{16}$ 中，控制器经历如下 3 个步骤。

(1) 控制器取出起始于内存单元 $(04)_{16}$ 中的指令，放入 IR 中，PC 的值加 2。

(2) 控制器分析指令 $(3201)_{16}$ 为 R2←R0＋R1。

(3) 控制器执行指令，寄存器 R0 的内容加寄存器 R1 的内容（由 ALU 完成），结果存在 R2 中。

4) 周期 4

图 4-17 展示了周期 4 的状态。周期 4 开始前，PC 指向程序的第四条指令，它的起始地址在内存单元 $(06)_{16}$ 中，控制器经历如下 3 个步骤。

(1) 控制器取出起始于 $(06)_{16}$ 中的指令，放入 IR 中，PC 的值加 2。

(2) 控制器分析指令 $(2442)_{16}$ 为 M44←R2。

(3) 控制器执行指令，寄存器 R2 中的值被存储到起始地址为 $(44)_{16}$ 的内存单元中。

5) 周期 5

图 4-18 展示了周期 5 的状态。周期 5 开始前，PC 指向程序的第 5 条指令，它的起始地

第4章 计算机组成

图 4-16 周期 3 的状态

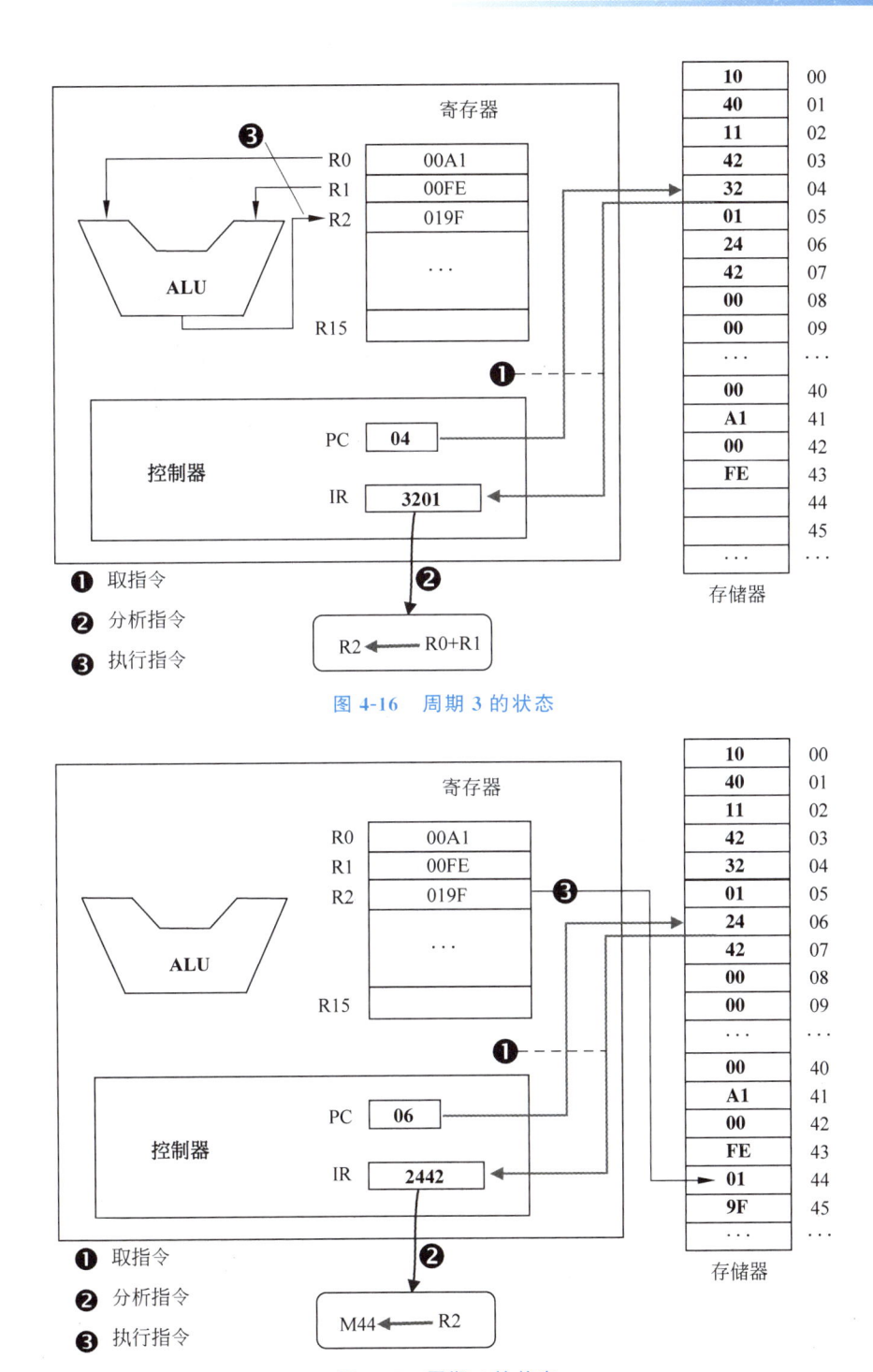

图 4-17 周期 4 的状态

址在内存单元$(08)_{16}$中,控制器经历如下 3 个步骤。

(1) 控制器取出起始于$(08)_{16}$中的指令,放入 IR 中,PC 的值加 2。
(2) 控制器分析指令$(0000)_{16}$为 HALT。
(3) 控制器执行指令,这意味着计算机停止运行。

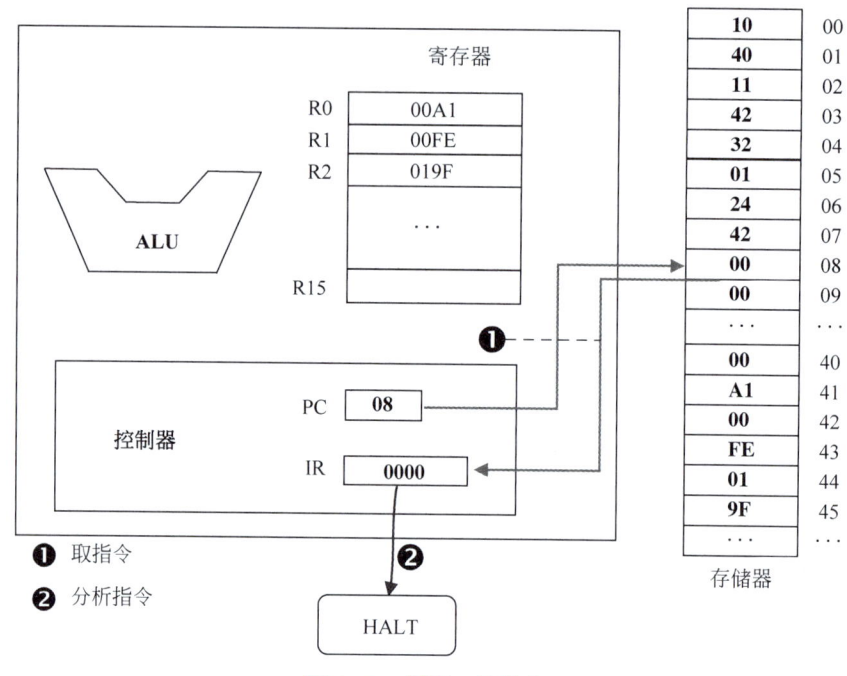

图 4-18　周期 5 的状态

4.4　具体的计算机硬件

本章前面几节介绍了门、电路、冯·诺依曼体系结构,并通过一个简单计算机讲解了计算机的工作过程。本节简要介绍具体的计算机硬件。

4.4.1　CPU

1. CPU 架构

CPU 完成一项功能依赖于一条条指令。指令是计算机设计好的特定的规则构成的二进制序列,不同的 CPU,这种规则可能不同。例如,同样是做整数加法运算,不同的 CPU 的指令可能相差甚大,这种指令的规则称为指令集。

CPU 架构是 CPU 厂商给属于同一系列的 CPU 产品定的一个规范,是区分不同类型 CPU 的重要标识。目前市面上的 CPU 主要有两大阵营,一个是以 Intel 为首的复杂指令集计算机(Complex Instruction Set Computer,CISC)架构,另一个是多家公司参与的精简指令集计算机(Reduced Instruction Set Computer,RISC)架构。

计算机发展前期,基于当时的硬件及软件状况,计算机的设计者希望增强指令功能来提高性能,同时降低系统软件开发(主要是编译器和操作系统)的工作量。这种设计思路导致在 CPU 中设计了很多复杂指令来强化指令功能,指令集的复杂性使得控制器的电路非常复杂,这类机器被称为复杂指令集计算机(CISC)。被认为是 CISC 的机器包括早期的 System/360、PDP-11、VAX、Motorola 68000 系列、Z8000 系列、Intel x86 系列等微处理器。目前主流市场中的 CISC 仅剩 x86 系列了。

精简指令集计算机(RISC)是 20 世纪 70 年代末期开始发展起来的一种体系结构,其思路是简化计算机指令功能,只保留那些必要的简单指令,而把较复杂的功能用简单指令子集模拟。RISC 的 CPU 设计相对容易,开放性较好,所以产品较多,典型的有 MIPS、ARM 及 PowerPC 等。中国发展国产通用处理器的主要途径也是走 RISC 路线。

1) x86 架构

x86 是 Intel 首先开发制造的一种微处理器体系结构的泛称。该系列较早期的处理器名称以数字来表示,并以"86"作为结尾,包括 Intel 8086、80186、80286、80386 以及 80486,因此其架构被称为"x86"。x86 被 IBM 选作个人计算机的 CPU 后,便成为个人计算机的标准平台,并一直占据统治地位,成为历史上最成功的 CPU 架构。x86 系列从 80486 以后命名发生变化,后续有奔腾系列、酷睿系列等,而且细分为台式机、笔记本和服务器的不同版本。x86 架构成功的很重要的因素是它的向后兼容性,后期研发的 x86 CPU 包含前期 CPU 的指令集,所以在前期机器上开发的软件可以直接在后期机器上运行。AMD 等公司也研发、生产 x86 兼容处理器。

2) ARM 架构

ARM(Advanced RISC Machine)是一种 RISC 架构,可用于多种应用环境。ARM Holdings 公司开发出该架构并将其授权给其他公司,这些公司可以设计自己的产品。与 CISC 体系结构的处理器(如大多数个人计算机中的 x86 处理器)相比,具有 RISC 体系结构的处理器通常成本更低,功耗更小。这些特性使得它适用于便携式电池供电的设备,包括智能手机、笔记本电脑、平板电脑以及其他嵌入式系统。目前绝大多数智能手机都采用 ARM 处理器。

ARM Holdings 定期发布对该体系结构的更新。ARMv3 到 ARMv7 版本支持 32 位地址空间和 32 位算术运算,大多数体系结构都有 32 位固定长度指令。Thumb 版本支持 32 位和 16 位指令,以提高代码密度。ARMv8-A 体系结构于 2011 年发布,增加了对 64 位的支持。截至 2017 年,ARM 处理器产量超过 1000 亿个,是生产数量最大、使用最广泛的指令集体系结构。

3) MIPS 架构

MIPS(Microprocessor without Interlocked Pipelined Stages)是由 MIPS 科技公司开发的一种 RISC 架构,早期的 MIPS 架构是 32 位的,后来添加了 64 位版本。

MIPS 源于斯坦福大学 Hennessy 教授领导的研究小组,很多大学的"计算机体系结构"课程经常用 MIPS 架构作为教学范例。其他 RISC 架构的处理器也深受 MIPS 的影响,如 SPARC 和 Alpha,中国科学院计算所研发的龙芯 CPU 也采用 MIPS 架构。

MIPS 最初是为通用计算而设计的,在 20 世纪 80 年代和 90 年代,很多公司在游戏机、个人计算机、工作站以及服务器上使用 MIPS 处理器。后来,MIPS 处理器主要转向嵌入式系统市场,如住宅网关和路由器等。

2. CPU 性能指标

CPU 是最重要的,通常也是最昂贵的计算机部件。影响 CPU 性能的因素有很多,如时钟频率、总线速度、字长、缓存容量、核心数量、指令集及处理技术等。

(1) 时钟频率也称为主频,是指计算机运行时的工作频率,现在通常以 GHz(千兆赫兹,即 1 秒钟有 10 亿个时钟周期)为单位。CPU 工作时,时钟就像一个节拍器不停地发出时钟脉冲,控制 CPU 的步调。时钟频率是衡量 CPU 运行速度的重要指标,但绝不是唯一指标。

就像跑步时,并非步频越高,速度就越快,还要看每一步的跨度。时钟频率在比较同一类处理器时最为有用。近些年,由于各种原因,靠提高时钟频率提升 CPU 速度越来越困难,CPU 逐渐向多核发展。

(2) 总线速度是指前端总线的频率。前端总线是用来与 CPU 交换数据的电路,其频率的高低直接影响着 CPU 访问内存的速度,进而影响着 CPU 的性能。目前前端总线的频率为 1000～2100MHz。频率越高代表速度越快。

(3) 字长是指 CPU 不花费额外代价一次能够同时处理的二进制数的位数。字长取决于 CPU 中通用寄存器的宽度。例如,32 位处理器的通用寄存器是 32 位的,可以同时处理 32 位数据。字长越长,意味着处理器在相同的周期可以处理更多的数据。当前的计算机系统通常使用 32 位或 64 位处理器。

(4) 高速缓存(Cache)通常内置于 CPU,CPU 访问 Cache 的速度比访问内存快约 10 倍,大容量的缓存可以提高计算机的性能。由于成本等原因,CPU 的缓存通常具有多个级别,三级缓存、二级缓存、一级缓存的访问速度依次提高,但容量也依次减小。以 Intel Core i7 4770k 为例,其三级缓存为 8MB,二级缓存为 1MB,而一级缓存只有 128KB。

(5) 一块 CPU 内可以包含多个处理单元电路,即多核处理器。多核处理器可以带来更快的处理速度。CPU 逐步从双核向四核、六核、八核发展,而且还在不断增加中。

(6) 指令集是影响 CPU 性能的重要指标,目前的 CPU 大体可分为 CISC 架构和 RISC 架构。

(7) 微处理器的指令处理技术可分为串行与并行两种。使用串行处理技术只有完成一条指令的所有步骤后才能开始执行下一条指令。并行处理技术则可以同时处理多条指令。并行处理技术提高了 CPU 的性能。

4.4.2 二级存储设备

由于主存的主体 RAM 容量有限,而且在没电时信息会丢失,所以还需要其他类型的存储设备,当计算机不再处理信息或关机时,把程序和数据保存起来。这种类型的存储设备称为二级存储设备或辅助存储设备。由于必须从这些存储设备中读取数据,并把数据写回,所以二级存储设备也是一种输入和输出设备。二级存储设备可以在计算机出厂时就安装到机箱中,也可以在需要时添加。目前常用的存储技术有磁存储、光存储以及闪存等。衡量存储技术主要从耐用性、通用性、容量、速度等方面来考虑。

1. 磁存储

磁存储技术通过磁化磁盘或磁带表面的磁性微粒存储数据,可以通过指定微粒的朝向表示 0 和 1 的序列。

1) 机械硬盘

机械硬盘驱动器由一个或多个盘片及与每个盘片相关的读写头组成,图 4-19 展示了机械硬盘内部结构。盘片表面覆盖有磁性铁氧化物。硬盘驱动器运行时,机械马达带动盘片会以每分钟数千转的转速绕固定轴旋转。读写头又称磁头,悬浮在每张盘片上方不到 $1\mu m$ 处,可以通过磁化微粒写入数据,也可以通过感应微粒的磁极读取数据。

图 4-19 机械硬盘内部结构

每个盘面都被划分成一圈圈同心圆构成的多个磁道,每个磁道又分成若干个扇区。每个扇区中存储的数据位数是相同的,通常是 512B 或 4KB。磁盘可以读写的最小的存储区域是一个扇区,数据块可以存储在一个或多个扇区上。

磁盘的主要速度取决于几个因素:转速、寻道时间和传送时间。转速是磁盘的旋转速度,目前主流磁盘的转速为 5400r/min(转/分钟)和 7200r/min。寻道时间是磁头寻找数据所在磁道的时间。传送时间是将数据从磁盘读取到内存所需要的时间。

目前主流的机械硬盘容量从 500GB 到 4TB 都有。在操作系统当中看到的硬盘的容量很可能低于硬盘的标称容量,这是由于硬盘厂商和操作系统对容量的计算方法不同而造成的。硬盘厂商在计算容量时是以 1000 为进制的,每 1000B 为 1KB,每 1000KB 为 1MB,每 1000MB 为 1GB,每 1000GB 为 1TB,而在操作系统中对容量的计算是以 1024 为进制的,这种差异造成了硬盘容量"缩水"。

2) 磁带

计算机用的磁带和家用录音机用的磁带非常相似。磁带用两个滚轮承接起来,当转动的磁带通过读/写磁头的时候,就可以通过磁头来读写磁带上的数据。磁带是顺序存取设备。尽管磁带的表面可能会分成若干块,但是却没有寻址装置来读取每个块。要想读取指定的块,就需要按照顺序通过其前面所有的块。尽管磁带的速度比磁盘慢,但它非常廉价,现在人们使用磁带来存储大容量的使用频率较低的数据。

2. 光存储

1) 基本工作原理

光盘制作过程是先将数据(0/1 序列)刻蚀到金属母盘上,形成细密的小坑,然后用溶解的聚碳酸酯融化到母盘上再脱开,将母盘上记录信息的坑倒模在聚碳酸酯上,同时把一层非常薄的铝(作为一层反射表面)加到聚碳酸酯上,再在反射表面的上面加上一层保护漆和标签。当光驱的低能激光束照射到光盘表面时,光盘上有坑和无坑的地方对激光的反射强度和角度不同,光驱上的光电感应器能识别这种差异,以此来辨识读到的是 0 还是 1。简而言之,光盘靠坑记录信息,靠激光反射识别信息。

2) 光盘类型

最早出现的光盘是 CD(Compact Disk),目的是存储音乐。CD 上面有一条从里向外盘旋的螺旋磁道,这个磁道被划分为扇区。

CD-ROM(只读光盘)使用与 CD 相同的技术,但被用于存储计算机上的文件数据。两者唯一的区别在于质量要求不同,CD-ROM 纠错能力较强。一张 CD-ROM 大概能存储 650MB 的数据。

CD-R(CD-Recorder)的意思是可刻录。出厂成品类似于一张空白盘,可放入刻录光驱由激光照射写入数据,数据写入后,就无法更改了。

CD-RW(CD-Rewritable)代表一种"重复写入"技术。CD-RW 刻录机能够反复擦写,CD-RW 光盘的原理主要是"相变"技术,它可以重复写入数据。

DVD (Digital Video Disc)是 CD 的下一代产品,信息记录密度要比 CD 高得多。按单/双面与单/双层结构的各种组合,DVD 可以分为单面单层、单面双层、双面单层和双面双层 4 种物理结构。单面单层 DVD 盘的容量为 4.7GB,双面双层 DVD 盘的容量则高达 17GB。DVD 包括 DVD+R、DVD-R、DVD+RW 和 DVD-RW 多种形式,每种前面都可以加上

DL这样一个前缀,意思是双层。+和-是两种竞争格式。与CD一样,R表示可刻录,RW表示重写。

蓝光(Blu-ray Disc,BD)是DVD之后的下一代光盘格式之一,用以存储高品质的影音以及高容量的数据,一个单层的蓝光光盘的容量为25GB,双层蓝光光盘的容量为50GB。蓝光也有多种形式,BD-R是可刻录蓝光盘,BD-RE可重写蓝光盘。

光盘驱动器可以理解为是向下兼容的,即蓝光光驱能读DVD,DVD能读CD,反之不行。

3. 闪存

闪存(Flash Memory)也称为固态存储器,是通过存储芯片内部晶体管的开关状态来存储数据的。闪存不需要读写头,也不需要转动,所以耗电量小,且持久耐用,不会受到振动、磁场、高温等因素的影响。

闪存的便携性好,存取速度快,但单位容量的成本也较高。常见闪存有存储卡、固态硬盘和U盘等。

(1) 存储卡广泛应用于数码相机、媒体播放器等数码产品中。计算机使用读卡器能够对存储卡进行读和写。存储卡的类型包括MMC卡、SD卡、TF卡等。

(2) 固态硬盘(Solid State Drive,SSD)是一种可以代替机械硬盘的设备,它的接口规范和定义、功能和使用方法与机械硬盘完全相同。固态硬盘的读写速度非常快,功耗低,广泛用于平板电脑、笔记本电脑上。有时出于性价比考虑,可以将固态硬盘和机械硬盘一起配备,容量小但速度快的固态硬盘可用于存储经常读写的数据。

(3) U盘是一种便携式存储设备,它使用USB接口与计算机连接,无须驱动器。U盘体积小,容量大,适合在计算机之间传输数据。

4.4.3 输入/输出设备

输入/输出设备可以分为两大类:非存储设备和存储设备。存储设备上一节讲过了,本节只涉及非存储设备。

1. 输入设备

常见的输入设备有键盘、鼠标、触控板、触摸屏、游戏控制器、手写板、条码阅读器、无线射频识别阅读器、生物特征识别阅读器等。

1) 键盘

键盘是最常用的输入设备。敲击键盘时,键盘编码经过转换传给CPU,就能得到用户想要发送的信息。键盘可以分为机械式、薄膜式、电容式键盘等,现代的键盘大多是电容式。键盘按外形可分为标准键盘和人体工程学键盘,人体工程学键盘是在标准键盘上将指法规定的左手键区和右手键区这两大板块左右分开,并形成一定角度,能减少操作中的疲劳,有利于身体健康。

2) 定点设备

定点设备主要用于对屏幕上的指针或其他图形控件进行操作。常见的定点设备有鼠标、触控板、触摸屏、游戏控制器等。

3) 手写板

手写板主要用于输入文字和绘图,也有一部分定位功能。手写板一般是使用一支专用的笔,或者用手指在特定区域内书写。手写板可以把笔或手指划过的痕迹记录下来,识别为文字或图形。手写板对于不喜欢使用键盘和不习惯使用中文输入法的人是非常有用的。手写板还可以用于精确制图,如电路设计、CAD 设计、图形设计等。

4) 条码阅读器

条码阅读器又称为条码扫描器,是用于读取条码所包含信息的设备。常规条形码是一维条形码,通过具有不同宽度的条格来表示数据,广泛应用于超市、物流快递、图书馆等场合。条码阅读器的结构通常包括光源、接收装置、光电转换部件、译码电路、计算机接口等部分。基本工作原理为:由光源发出的光线经过光学系统照射到条码符号上面,被反射回来的光经过光学系统成像在光电转换器上,经译码器解释为计算机可以直接接收的数字信号。

新型的二维码把信息存储在水平和垂直两个方向,容纳的数据比一维条形码高几百倍。最常见的二维码是 QR 码,它用一个小正方形表示数据。目前二维码主要用于智能手机上,通过手机的摄像头扫描二维码,由手机软件识别二维码图像代表的数据。

5) 无线射频识别阅读器

无线射频识别(Radio Frequency Identification,RFID)是一种通信技术,RFID 阅读器可通过无线电信号识别特定 RFID 标签并读写相关数据,而无须阅读器与标签之间的机械或光学接触。RFID 标签上包含微型芯片和天线,可以贴到各种物体上。当一个带有 RFID 标签的物体处于 RFID 阅读器的识别范围内(几厘米到几十米,取决于标签类型和使用的无线电频率),阅读器就能读写标签上的数据。

RFID 技术具有以下优点:①穿透性和非接触;②体积小,形状多;③抗污染能力和耐久性强;④可重复使用;⑤RFID 阅读器可同时辨识读取多个 RFID 标签;⑥数据的记忆容量较大;⑦安全性高,由于 RFID 承载的是电子式信息,其数据内容可经由密码保护,使其内容不易被伪造及变造。

RFID 技术可应用于许多行业。将标签附着在一辆正在生产中的汽车上,厂家便可以追踪此车在生产线上的进度。射频标签也可以附着于牲畜和宠物上,方便对牲畜和宠物的唯一识别。射频识别的身份识别卡可以使员工得以进入上锁的建筑。汽车上的 RFID 应答器也可以用来征收过路费或停车费。

6) 生物特征识别阅读器

生物特征识别是基于可测量的生物学特征来识别个人的科学。生物特征识别阅读器用来读取一个人的生物特征数据,包括指纹、面部特征、虹膜、语音、签名等。生物特征识别阅读器可独立或内置于计算机、移动设备,也可以内置于其他硬件,可用于授权用户访问计算机或特定存储数据,也可以用于电子支付、安全登录网站等。

2. 输出设备

输出设备用于接收计算机输出的数据和信息,并将其以字符、声音、图像等形式表现出来。常见的输出设备有显示器、打印机、绘图仪、音响等。

1) 显示器与显卡

显示器是计算机最重要的输出设备,可分为液晶显示器、发光二极管显示器等类型。液晶显示器(Liquid Crystal Display,LCD)通过电流控制显示器内部液晶粒子的排布,使各粒子透光或不透光,达到成像的目的。LCD 可用于电视机及计算机的屏幕显示,其优点是耗电量低,体积小,辐射低。

发光二极管显示器通过控制半导体发光二极管(Light Emitting Diode,LED)显示信息。LED显示器色彩鲜艳,动态范围广,亮度高,寿命长,正在替代 LCD 显示器,目前广泛应用于很多领域。

我们可以从屏幕尺寸、点距、分辨率、色深、视角宽度、响应速率等方面评测显示器的好坏。

(1) 屏幕尺寸是指显示器对角线的长度,以英寸为单位(1 英寸=2.54 厘米)。屏幕越大,显示的内容越多,但更笨重一点,因此可根据自己的需求来选择尺寸。

(2) 点距指显示器上像素点之间的距离,以毫米(mm)为单位。点距越小意味着图像越清晰。

(3) 分辨率是指显示器上显示的水平像素和垂直像素的总数目,如 1024×768 的分辨率表示显示器水平像素为 1024 个,垂直像素为 768 个。计算机的显示器分辨率是可调的,但有一个最高分辨率。

(4) 色深指显示器可以显示的颜色数量,以二进制为单位。例如,常说的真彩色为 24 位色深,可以表示 $2^{24}=16777216$ 种颜色。

(5) 视角宽度衡量了站在显示器侧面能看到屏幕图像的程度。170°或更大的视角宽度基本可以保证从多个位置无妨碍地观看屏幕。

(6) 响应速度是指一个像素点从黑色变为白色再变回黑色所需要的时间。响应速度较慢的显示器在显示运动物体时会产生拖尾现象。10ms 以内的响应速度基本可以保证有清晰的图像,而游戏系统可能需要 5ms 以内的响应。

与显示器紧密相关的是显卡。显卡连接着显示器和计算机主机,主要承担着输出显示图形的任务。20 世纪 90 年代以前,显示系统主要显示文本和简单图像,其计算量和数据传输量都不大,CPU 顺带承担了与显示相关的计算任务。后来随着 3D 游戏等应用的出现与发展,图形计算和数据传输的要求越来越高,如果 CPU 再完全承担这些任务,将严重影响计算机的性能,因此将这些任务的重点交给显卡来处理是顺理成章的事情。对于图形设计、三维建模、大型游戏等图形处理工作繁重的任务来说,一个好的显卡十分重要。目前的显卡都含有图形处理单元(Graphics Processing Unit,GPU)和显存,好的 GPU 的性能很强,甚至远远超过了 CPU 的计算能力。

显卡可分为核芯显卡、集成显卡和独立显卡 3 种。

核芯显卡是直接将 GPU 和 CPU 整合在一块基板上,缩减了 GPU、CPU 和内存间的信息传递时间,有效地提升了处理效能,并大幅降低了芯片组的整体功耗。核芯显卡为笔记本电脑、一体机等产品的设计提供了更大的选择空间。核芯显卡的显存可共享系统内存,系统内存的大小决定了可以共享给显存多大的容量。核芯显卡的缺点是难以胜任大型游戏、复杂三维建模等任务。

集成显卡是将 GPU 以单独芯片的方式集成在主板上,并且动态共享部分系统内存作为显存使用。集成显卡功耗低,发热量小,部分集成显卡的性能已经可以媲美入门级的独立显卡,但仍难以胜任大型游戏、复杂三维建模等任务。

独立显卡自身作为一个独立的板卡存在,它需要占用主板的扩展插槽。独立显卡有更好的显示效果和性能,但功耗较大。好的独立显卡能胜任大型游戏、复杂三维建模等任务,但价格也相对较高。

2) 打印机

打印机是常用的输出设备,目前流行的打印机一般使用喷墨和激光技术,有的打印机还兼有复印、扫描、传真功能。针式打印机曾经很流行,但目前只在一些特殊行业应用。

(1) 喷墨打印机使用很多个细小的喷嘴将墨滴喷射到纸上。彩色喷墨打印机的每个喷嘴都有自己的墨盒,分别装有几种不同的色彩(如青色、品红色、黄色、黑色等),这些色彩以不同浓度叠加便可产生各种颜色。喷墨打印机的优点是既可以打印信封、信纸等普通介质,又可以打印各种胶片、照片纸、光盘封面、卷纸、T恤转印纸等特殊介质;缺点是打印头多次使用后,打印质量会有所下降,也容易出现喷嘴堵塞的问题。

(2) 激光打印机利用激光扫描技术和电子照相技术进行打印。激光打印机的打印速度快,成像质量高。

(3) 针式打印机通过针击打色带或复写纸,形成文字或图形,打印头从9针到24针都有。针式打印机的优点是打印成本低,易用性高以及多联打印;缺点是打印质量低,速度慢,工作噪声大。针式打印机在打印机历史上曾经占有重要的地位,但现在只在银行、超市、医院、餐饮等需要单据复写打印的地方才可以看见它的踪迹。

4.5 小结

计算机通过控制最底层的电流进行运算,电流由称为门的电子设备操纵,门负责执行基本的逻辑运算,如非运算、与运算和或运算。

把一个门的输出作为另一个门的输入,可以把门组合成电路。仔细设计这些电路,可以搭建出能执行更复杂任务的设备。门的集合,或者说完整的电路,常常被嵌入在一个集成电路(或芯片)中。

冯·诺依曼体系结构是当今大多数计算机的底层体系结构。它由5个主要组成部分:内存、算术逻辑部件、输入设备、输出设备和控制器。在控制器指挥下,在一个指令周期,将从内存读取指令,指令译码,执行指令。

构成计算机的部件涉及多种设备,它们各有特征,包括速度、大小和效率等。它们在计算机的整体操作中各自扮演着必不可少的角色。

CPU是计算机硬件的核心,可以从字长、时钟频率、核心数、指令集结构等方面评价CPU的性能。

RAM和ROM是两种计算机内存。RAM表示随机存取存储器,ROM表示只读存储器。存储在RAM中的值是可更改的,存储在ROM中的值则不可更改。

二级存储设备对于计算机至关重要。这些设备在计算机不运行的时候保存数据。磁带、磁盘、光盘是常用的二级存储介质。

输入/输出设备种类繁多,它们各有特点,适用于不同的应用场合。

4.6 习题

1. 判断题

(1) 逻辑框图和真值表在表达门和电路的处理方面同样有效。(   )

(2) 非门接受两个输入。（　　）

(3) 当两个输入都是 1 时，与门的输出值为 1。（　　）

(4) 对于相同的输入，与门和或门生成的结果相反。（　　）

(5) 当两个输入都是 1 时，或门的输出值为 1。（　　）

(6) 或非门生成的结果与异或门的结果相反。（　　）

(7) 一个门可以被设计为接受多个输入。（　　）

(8) 晶体管是由半导体材料制成的。（　　）

(9) 对与门的结果求非，等价于先分别对输入信号求非，再把它们传递给或门。（　　）

(10) CPU 是一种集成电路。（　　）

2. 问答题

(1) 给出非门、与门、或门的 3 种表示法。

(2) 通过真值表证明 $A+BC=(A+B)(A+C)$。

(3) 计算机硬件由哪 5 部分构成？简述它们的功能。

(4) 内存有哪些类型？

(5) 高速缓冲存储的作用是什么？

(6) 简述计算机的工作过程。

(7) CPU 指令集有哪两种类型？常见的指令集结构有哪几种？

(8) CPU 常见的性能指标有哪些？

(9) 常见的外部存储设备有哪些？各有什么主要特点？

(10) 常见的输入设备有哪些？

(11) 假如一台计算机有 16 个数据寄存器（R0～R15），1024B 的存储空间以及 16 种不同的指令，请回答下面的问题。

① 下面这条指令最少需要占多少位空间？（注：M 表示存储器）

　　Instruction　M　R2

② 如果数据和指令使用相同的字长，那么每个数据寄存器最少需要多少位？

③ 计算机中的指令寄存器需要多少位？

④ 计算机中的程序计数器需要多少位？

⑤ 数据总线最少需要多少位？

⑥ 地址总线最少需要多少位？

⑦ 控制总线最少需要多少位？

第 5 章　问题求解和算法设计
CHAPTER 5

本章首先讨论解决一般问题的思路以及计算机解决问题的方法,然后讨论算法。算法对计算机专业的学生来说非常重要,计算机科学有时被定义为"对算法及其在计算机上如何有效实现的研究"。本章讲述算法在解决问题中的作用、开发算法的策略、跟踪和测试算法的技术。本章还将介绍伪代码,这是一种为表示算法而设计的人工语言。最后讨论经典的搜索算法和排序算法。

本章学习目标如下。
- 描述波利亚提出的解决问题的步骤。
- 结合波利亚提出的如何解决问题的列表,描述计算机问题求解的步骤。
- 理解用于表示算法的伪代码。
- 使用伪代码表示算法。
- 开发算法来解决问题。
- 理解与问题求解相关的几点思想——信息隐蔽、抽象、事物命名和测试。

5.1　问题求解

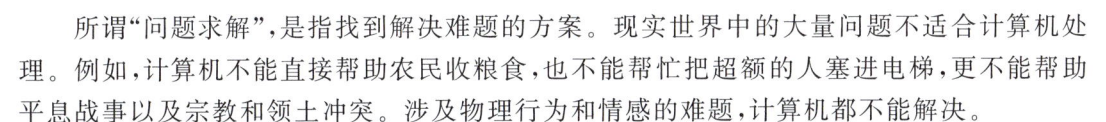

所谓"问题求解",是指找到解决难题的方案。现实世界中的大量问题不适合计算机处理。例如,计算机不能直接帮助农民收粮食,也不能帮忙把超额的人塞进电梯,更不能帮助平息战事以及宗教和领土冲突。涉及物理行为和情感的难题,计算机都不能解决。

此外,如果不告诉计算机要做什么,它什么也做不了。计算机是没有智能的,它不能分析问题并产生问题的解决方案。人(程序员)必须分析这些问题,为解决问题开发程序,然后让计算机执行这些程序。

计算机的作用是只要你为它编写好了解决方案,它能够快速、一致地反复执行这个方案,将人们从枯燥重复的任务中解放出来。

5.1.1　如何解决问题

1945 年,著名数学家和教育学家波利亚(George Polya)写了一本书,名为《怎样解题》(*How to Solve It*)。尽管这本书写于几十年前,当时计算机还处于试验阶段,但是其中关于问题求解过程的描述非常经典,适用于各种类型的问题。

以下介绍解决问题的步骤及相应的策略。

1) 步骤1：必须理解问题

策略：刨根问底。

当遇到一个问题或任务后，应该多提问，直到完全明白该问题或任务要做什么。下面是一些典型的提问。

- 我对这个问题了解多少？
- 要找到解决方案，我必须处理哪些信息？
- 解决方案是什么样的？
- 存在什么特例？
- 我如何知道已经找到了解决方案？

2) 步骤2：设计方案

这一步要找到已知信息和解决方案之间的联系，如果找不到直接的联系，则可能需要考虑辅助问题，目的是最终得到解决方案。

(1) 策略1：寻找与问题相关的熟悉的情况

以前见过这个问题吗？或者见过形式稍有不同的同类问题吗？

如果以前曾经解决过相同或相似的问题，只需要再次使用那种成功的解决方案即可。我们通常不会有意识地思考"我以前见过这个问题，我知道该如何处理"，而只是下意识地去做。人类是擅长识别相似的情况的，我们根本不必重复学习如何去商店买牛奶，如何去商店买鸡蛋，如何去商店买糖果。我们知道，去商店购物这件事都是一样的，只是买的东西不同罢了。

识别相似的情况在计算领域内是非常有用的。在计算领域，你会看到某种问题不断地以不同的形式出现。一个好的程序员看到以前解决过的任务或任务的一部分时，会直接选用已有的解决方案。例如，找出温度列表中的最高温和最低温与找出成绩列表中的最高分和最低分是完全相同的任务，都是找出一组数字中的最大值和最小值。

(2) 策略2：分治法

通常，我们会把一个不好处理的大问题分解成几个能直接处理的小问题。打扫一栋房子的任务看起来很繁重，而打扫餐厅、厨房、卧室和浴室的独立任务就容易多了。分治法尤其适用于计算领域，即把大的问题分割成能够单独解决的小问题。

可以把一项任务划分成若干个子任务，而子任务还可以继续划分为子任务。可以反复利用分治法，直到每个子任务都是可以实现的为止。

3) 步骤3：执行方案

执行解决方案，观察每个步骤是否都正确，看看它是否解决了问题。

4) 步骤4：分析解决方案

回顾、分析解决方案，思考一下该解决方案能不能解决其他问题，研究解决方案的未来适用性。

5.1.2 应用示例

下面，让我们应用刚才的步骤及策略解决一个特定的问题，该问题是下星期六在小明家举行聚会，大家如何到达。

需要思考：小明家在哪里？我们从哪里出发？天气如何？走路可能吗？如果开车，有停车的地方吗？乘坐公共汽车能到达吗？这些问题都得到解答后，就可以开始设计解决方案了。

如果那天下雨，自己的车还在维修，公共汽车停运了，那么最后的解决方案可能是叫出租车，告诉司机小明家的地址。

如果自己开车，查阅地图后知道小明家在自己公司大厦的西边，相隔6个街区，那么解决方案的第一部分可能是重复每天早晨都会做的事情——上班(假设从家出发)；接下来是下班后从公司出发，驾车走6个街区。如果记不清过了几个街区，那么需要带一支铅笔，每当经过一个街区，就在纸上做一个记号。虽然重复地做记号显得有些麻烦，但在计算机解决方案中这是很常用的。如果要重复一个操作10次，就需要编写指令，在每次操作结束时计数，并且检查次数是否达到了10。在计算领域，这种处理方法叫作重复或循环。

有些人从A地出发，其他人从B地出发，如果需要给所有人写到达指南，就必须编写两套说明，第一个问题都是"你从哪里出发"，如果从A地出发，则采用第一套说明，否则采用第二套说明。在计算领域，这种处理方法叫作条件处理。

根据一步一步的过程解决特定的问题并非不会发生任何变化。事实上，通常需要多次尝试和改进。我们将检验每种尝试，看它是否能真正地解决问题。如果它确实能解决问题，就不需要进一步的尝试，否则需要其他的尝试并验证。

5.2 计算机问题求解

前面讲的解决问题的第二步是设计解决方案。在计算领域，这种解决方案被称为算法。算法是在有限的时间内用有限的数据解决问题的一套明确的指令。在计算领域中，必须明确地描述人类解决方案中暗含的某些条件。

5.2.1 计算机问题求解过程

计算机问题求解的过程包括4个阶段：分析和说明阶段、算法开发阶段、实现阶段和维护阶段，如图5-1所示。第一阶段的输出是清楚的问题描述；第二阶段的输出是第一阶段定义的问题的一般性解决方案；第三阶段的输出是实现该算法的能在计算机上运行的程

```
阶段1：分析和说明阶段
分析      理解（定义）问题
说明      说明程序要解决的问题
阶段2：算法开发阶段
开发算法  开发用于解决问题的逻辑步骤序列
测试算法  按照列出的步骤操作，看它们是否真正解决了问题
阶段3：实现阶段
编码      把算法用程序设计语言实现
测试      让计算机执行程序，检查结果，修改程序，直到得到正确的答案
阶段4：维护阶段
使用      使用程序
维护      修改程序，使它满足改变了的需求，或者纠正错误
```

图5-1 计算机问题求解的过程

序；第四阶段没有输出，除非检测到错误或需要进行更改，如果是这样，这些错误或更改将被以适当的方式发送回第一、第二或第三阶段。

图 5-2 展示了计算机问题求解过程中各个阶段的交互。粗线标明了各阶段间的一般信息流，细线表示在发生问题时可以退回前面阶段的路径。例如，在算法开发阶段，可能会发现问题说明中的错误或矛盾，这样就必须修改分析和说明。同样，实现阶段（程序）中的错误可能表明必须修改算法。

5.1 节中的波利亚问题求解的所有步骤都包含在使用计算机解决问题的 4 个阶段中。第一步始终是了解问题，你不能为不理解的问题编写计算机解决方案。下一步是为解决方案设计一个计划（一种算法），并用伪代码表示它，这个阶段是本章的重点。再下一步是实现该计划，以使计算机能够执行并测试结果。在波利亚的解决问题步骤中，人类执行计划并评估结果；在计算机解决方案中，人类编写计算机可以执行的程序来表达计划，计算机程序运行后产生结果，人类再检查确认结果是否正确。

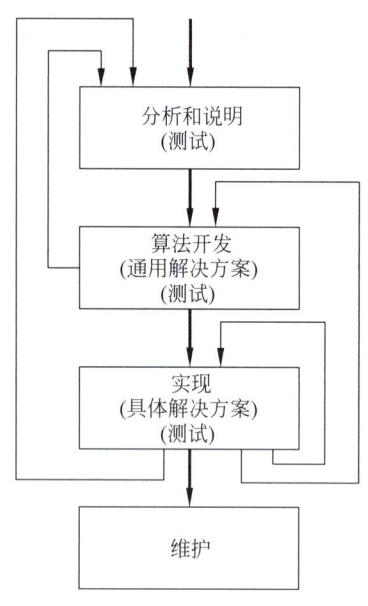

图 5-2 计算机问题求解过程中各个阶段的交互

在本章中，解决问题的算法用伪代码描述，不涉及具体实现的高级语言，高级语言将在第 6 章介绍。有了正确的算法，用任何高级语言，都能方便地将其编写为能在计算机上运行的程序。

5.2.2 计算机问题求解要点

※读者可观看本书配套视频 7：计算机问题求解要点。

1. 算法开发的要点

设计算法可以分解为以下 4 个主要步骤。

1）分析问题

了解问题，列出必须要使用的信息，此信息可能包含问题中的数据；明确解决方案的呈现方式，如果是报告，请指定格式；列出对问题或信息所做的任何假设；思考该如何手动解决这个问题，制定总体的算法或解决方案。

2）列出主要任务

主要任务列表称为主模块。使用汉语或伪代码重述主模块中的问题，使用任务名称将问题划分为功能区域。如果主模块太长，那就是在这一层级上包含了太多的详细信息，此时需要引入控制结构，如果需要，在逻辑上重新对子部分排序，将细节推给下一级模块。

如果你不知道如何解决一个任务，不要担心，假装你有一个"聪明的朋友"，他知道答案，先将问题细节推后思考。在主模块中要做的就是给出解决某些任务的下级模块的名称，名称须使用有意义的标识符。

3）编写下一级模块

模块没有固定数量的层级，一个级别的模块可以在较低级别划分为更多模块。每个模块都必须是完整的，即使它引用了没写的模块。通过每个模块进行连续的细化，直到每个语句都是具体的步骤。

4）必要时重新排序和修改

计划不如变化快，解决问题可能需要进行几次尝试和改进，尽量保持清晰、简单、直接的表达。按模块划分解决问题的策略称为自上而下的设计，它的结构是层次结构。

2. 测试算法

计算机解决问题的目标是创建正确的处理过程。实现此过程的算法可以反复使用不同的数据，因此必须对过程本身进行测试或验证。

测试算法通常涉及在计算机上运行对算法进行编码的程序，并检查结果。但是这种类型的测试只能在程序完成或至少部分完成时进行，这已经太晚了，我们不能仅依靠这种测试，因为发现问题越早，解决问题的代价就越小。显然，我们需要在开发过程的早期阶段就执行测试。具体来说，必须先对算法进行测试，然后再用具体的语言（程序）实现它们。

算法的测试过程叫作桌面检查。大多数计算机程序都是由一些程序员（构成一个小组）开发出来的，小组可以采用走查的方法进行算法验证。所谓走查，就是由小组成员采用实例数据手动模拟算法的运行。另一种面向小组的方法是审查。使用这种方法，要预先把设计分发给大家，由一人（非设计者）逐行读出设计，其他人负责指出其中的错误。这种方法是在无胁迫的情况下执行的，目的不是为了批评设计方案或设计者，而是去除产品中的缺陷。有时，要消除这个过程中人的自负感确实有困难，不过好的团队能想办法尽量克服这一点。

5.3 伪代码

在计算机中，解决方案称为算法，伪代码是一种让我们以更清晰的形式表达算法的语言。伪代码不能直接在计算机上运行，最终必须转换为可在计算机上运行的程序。如果算法设计好了，这种转换是很容易实现的。

5.3.1 伪代码的功能

伪代码不是一种计算机语言，更像一种人们用来说明操作的便捷语言。虽然伪代码并没有特定的语法规则，但必须能表示变量、赋值、输入/输出、选择结构、循环结构等概念。

1. 变量

伪代码算法中出现的变量用来指代内存中存储的一个值。变量应该能反映其表示的内容在算法中的角色。

2. 赋值

有了变量，就要有把确定值存入变量的办法。可以采用下面的语句：

```
Set sum to 1
```

这个语句把 1 存放到变量 sum 中。赋值的另一种表示方法是使用反向箭头（←），例如：

```
sum←1
```

用赋值语句把值赋给变量之后，如何访问它们呢？可以用下面的语句访问 sum 和 num。

```
Set sum to sum + num
```

或

```
sum←sum + num
```

上述语句的意思是将存放在 sum 中的值与存放在 num 中的值相加,结果放到 sum 中。因此,当变量放在 to 或 ← 右边时,就能访问它存储的值;当变量用在 Set 的后面或 ← 的左边时,就会向该变量存入一个值。

存入变量的值可以是单个值的形式,也可以是由变量或操作符构成的表达式(如 sum+num)的形式。

3. 输入/输出

大多数计算机程序需要从外部输入数据,还要能把结果输出到屏幕上。可以使用 Write 语句进行输出,使用 Read 语句从键盘输入。

```
Write "Enter the number of values to read and sum "
Read num
```

双引号之间的字符叫作字符串,可以是汉语、英语等。它告诉用户输出什么内容。输出语句也可以采用 Display 或 Print,这无关紧要,它们都等价于 Write。输入也可以使用 Get 或 Input,都与 Read 同义。记住,伪代码算法是写给人看的,以便之后可以把它转换成程序。对于你自己和要理解你所写的算法的其他人来说,在项目中保持使用单词的一致性是一种好习惯。

下面两个输出语句需要重点说明一下:

```
Write "Err"
Write sum
```

第一条语句把双引号之间的字符串 Err 输出到屏幕上;第二条语句把变量 sum 中的值输出到屏幕上,sum 中的值并不改变。

4. 选择结构

用选择结构可以选择执行或不执行某项操作,也可以在两项操作中选择执行其中一项操作,选择结构括号中的条件决定了执行哪项操作。例如,下面的伪代码或者输出 sum 的值,或者输出一个错误信息。

```
//print error message or sum
IF (sum < 0)
    Print "error message"
ELSE
    Print sum
```

上述伪代码使用缩进对代码段进行分组(在这个例子中只有一组)。符号//用于注释,其主要作用是为了让人更容易理解代码,它并不是算法的一部分。

上面的选择结构称为"IF-THEN-ELSE",因为是在两个操作之间进行选择。还有一种"IF-THEN"选择结构,则是执行或跳过某操作的情况。如果我们想在任何情况下都打印

sum，可以用下面的方式表示算法。

```
IF (sum < 0)
    Print "error message"
Print sum
```

5. 循环结构

使用循环结构可以重复执行指令。下面算法的功能是求和。先输入要加的数字的总次数 limit，然后设置加的次数 counter 为 0，累加和 sum 为 0；再用 WHILE 循环结构检查 counter 是否已达到总次数 limit，如果次数没达到，就输入数值 num，累加到 sum 中，次数 counter 加 1，然后再回到 WHILE 那里检查加的次数是否已到。与选择结构一样，括号里的表达式是一个条件，如果条件为真，则执行缩进的代码；如果条件为假，则跳到下一个非缩进语句执行，本例中输出累加和 sum 的值。

```
Read limit
Set counter to 0
Set sum to 0
WHILE (counter < limit)
    Read num
    Set sum to sum + num
    Set counter to counter + 1
Print sum
```

WHILE 和 IF 语句括号中的表达式是布尔表达式，其结果要么为真，要么为假。在 IF 语句中，如果表达式为真，则执行缩进语句；如果表达式为假，则跳过缩进语句，如果有 ELSE，则执行 ELSE 下面的语句。对于 WHILE 语句，如果表达式为真，则执行缩进语句，然后再检查表达式的值；如果表达式为假，则跳到下一个非缩进语句执行。WHILE、IF 和 ELSE 都用大写字母，因为它们是专用词语。

这 4 种基本操作（赋值、输入/输出、选择及循环）构成计算机程序的基础。

5.3.2 伪代码示例

本节的示例既包含算法的开发过程，又综合运用了伪代码的 4 种基本操作。

1. 算法开发策略

下面通过一个小规模的算法的开发过程来演示开发策略。

该算法要求读入一些正数数对，然后按序输出数对。如果数对多于一对，就必须使用循环结构。下面是该算法的第一版。

```
WHILE (not done)                //抽象描述，故加了下划线
    Write "Enter two valuers separated by a blank; press return"
    Read number1
    Read number2
    Print them in order         //抽象描述，故加了下划线
```

如何知道循环何时停止呢？也就是说，如何满足 WHILE 语句的 not done 条件，结束循环呢？解决办法是可以要求用户告诉程序要输入多少个数对。下面是算法的第二版。

```
Write "How many pairs of values are to be entered? "
Read numberOfPairs
Set numberRead to·0
WHILE (numberRead < numberOfPairs)
    Write "Enter two valuers separated by a blank; press return "
    Read number1
    Read numter2
    Print them in order
```

最后要按序输出数对,但如何判断数对的大小呢? 可以用条件结构比较它们的值;如果 number1 小于 number2,则先输出 number1,再输出 number2;否则,就先输出 number2,再输出 number1。在完成算法前,我们注意到 numberRead 的值从未改变过,因此必须增加 numberRead 的值。下面是该算法的第三版。

```
Write "How many pairs of values are to be entered? "
Read numberOfPairs
Set numberRead to 0
WHILE (numberRead < numberOfPairs)
    Write "Enter two valuers separated by a blank; press return "
    Read number1
    Read numter2
    IF (number1 < number2)
        Print number1 + " " + number2
    ELSE
        Print number2 + " " + number1
    Set numberRead to numberRead + 1
```

在编写这个算法的过程中,我们使用了前面介绍过的两个策略——分析问题及延迟细节。分析问题是我们大多数人都熟悉的策略,延迟细节意味着最初只给任务一个名称,以后再写出完成该任务的详细过程。本示例中,前面的版本先在循环条件中用"not done"和"print them in order"这种抽象的说明描述任务,后续版本中,填写了完成这些任务的详细过程,这个策略被称为分治法。

2. 算法测试

算法在测试完成之前不算真正完成。我们可以选择一组数据,通过纸和笔将代码走一遍。图 5-3 展示了数对算法的测试过程。该算法有 4 个变量:numberOfPairs、numberRead、number1 和 number2,我们必须跟踪它们的值的变化。假设用户在看到提示后输入以下数据:

```
3
10 20
20 10
10 10
```

图 5-3(a)显示了循环开始时的变量值。numberOfPairs 为 3,numberRead 为 0,number1 与 number2 的值未知。

由于 numberRead 小于 numberOfPairs,因此进入循环,输出提示,并读取两个数字。这时 number1 为 10,number2 为 20,所以 IF 语句走 THEN 分支,输出 number1,后跟 number2,然后 numberRead 加 1。图 5-3(b)显示了第一次循环结束时的变量值及输出结果。

由于 numberRead 仍然小于 numberOfPairs,因此代码重复执行,输出提示并读取数字。这时 number1 为 20,number2 为 10,所以选择结构走 ELSE 分支,输出 number2,后跟 number1,然后 numberRead 加 1。第二次循环结束时变量的状态及输出结果如图 5-3(c)所示。

由于 numberRead 小于 numberOfPairs,代码重复执行,输出提示并读取数字。这时 number1 为 10,number2 为 10,因为 number1 不小于 number2,所以执行 ELSE 分支,输出 number2,后跟 number1。因为两个值是相同的,所以输出顺序无关紧要。第三次循环结束时变量的状态及输出结果如图 5-3(d)所示。

numberOfPairs	numberRead	number1	number2	
3	0	?	?	

(a) 开始

numberOfPairs	numberRead	number1	number2	
3	1	10	20	Print输出结果 10 20

(b) 第一次循环结束

numberOfPairs	numberRead	number1	number2	
3	2	20	10	Print输出结果 10 20

(c) 第二次循环结束

numberOfPairs	numberRead	number1	number2	
3	3	10	10	Print输出结果 10 10

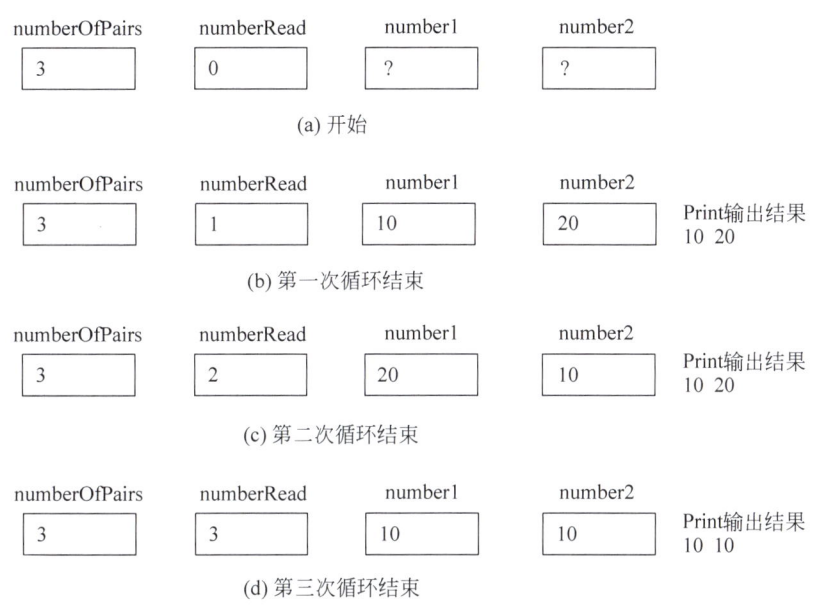

(d) 第三次循环结束

图 5-3 数对算法的测试过程

现在 numberRead 不小于 numberOfPairs,循环条件不满足,因此循环结束。

在这个叫作桌面检查的过程中,我们用笔和纸把设计的算法模拟运行了一遍。这项技术比较简单,但对于测试算法是否正确效果极好。

5.4 算法基础

算法是个很大的话题,本书只能做一点基本的介绍。

简单(原子)变量是那些不能分割的变量,它们是存储在内存某个位置的值。上一节介绍伪代码时举的例子都使用了简单变量,本节前面部分也只使用简单变量。与简单变量相对应的是复合变量,本节后面会介绍。

5.4.1 使用选择结构

※ 读者可观看本书配套视频 8:选择结构。

5.3 节介绍了基本的选择结构,本节应用较复杂的选择结构描述算法。

假设编写一个算法,该算法能在已知室外温度的前提下,提示适合穿什么衣服。我们是这样想的:如果天气热,穿短裤;如果不冷不热,穿短袖;如果有点凉,穿夹克;如果天气冷,穿厚大衣;如果温度低于冰点,就待在屋里。

开始设计这个算法时,顶级(主)模块只是表示任务。

```
Write "enter the temperature"
Read temperature
Determine dress
```

前两条语句不需要进一步分解,然而,确定穿什么衣服需要和温度联系起来。让我们定义高于 32℃为热,22～32℃为不冷不热,12～22℃为有点凉,0～12℃为冷。现在就可以编写算法来确定穿什么衣服了。

```
IF (temperature > 32)
    Write "Hot weather: wear short"
ELSE IF (temperature > 22)
    Write "Ideal weather: short sleeves fine"
ELSE IF (temperature > 12)
    Write "A little chilly: wear a light jacket"
ELSE IF (temperature > 0)
    Write "Cold weather: wear short"
ELSE
    Write "Stay inside"
```

如果第一个表达式不为真,则到达第二个 IF 语句,如果温度为 22～32℃,那么第二个表达式为真。如果第一个和第二个表达式都不为真,第三个为真,则温度为 12～22℃。同样的推论可以得出,冷的天气温度为 0～12℃,如果温度小于或等于 0℃,则输出"Stay inside"。

5.4.2 使用循环结构

※读者可观看本书配套视频9:循环结构。

有两种基本的循环类型:计数控制循环和事件控制循环。

1. 计数控制循环

计数控制循环根据设定的次数重复某个过程,循环机制需要在每次重复该过程时进行计数,并在再次开始之前测试该过程是否已完成。计数控制循环在 5.3 节已经使用过了。

计数控制循环由 3 个不同的部分组成,使用了一个称为循环控制变量的特殊变量。第一部分是初始化,循环控制变量初始化为某一起始值;第二部分是测试,检查循环控制变量是否达到预定值;第三部分是递增,循环控制变量加 1。

下面的算法重复一个过程 limit 次(在这段代码之前,limit 已经设定了一个值)。

```
Set count to 0              //初始化 count 为 0
WHILE(count < limit)        //测试
    ...                     //循环体,可以是任何想要的过程
    Set count to count + 1  //递增
...                         //循环执行完后的语句,注意这一行的缩进与上面一行不同
```

循环控制变量(count)在循环外设置为 0。然后检测表达式 count＜limit 是否为真,只要表达式为真,就执行循环。循环中的最后一个语句递增循环控制变量 count。循环执行

多少次呢？当 count 为 0,1,2,…,limit-1 时,循环执行,因此,循环执行 limit 次。循环控制变量的初始值和布尔表达式中使用的关系运算符确定了循环执行的次数。

WHILE 循环称为预先检测循环,因为在执行循环之前先检测。如果第一次的检测结果为假,则不进入循环。如果省略了递增语句,会发生什么情况呢？情况是布尔表达式永远不会更改,如果开始时该布尔表达式为真,因为表达式不会更改,因此循环将一直执行下去。永不终止的循环称为无限循环,或称为死循环。

2. 事件控制循环

重复次数由循环体内发生的事件控制的循环称为事件控制循环。使用 WHILE 语句实现事件控制循环时,其过程同样由 3 个部分组成：初始化事件、测试事件、更新事件。

计数控制循环比较简单,重复次数是指定的,而事件控制循环中 3 个组成部分可能不是那么明显。下面看一个例子,它完成的功能是循环读取数字,如果为非负数就求和,直到读到负数结束。这里,初始化事件就是读取第一个数字,然后检测该值,如果大于或等于 0 就进入循环。如何更新事件呢？就是读取下一个数字。下面是该算法的描述。

```
Set sum to 0
Read value                              //初始化事件
WHILE (value >= 0)                      //测试事件
    Set sum to sum + value              //value 的值加到 sum 中
    Read value                          //更新事件
…                                       //循环结束后的语句
```

现在,再写一个与刚才有点区别的算法,这个算法也是读数字并求正数的和,但设置为计算 10 个正数的和。这意味着每次读到一个正数时必须对其进行计数,这个计数变量命名为 posCount。算法先把 posCount 设置为 0,在 WHILE 里检测当 posCount 到 10 时退出循环。每次读取到正数时,我们都会让 posCount 加 1。

```
Set sum to 0
Set posCount to 0                       //初始化事件
WHILE (posCount < 10)                   //测试事件
    Read value
    IF (value > 0)
        Set posCount to posCount + 1    //更新事件
        Set sum to sum + value          //value 的值加到 sum 中
…                                       //循环结束后的语句
```

这不是一个计数控制的循环,因为我们不是读取 10 个数字,而是读取多个数字,直到读入了 10 个正数。请注意嵌入在循环中的选择控制结构。要在任何控制结构中执行或跳过的语句可以是一条语句或多条语句(缩进语句块),这些语句没有什么限制。因此,要跳过或重复执行的语句可以包含控制结构。选择结构可以嵌套在循环结构中,循环结构也可以嵌套在选择结构中。一个控制结构嵌入到另一个控制结构中的结构称为嵌套结构。

5.4.3 复合变量及用法

之前描述的简单变量存储值的地方本质上都是不可分割的,也就是说,每个地方只能存

[0]	106
[1]	149
[2]	166
[3]	194
[4]	197
[5]	151
[6]	99
[7]	100
[8]	2
[9]	200

图 5-4 含有 10 个元素的数组

储一个数据,不能再被分割为更小的部分。本节将介绍两种把数据集合起来的机制,以及单独访问集合中的数据项和整体访问集合的方法。

1. 数组

数组是同类数据项的集合,可以通过单个数据项在集合中的位置来访问它们。数据项在集合中的位置称为索引。虽然日常生活中,人们习惯从 1 开始计数,但多数编程语言都是从 0 开始的,因此本书也采用该方式。图 5-4 描述了一个索引从 0 到 9,有 10 个元素的数组。

如果数组叫 numbers,则通过表达式 numbers[position] 来访问数组中的每个值,其中 position 就是索引,是一个从 0 到 9 的整数。

下面是将值输入到数组的算法。

```
integer numbers[10]          //声明一个存储10个整数值的数组 numbers
Write "Enter 10 integer numbers, one per line"
Set position to 0            //初始化变量 position 为 0
WHILE (position < 10)
    Read numbers[position]
    Set position to position + 1
```

通过 integer 后跟数组名称 numbers,并在名称后的括号中写明整数值来指明 numbers 是一个数组,能存储整数值。在前面的算法中,没有先列出一个变量,而是假设使用一个变量名时这个变量是存在的,现在使用的是复合结构,需要说明想要的是哪一种结构。

与数组有关的算法分为 3 类:搜索(查找)、排序和处理。搜索就是遍历数组中的每个项目,查找特定的值。排序是将数组中的元素按顺序排好,如果元素是数字,将按数字大小排好;如果元素是字符或字符串,则按字母顺序排好。处理是一个统称,包含了对数组中的元素所做的所有其他计算。

2. 记录

记录是不同类型数据项的集合,其中的元素通过名称来进行访问。记录中的元素不必相同,可以包含整数、实数、字符串或其他类型的数据。记录是将与同一对象相关的数据项捆绑在一起的一种很好的选择。例如,我们要读入一个人的姓名、年龄和薪水,可以把这 3 个项集合在一个记录 Employee 中,这个记录由 name、age 和 wage 3 个字段组成,如图 5-5 所示。

Employee	
	name
	age
	wage

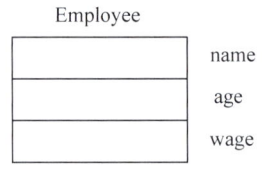

图 5-5 Employee 记录

如果我们声明一个 Employee 类型的变量 employee,则记录的每个字段可以通过记录变量加点加字段名来访问。例如,employee.name 指记录变量 employee 中的 name 字段。记录没有专门的算法,因为它只是相关数据集合在一起的一种方式,但也是引用一组相关数据的便捷方法。

下面的算法是将值存入记录字段中。

```
Employee employee            //声明一个 Employee 类型的变量
Set employee.name to "Frank Jones"
```

```
Set employee.age to 32
Set employee.wage to 27.50
```

第3种复合数据结构是面向对象编程中的类,我们将在第6章讨论这种结构。

5.4.4 搜索算法

1. 顺序搜索

依次搜索每一个元素并与要找的元素进行比较,如果匹配,则找到了该元素,否则继续搜索下一个元素。搜索什么时候停止呢?当找到了这个元素或查找完所有元素都没有找到匹配项时就停止,这听起来像是有两个结束条件的循环。下面使用数组 numbers 编写算法,注意,numbers 有 10 个元素。

```
Set position to 0
Set found to FALSE
WHILE (position < 10 AND found is FALSE)
    IF (numbers[position] equals searchItem)
        Set found to TRUE
    ELSE
        Set position to position + 1
```

在 WHILE 表达式中有复合条件,用到了 AND 这个布尔操作符。布尔操作符包括 AND、OR 和 NOT 等,AND 和 OR 连接两个布尔表达式,NOT 对一个布尔表达式取反。当两个表达式都为真时,AND 操作返回 TRUE(真),否则返回 FALSE(假)。当两个表达式都为假时,OR 操作返回 FALSE,否则返回 TRUE。这些操作符和第 4 章中描述的门的功能一致。在第 4 章中,门的输入是 1 或 0,在本章中,"真"相当于 1,"假"相当于 0,逻辑是一致的。

可以使用 NOT 操作符简化第二个布尔表达式(found is FALSE)。当 found 为假时,NOT found 就为真,所以也可以写成 WHILE(position<10 AND NOT found)。只要索引小于 10 且还没有找到匹配项时,循环会一直重复。

2. 有序数组的顺序搜索

如果知道数组中的元素是有序的,那么在查找时,当通过了该元素本应在数组中的位置时,就可以停止查找了。我们来看看这个算法具体是怎么做的。算法使用变量 length 来确定数组中有多少个有效数据项,而不是数组定义时方括号内写的总数据项数,length 可能比数组的总数据项数要小。当有数据读入时,计数器就会更新,因此我们能知道数组中存储了多少个有效数据项。如果数组名为 data,其中的数据就是从 data[0] 到 data[length−1]。图 5-6 显示了一个从小到大排好序的有序数组。

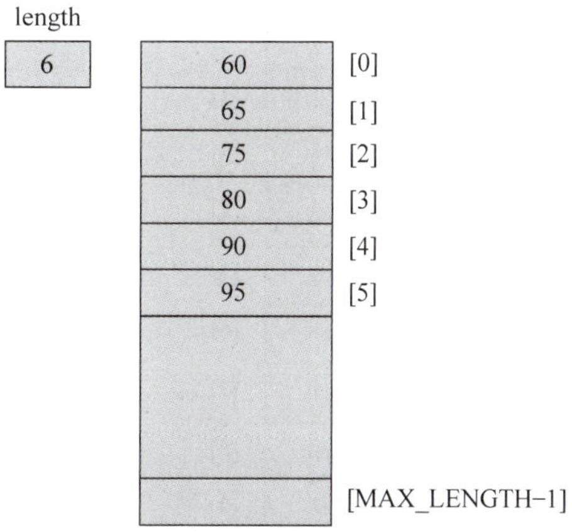

length		
6	60	[0]
	65	[1]
	75	[2]
	80	[3]
	90	[4]
	95	[5]
		[MAX_LENGTH−1]

图 5-6 有序数组

在有序数组中,如果我们要查找 76,只要检查到 data[3] 就能知道它不在数组中,因为 data[3] 的值 80 已经比 76 大了。下面是嵌入一个完整程序中的有序数组搜索算法。

```
Read in array of values
//这里只抽象描述了向数组输入值的功能,为了表明这是抽象描述,用了下画线
Write "Enter value for which to search"
Read searchItem
Set found to TRUE if searchItem is there
//这里只抽象描述了查找算法,具体操作在后面
IF (found)
    Write "Item is found"
ELSE
    Write "Item is not found"
```

下面是 Read in array of values 的具体实现。

```
Write "How many values? "
Read length
Set index to 0
WHILE (index < length)
    Read data[index]
    Set index to index + 1
```

下面是 Set found to TRUE if searchItem is there 的具体实现。

```
Set index to 0
Set found to FALSE
WHILE (index < length AND NOT found)
    IF (data[index] equals searchItem)
        Set found to TRUE
    ELSE IF (data[index] > searchItem)
        Set index to length
    ELSE
        Set index to index + 1
```

上述代码中,第一个 IF 条件如果为真,就找到了想要的数据,下面一句将 found 置为 TRUE。第二个 IF 条件如果为真,则当前数据项大于要查找的数据,下面一句将 index 置为 length,随后 WHILE 测试不满足 index < length 的条件,就会退出循环。

3. 二分搜索

如何在字典中查找一个单词?希望你不是从第一页开始顺序查找。数组的顺序搜索从数组的开头开始,直到找到匹配项,或者整个数组都搜索过了也没有匹配项。

二分搜索使用与顺序搜索不同的策略进行查找,它采用了分治法。这个方法与你在字典中查找单词是类似的,都是从中间开始,确定要查找的单词是在前部还是后部,然后重复这个方法。

二分搜索要求要查找的数组是有序的,如图 5-7 所示。由于该数组的元素是字符串,其大小已按字典顺序排序好了。搜索从数组的中间开始,如果要搜索的数据项小

length	items	
11	ant	[0]
	cat	[1]
	chicken	[2]
	cow	[3]
	deer	[4]
	dog	[5]
	fish	[6]
	goat	[7]
	horse	[8]
	rat	[9]
	snake	[10]
	...	

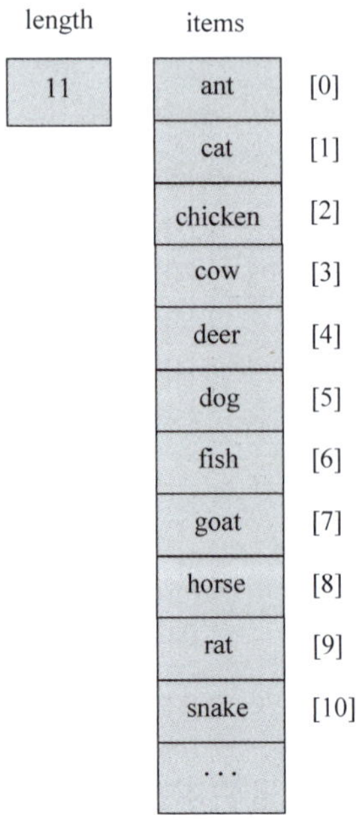

图 5-7 用于二分搜索的有序数组

于数组中间项,那么就可以确定搜索项一定不会在数组的后半部分,因此只需要搜索数组前半部分即可。如果要找的数据项大于中间项,那么继续在后半部分搜索。如果搜索项等于中间项,搜索终止。搜索以这种方式反复进行,每次比较都会将搜索范围缩小一半。当找到匹配项或可能存在匹配项的数组为空时,搜索停止。

下面是具体的二分搜索算法。

```
Set first to 0
Set last to length - 1
Set found to FALSE
WHILE (first <= last AND NOT found)
    Set middle to (first + last)/ 2
    IF (item equals data[middle])
        Set found to TRUE
    ELSE
        IF (item < data[middle])
            Set last to middle - 1
        ELSE
            Set first to middle + 1
Return found
```

让我们用走查的办法测试一下这个算法,分别搜索 cat、fish 和 zebra。图 5-8 展示了搜索的过程。

搜寻cat

first	last	middle	比较
0	10	5	cat<dog
0	4	2	cat<chicken
0	1	0	cat>ant
1	1	1	cat=cat　　Return:TRUE

搜寻fish

first	last	middle	比较
0	10	5	fish>dog
6	10	8	fish<horse
6	7	6	fish=fish　　Return:TRUE

搜寻zebra

first	last	middle	比较
0	10	5	zebra>dog
6	10	8	zebra>horse
9	10	9	zebra>rat
10	10	10	zebra>snake
11	10		first>last　　Return:FALSE

图 5-8　二分搜索过程

二分搜索真的比顺序搜索快吗?表 5-1 展示了顺序搜索和二分搜索的平均比较次数。如果二分搜索这么快,为什么我们不一直使用它呢?原因是,首先二分搜索要求数组必须有序;其次,由于需要计算出中间索引,二分搜索的每次比较操作都需要更多的计算。当然如果数组有序且数据项超过 20 个,那么二分搜索是更好的选择。

表 5-1 平均比较次数

数据项个数	顺 序 搜 索	二 分 搜 索
10	5.5	2.9
100	50.5	5.8
1000	500.5	9.0
10000	5000.5	12.0

5.4.5 排序算法

排序就是使事物有序排列。在计算机中,把无序数组转为有序数组是很常见且有用的操作。排序算法有很多种,有不少专门介绍排序的书,这里只介绍几种常见的排序算法。由于对大量元素进行排序非常耗时,所以一个好的排序算法是非常有用的。有时,程序员为了算法运算速度更快,甚至愿意牺牲算法的可理解性。

1. 选择排序

如果给你一组写有学号的答题卡,要求按照学号从小到大进行排序,你可能会浏览一遍答题卡,找到学号最小的,然后把这张答题卡排到新的一组(有序组)的第一个位置。你是怎么确定哪张答题卡的学号最小呢?你可能会把第一张答题卡拿出来放到一边,然后往后,如果发现有一张答题卡上的学号比刚才拿出来的那张小,就把它拿出来,把原来拿出来那张放回去,再往后翻,重复这个过程,当你检查完所有的卡片后,拿出来的这张就是学号最小的。把这一张放到有序组中,继续重复这个过程直到所有的答题卡都被放到有序组里。

```
WHILE more cards in first deck
    Find smallest left in first deck
    Move to new deck
```

选择排序算法也许是最简单的,因为它与我们手动排序十分相似。未排序的答题卡就像是一个初始数组,排好序的答题卡就是有序数组。

这个算法虽然简单,但也有缺陷,它需要两个完整数组的空间,这显然很浪费。不过,稍微调整一下这种方法就不会重复浪费空间了。当找到最小值并移出时,它所占的位置就空出了,因此不必把最小值写入到第二个数组中,而是将它与它应该在的位置(排好序所处的位置)处的当前值进行交换即可。

图 5-9 是一个选择排序的示例。

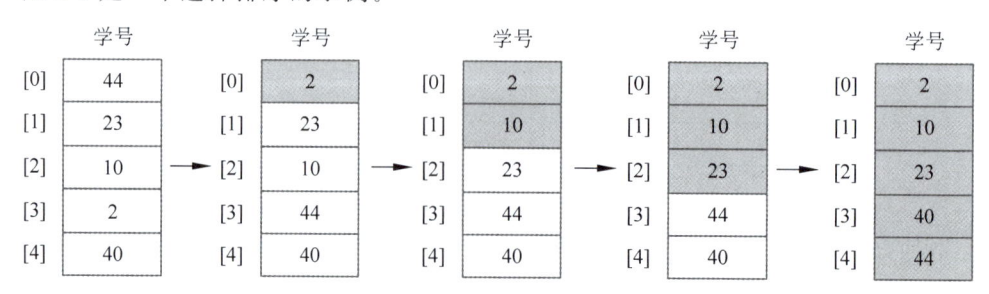

	学号		学号		学号		学号		学号
[0]	44	[0]	2	[0]	2	[0]	2	[0]	2
[1]	23	[1]	23	[1]	10	[1]	10	[1]	10
[2]	10	[2]	10	[2]	23	[2]	23	[2]	23
[3]	2	[3]	44	[3]	44	[3]	44	[3]	40
[4]	40	[4]	40	[4]	40	[4]	40	[4]	44

图 5-9 选择排序示例(阴影部分为有序元素)

设想这个数组由两部分组成,即无序部分(非阴影部分)和有序部分(阴影部分)。每当我们把一个元素放到正确的位置,无序部分缩小,有序部分扩展。排序开始时,所有的元素都处于无序部分;排序结束后,所有的元素都处于有序部分。下面是这个算法的描述。

```
//Selection sort
Set firstUnsorted to 0
WHILE (not sorted yet)
    Find smallest unsorted item
    Swap firstUnsorted item with the smallest
    Set firstUnsorted to firstUnsorted + 1
```

这个算法有 3 个抽象步骤(下画线部分),分别是确定数组何时有序、找到最小元素以及互换两者位置。通常情况下,当把最后两项中较小的元素放到正确的位置后,最后一个元素一定也位于正确的位置了。因此只要 firstUnsorted 小于 length −1,循环就会继续。

not sorted yet 功能由下面的语句具体完成。

```
firstUnsorted < length − 1
```

当手动进行排序时,你是如何在无序卡中找到最小学号的卡片呢?你可以翻看卡片,当看到比第一张卡的学号还小的卡片时,记住这个更小的学号,然后继续往后翻卡片,寻找比刚才记住的那个学号更小的卡片。这个过程总是记住迄今为止最小的学号,当翻完全部答题卡,就找到了学号最小的。这个手动算法与这里使用的算法完全相同,只是这里的算法必须记住最小元素的索引(位置),以便与 firstUnsorted 处的元素进行交换。下面是从 firstUnsorted 到 length −1 这部分无序列表中寻找最小元素的代码。

Find smallest unsorted item 功能由下面的语句具体完成。

```
Set indexOfSmallest to firstUnsorted
Set index to firstUnsorted + 1
WHILE (index <= length − 1)
    IF (data[index] < data[indexOfSmallest])
        Set indexOfSmallest to index
    Set index to index + 1
```

交换两个杯子里的液体需要几个杯子?答案是 3 个。当你想把第二个杯子中的液体倒入第一个杯子中时,需要一个临时的杯子存放第一个杯子的液体,互换两个数据也是同样的道理。交换算法需要有被交换的两个元素的索引(位置),以及一个临时变量。

Swap firstUnsorted with smallest 功能由下面的语句具体完成。

```
Set tempItem to data[firstUnsorted]
Set data[firstUnsorted] to data[indexOfSmallest]
Set data[indexOfSmallest] to tempItem
```

2. 冒泡排序

冒泡排序也是一种选择排序,只是在寻找最小值时采用了不同的方法,图 5-10 是冒泡排序的一个示例。排序时从数组最后一个元素开始,与相邻的元素进行比较,当下面的元素小于上面的元素时,就交换这两个元素,图 5-10(a)显示了第一次迭代的过程。这一次迭代完成后,最小的元素就会"冒"到数组的顶部。图 5-10(b)显示了剩余几次迭代完成后的情形,每次迭代都会把未排序的最小元素放到它正确的位置,但也会改变数组中其他元素的位置。

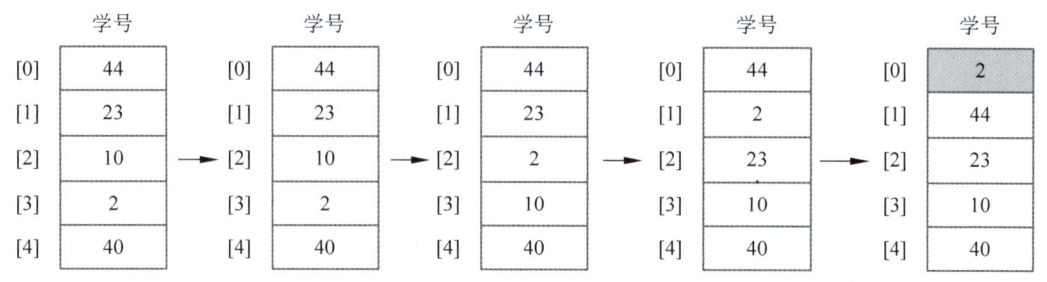

	学号			学号			学号			学号			学号
[0]	44		[0]	44		[0]	44		[0]	44		[0]	2
[1]	23		[1]	23		[1]	23		[1]	2		[1]	44
[2]	10	→	[2]	10	→	[2]	2	→	[2]	23	→	[2]	23
[3]	2		[3]	2		[3]	10		[3]	10		[3]	10
[4]	40		[4]	40		[4]	40		[4]	40		[4]	40

(a) 第一次迭代(阴影部分为有序元素)

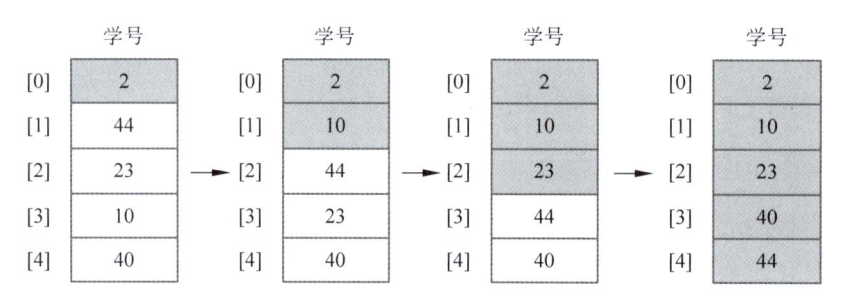

	学号			学号			学号			学号
[0]	2		[0]	2		[0]	2		[0]	2
[1]	44		[1]	10		[1]	10		[1]	10
[2]	23	→	[2]	44	→	[2]	23	→	[2]	23
[3]	10		[3]	23		[3]	44		[3]	40
[4]	40		[4]	40		[4]	40		[4]	44

(b) 剩余迭代(阴影部分为有序元素)

图 5-10　冒泡排序示例

在写这个算法之前,必须说明一下,冒泡排序是非常慢的排序算法。排序算法通常是根据排序数组所需要的迭代次数进行比较,而冒泡排序要对除最后一个元素外的所有元素进行一次迭代。此外,冒泡排序中还有大量的交换操作。既然冒泡排序效率这么差,为什么我们要介绍它呢？因为只要对它稍加修改,就能够让它成为某些情况下的最佳选择。

让我们把冒泡排序应用到一个已经排好序的数组上,如图 5-10(b)最右一列所示。比较 44 与 40,不必交换；再比较 40 与 23,也不必交换；然后比较 23 和 10,仍然不需要交换；最后比较 10 与 2,还是不需要交换。如果在一次迭代过程中没有交换任何数据,那么这个数组就是有序的。在开始循环前,我们把一个布尔型变量设置为 FALSE,如果发生交换,就把它设置为 TRUE。如果循环体运行一遍,布尔型变量仍为 FALSE,那么这个数组就是有序的。

```
//Bubble sort
Set firstUnsorted to 0
Set swap to TRUE
WHILE (firstUnsorted < length-1 AND swap)
    Set swap to FALSE
    "Bubble up" the smallest item in unsorted part
    Set firstUnsorted to firstUnsorted + 1
```

"Bubble up" the smallest item in unsorted part 的具体实现如下。

```
Set index to length - 1
WHILE (index > firstUnsorted)
```

```
        IF (data[ index] < data[ index - 1])
            Swap data[ index] and data[ index - 1]
            Set swap to TRUE
        Set index to index - 1
```

在一个有序数组上比较冒泡排序和选择排序的过程,可以观察到,因为选择排序算法不能确定数组是否已经有序,一定要把算法完整执行完,而冒泡排序可以发现数组已排好,提前结束排序。

3. 插入排序

※读者可观看本书配套视频 10:插入排序。

如果数组中只有一个元素,它就是有序的;再加入一个元素,与原来的元素比较,需要的话可以进行交换,现在,这两个元素是有序的;再加入第三个元素,根据原来两个元素的值,把第三个元素插入到合适的位置,现在,这 3 个元素是有序的。将元素添加到有序部分类似于冒泡排序中的冒泡过程。图 5-11 从左到右展示了插入排序的过程,其中阴影部分是暂时排好序的部分。

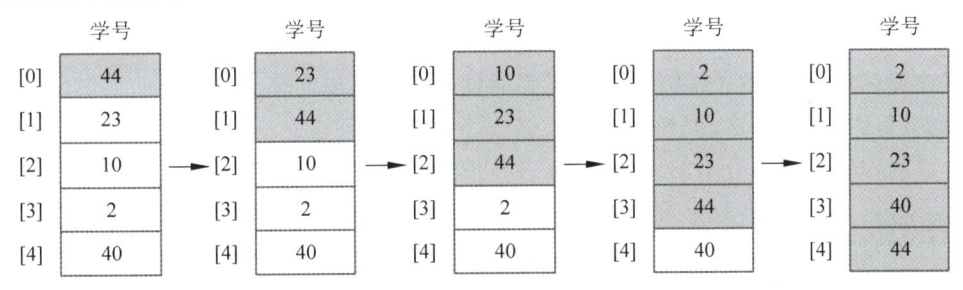

	学号			学号			学号			学号			学号
[0]	44		[0]	23		[0]	10		[0]	2		[0]	2
[1]	23	→	[1]	44	→	[1]	23	→	[1]	10	→	[1]	10
[2]	10		[2]	10		[2]	44		[2]	23		[2]	23
[3]	2		[3]	2		[3]	2		[3]	44		[3]	40
[4]	40		[4]	40		[4]	40		[4]	40		[4]	44

图 5-11 插入排序

```
//Insertion sort
Set current to 1              // current 是要插入有序部分的元素的位置
WHILE (current < length)
    Set index to current
    Set placeFound to FALSE
    WHILE ( index > 0 AND NOT placeFound)
        IF (data[ index] < data[ index - 1])
            Swap data[ index] and data[ index - 1]
            Set index to index - 1
        ELSE
            Set placeFound to TRUE
    Set current to current + 1
```

选择排序在每次迭代后,都有一个元素被放到它的永久位置上。而插入排序在每次迭代后,都有一个元素被放到相对于有序部分来说更合适的位置上。

5.5 几个重要思想

本章提到过几个主题,它们不仅对于问题求解很重要,对于整个计算领域都很重要。让我们回顾一下本章讨论过的一些通用思想。

1. 信息隐蔽

我们已经多次使用过推迟细节的思想。在问题求解时，可以先给任务命名，而把如何实现任务的具体细节推迟到以后再考虑。在设计过程中，高层设计隐藏细节，把具体细节延后处理具有明显的好处。对于每个特定的层次，设计者只须考虑与该层相关的细节，这种做法叫作信息隐蔽，即在进行高层设计时屏蔽低层的细节。

这种做法看起来很奇怪，为什么在高层设计时不能见到细节呢？设计者不是应该无所不知吗？当然不是。如果设计者知道一个模块的低层细节，他就更可能根据这些细节来构建这个模块的算法，但恰恰这些低层的细节容易发生变化；一旦它们改变了，那么整个算法模块就要重写。

2. 抽象

抽象和信息隐蔽就像一个硬币的两面，信息隐蔽是隐藏细节的做法，抽象则是隐藏细节后的结果。第1章提到过，抽象是复杂系统的一种模型，只包括对观察者来说必需的细节。我们用一条狗做个比喻。对狗的主人来说，它是一只宠物；对猎人来说，它是一只猎犬；对兽医来说，它是一只哺乳动物。狗的主人关注的是它摇尾巴的样子，以及它被关在大门外面时的尖叫声，还有随处可见的狗毛。在猎人眼里，它是一个训练有素的帮手，知道自己的工作，并且能够出色地完成。兽医看到的则是构成它身体的器官、血肉和骨头。

在计算领域，算法就是需要实现的步骤的抽象。使用包含算法的软件的一般用户，只需要知道如何运行这个程序，就像狗的主人，只看到表面即可。而在自己程序中使用别人算法的程序员就像使用训练有素的狗的猎人一样，他们有目的地使用算法。算法的开发者必须透彻地了解算法的细节，就像兽医一样，他们必须要看到内部工作原理来实现算法。

在计算领域，有多种抽象。数据抽象指的是把数据的逻辑视图和它的实现分离开。例如，你的开户银行使用的计算机内部可能采用补码表示数字，也可能采用反码表示数字，但是这种区别你无须关注，只要你账户中的钱数正确即可。过程抽象指的是把操作的逻辑视图和它的实现分离开。例如，当我们为子程序命名时，我们正在实践过程抽象。

计算领域中的第三种抽象类型叫作控制抽象，它指的是把控制结构的逻辑视图和它的实现分离开。使用控制结构可以改变算法的顺序控制流。例如，WHILE 和 IF 都是控制结构。在用于实现算法的程序设计语言中如何实现控制结构，对于算法设计来说并不重要。

抽象是人们用来处理复杂事务的最强有力的工具，这句话无论在计算领域还是在现实生活中都是适用的。

3. 事物命名

在编写算法时，我们使用速记符号表示要处理的任务和数据，也就是说，给数据和过程一个名字，这些名字叫作标识符。例如，我们在顺序搜索算法中，用 searchItem 表示要搜寻的数据。

当我们要用一种程序设计语言把算法转换成计算机能够执行的程序时，可能要修改标识符。每种语言都有自己的标识符命名规则，因此，转换过程分两个阶段。首先在算法中命名数据和动作，然后把这些名字转换成符合计算机语言规则的标识符。请注意，数据和动作的标识符都是抽象的一种形式。

4. 测试

我们已经演示了在算法阶段使用桌面走查来进行测试。在实现阶段的测试涉及使用各种数据运行程序，这些数据旨在测试程序的所有部分。后面虽然有章节讨论该阶段的测试理论，但是本章讲解的算法设计阶段的测试也适用于其他阶段。

5.6 小结

波利亚在他的经典著作《怎样解题》中列出了数学问题的求解策略，这个策略适用于所有问题，包括如何用计算机程序求解问题。这个策略的步骤是提出问题，寻找熟悉的情况，然后用分治法解决。应用这一策略，将生成一个解决问题的方案。在计算领域，这种方案称为算法。

伪代码是一种方便的表示算法的语言。使用伪代码可以命名变量、把数值输入变量以及输出存储在变量中的值。使用伪代码还可以描述算法中重复执行的动作以及选择执行的动作。搜索与排序是算法中常见的内容，本章介绍了几种搜索与排序算法，使读者能更好地理解伪代码及算法的实现过程。

本章提出了4种计算领域常用的重要思想：信息隐蔽、抽象、事物命名和测试。信息隐蔽是隐藏子任务细节的过程，抽象是隐藏细节的结果。在解决与计算机无关的问题时，我们自己执行解决方案，因此知道问题是否解决了。如果问题求解的结果是一个计算机程序，那么就必须全面地测试每个算法，以确保执行程序后，这个程序给出的答案是正确的。

5.7 习题

1. 问答题

（1）计算机问题求解模型有哪4个阶段？各阶段完成什么工作？
（2）计算机问题求解模型与波利亚模型有哪些不同之处？
（3）计算领域有哪几种抽象？

2. 应用题

（1）用伪代码写一个算法，要求读入姓名，并输出姓名及"早上好"。
（2）用伪代码写一个算法，要求对循环读入的数值进行累加，如果读入数值小于0，退出循环，输出累加值。
（3）一个列表中包含以下元素，请使用折半查找算法，给出查找88的步骤，要求给出每一步中first、middle和last的值。

  8 13 17 26 44 56 88 97

（4）使用选择排序算法，手工排序下列数据并给出每次扫描所做的工作。

  17 2 8 20 10 32 7

（5）使用冒泡排序算法，手工排序下列数据并给出每次扫描所做的工作。

  17 2 8 20 10 32 7

（6）使用插入排序算法，手工排序下列数据并给出每次扫描所做的工作。

  17 2 8 20 10 32 7

第 6 章 程序设计语言

CHAPTER 6

第 5 章讨论了解决一般问题的思路以及计算机解决问题的办法,还讲解了如何用伪代码编写算法。本章将学习能将算法具体实现的编程语言。本章并不是要教会读者一种特殊的编程语言,而是通过比较和对照,让读者了解编程语言的概貌。

本章学习目标如下。
- 描述从机器语言到高级语言的编程语言演化。
- 理解如何使用解释器或编译器将高级语言程序翻译成机器语言。
- 理解几种编程范式。
- 理解过程式和面向对象语言中的常见概念。

6.1 计算机语言的演化

对计算机而言,要编写程序就必须使用计算机语言。计算机语言是指编写程序时,根据事先定义的规则(语法)而写出的预定语句的集合。计算机语言经过多年的发展已经从机器语言演化到了高级语言。

6.1.1 机器语言

机器语言是计算机硬件唯一能理解的语言,它是用"0"和"1"组成的数字串。每种处理器都有自己专用的机器指令集合,并且固定在计算机的硬件中。这些指令是处理器唯一真正能够执行的命令,CPU 的电子器件能够识别这些专用命令。用机器语言编写的程序以最冰冷的方式真实地展示了指令和数据是如何被计算机操纵的。

在第 4 章中,我们看到在一台假想的简单计算机中,需要用 5 行代码去实现两个数相加,如表 6-1 所示,其中左边一列就是机器语言。

计算机发展的最早期,软件是用机器语言写的,它至少有两个缺点:首先,它依赖于计算机,如果两台计算机系统不兼容,那么一台计算机的机器语言与另一台计算机的机器语言就不一样;其次,用机器语言编写程序是非常单调乏味的,不仅编写困难,而且不容易排除错误。由于这两个缺点,目前几乎没有人用机器语言编写程序了。我们将机器语言称为第一代编程语言。

6.1.2 汇编语言

第一种帮助程序员简化编程的工具是汇编语言。汇编语言给每条机器语言指令分配了一个助记符,用人类比较容易记忆和理解的符号代替 0/1 序列串。助记符像是英语的简写,如把数据从存储器读到寄存器的助记符是 LOAD 或 MOV 等,加法的助记符是类似 ADD 的符号。程序员可以用这些助记符来写出汇编程序。

在计算机上执行的每个程序最终都要被翻译成机器语言的形式。一个名为汇编器的程序能将每条汇编语言指令翻译成等价的机器语言。因为每种类型的计算机都有自己的机器语言,所以有多少种类型的机器,就有多少种汇编语言和翻译程序。汇编语言贴近计算机硬件,能够完全操控计算机。表 6-1 是机器语言与汇编语言对应的例子,中间一列是汇编语言。

表 6-1 机器语言与汇编语言对应的例子

机 器 语 言	汇 编 语 言	说　　明
0001 0000 0100 0000	LOAD R0,M40	把内存地址$(40)_{16}$的内容装入寄存器 R0
0001 0001 0100 0010	LOAD R1,M42	把内存地址$(42)_{16}$的内容装入寄存器 R1
0011 0010 0000 0001	ADDI R2,R0,R1	R0 和 R1 相加,结果放到 R2 中
0010 0100 0100 0010	STORE M44,R2	把 R2 的内容存入内存地址$(44)_{16}$中
0000 0000 0000 0000	HALT	停机

6.1.3　高级语言

尽管汇编语言大大提高了编程效率,但仍然需要程序员掌握所使用的硬件的细节,用汇编语言编程也很枯燥。提高程序员效率的需求促使高级语言发展起来。

高级语言适用于多种不同的计算机,使程序员能够将精力集中在应用程序上,而不是特定的计算机硬件上。高级语言的设计目标就是使程序员摆脱汇编语言烦琐的细节。高级语言与汇编语言都有一个共性:它们必须被转化为机器语言,这个转化的过程称为解释或编译。

数年来,人们开发了各种各样的编程语言,著名的有 BASIC、COBOL、Pascal、Ada、C、C++、Java、Python 等。

6.2　翻译

现在的程序通常是用某种高级语言编写的,为了在计算机上运行程序,需要将它翻译为运行它的计算机的机器语言。高级语言程序称为源程序,被翻译成的机器语言程序称为目标程序。翻译有编译和解释两种方法。

6.2.1　编译和解释

1. 编译

编译是把源程序一次性全部翻译成目标程序的方法,完成编译工作的软件称为编译器(Compiler)。在编译过程中,如果源程序的任何地方有语法错误,编译都会停止,并给出错误提示;错误修改后,再编译。运行时,直接运行编译好的机器指令。C、C++、FORTRAN、Pascal、Ada 都是编译实现的。

2. 解释

有些计算机语言使用解释器把源程序翻译成目标程序。解释是指把源程序中的每一行翻译成目标程序的对应行并执行该行的过程。我们需要了解两种解释程序:在 Java 语言之前被有些语言使用的解释程序,以及 Java 使用的解释程序。

1) 解释程序的第一种方法

在Java语言之前的有些解释式语言（如 BASIC 和 APL）使用解释程序的第一种方法。该种方法因为没有正式的名称，所以就被直接称为解释程序的第一种方法。在这种解释程序中，源程序的每一行被翻译成机器语言后，机器语言被立即执行。如果在翻译和执行程序的某行时发现有错误，解释程序会给出提示，并终止翻译工作。程序的错误改正后再次从头解释和执行。这种方法效率较低，所以大多数语言使用编译而不是解释。

2) 解释程序的第二种方法

随着 Java 的到来，一种新的解释过程被引入了。Java 语言的目的是能向任何计算机移植。为了取得可移植性，源程序到目标程序的翻译分成两步进行：编译和解释。Java 源程序首先被编译，创建出 Java 的字节代码。这个代码看起来像机器语言代码，但其实不是任何一种计算机的目标代码，而是一种虚拟机的目标代码，该虚拟机称为 Java 虚拟机或JVM。字节代码能被任何运行 JVM 的计算机编译或解释，也就是运行字节代码的计算机只需要 JVM，可以不要 Java 编译器。

6.2.2 翻译过程

编译和解释的不同在于，编译在执行前翻译整个源代码，而解释一次只翻译和执行源代码中的一行。但是，两种方法都遵循图 6-1 中显示的源代码翻译过程。

图 6-1 源代码翻译过程

1. 词法分析器

词法分析器一个符号接一个符号地读源代码，创建源语言中的助记符表。例如，5 个符号 w、h、i、l、e 被读入，组合起来就形成了 C、C++或 Java 语言中的助记符 while。

2. 语法分析器

词法分析器分析一组助记符，找出有意义的指令。例如，3 个助记符 x、=、0 进入词法分析器后，分析的结果是创建了句子 x=0，它是 C 语言中的赋值语句。

3. 语义分析器

语义分析器检查语法分析器创建的句子，确保它们不含有二义性。计算机语义通常没有二义性，这意味着这一步骤在翻译器中或者被省略，或者其功能被最小化了。

4. 代码生成器

无二义性指令被语义分析器创建之后，每条指令都将转化为一组计算机的机器语言，这是由代码生成器完成的。

6.3 编程范式

所谓编程范式(Programming Paradigm)，指的是计算机编程的基本风格或典范模式。借用哲学的术语，如果说每个编程者都在创造虚拟世界，那么编程范式就是他们置身其中采用的世界观和方法论。

我们知道,编程是为了解决问题,而解决问题可以有多种视角和思路,其中普适且行之有效的模式被归结为范式。由于着眼点和思维方式的不同,相应的范式自然各有侧重和倾向,每种范式都引导人们带着某种倾向去分析问题、解决问题。

编程范式是抽象的,必须通过具体的编程语言来体现,它代表的世界观往往体现在语言的核心概念中,代表的方法论往往体现在语言的表达机制中。一种范式可以在不同的语言中实现,一种语言也可以同时支持多种范式。例如,C++可以面向过程编程,也可以面向对象编程。任何语言在设计时都会倾向某些范式,同时回避某些范式,由此形成了不同的语法特征和语言风格。

编程范式的分类有不同的方法,本书将编程范式分为两大类,分别是命令式(Imperative)范式和声明式(Declarative)范式。命令式范式又分为两个子类,分别是过程式范式(Procedural)和面向对象范式(Object-Oriented)。声明式范式也分为两个子类,分别是函数式范式(Functional)和逻辑范式(Logic)。

6.3.1 命令式范式

命令式范式是一种最常见的编程范式,与人类自然语言中的表达命令的方式大同小异,命令式程序由计算机执行的命令组成。命令式编程的重点是描述程序的运行方式。在此范式中,程序描述了解决问题所需的处理,使用表示内存位置的变量,以及使用赋值语句更改这些变量的值。

几乎所有计算机的硬件都是为了执行机器代码而设计的,而机器代码是以命令式的方式编写的。从机器代码的角度来看,程序状态是由内存的内容定义的,语句是计算机的机器指令。命令式的高级语言使用变量和更复杂的语句,但仍然遵循相同的范式。一个菜谱的做菜流程虽然不是计算机程序,但在风格上类似于命令式编程,做菜的每一步都是一条指令,物理世界保持了每一步做完后的状态。

由于命令式范式的基本思想在日常生活中是熟悉的,并且直接体现在硬件的工作方式上,因此在计算机软件的整个历史中使用的主要语言来自这一范式。这些语言包括FORTRAN、BASIC、COBOL、Pascal、C 和 Ada 等。

1. 过程式范式

过程式范式是一种命令式编程范式,它来源于结构化编程,基于过程调用的概念。程序是由过程构成的层次结构,程序可以理解成要完成一项大任务,每个过程(也称为例程、子程序或函数)解决其中的一项特定的小任务。过程所做的任务还可以进一步细分,由多个过程完成。在程序执行的任何时间点,过程都可以被自身和其他过程调用。第 5 章讲的伪代码示例就遵循过程式编程模型。

例如,考虑一个打印文件内容的程序。为了打印文件,程序使用了一个称为 print 的过程。该过程通常包括告诉计算机如何去打印文件中的每一个字符的所有动作。在过程式范式中,对象(文件)和过程(print)是完全分开的实体。对象(文件)是一个能接收 print 动作或其他一些动作(如删除、复制等)的独立的实体。

为了避免每次需要打印文件时都去编写一个新的过程,我们可以编写一个能打印任何文件的通用过程,当该过程被调用时,向它传递实际要打印的文件名,这样可以编写一个过程 print，在程序中调用多次，打印不同的文件。图 6-2 展示了过程式范式的概念，图中显示了程序如何调用不同的预定义过程，实现打印、删除不同的目标文件。注意此例中，复制文件有一个写好的过程，但举例的这个程序因为不需要，所以没有调用。

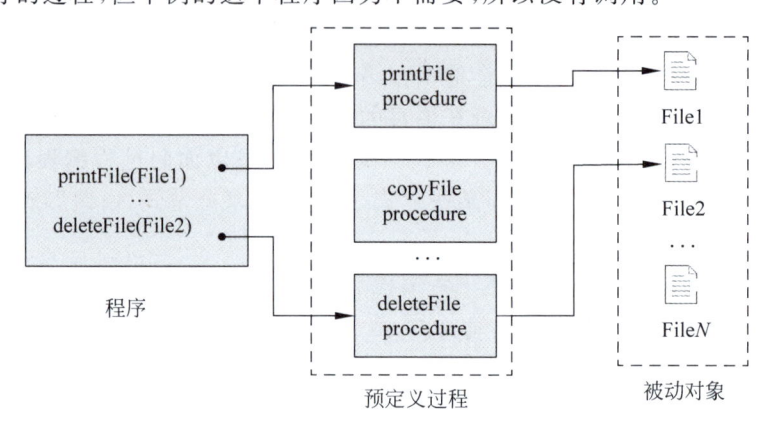

图 6-2　过程式范式的概念

如果我们考虑过程和被作用的对象，那么过程式范式的概念就变得更简单且容易理解。这种范式的程序由 3 部分构成：对象创建、一组过程调用和每个过程的实现代码。有些过程在语言本身中已经被定义（功能已经实现）。通过组合这些过程，开发者可以建立新的过程。

过程式编程语言最早出现在 1960 年左右，包括 FORTRAN、ALGOL、COBOL 和 BASIC，Pascal 和 C 是在 1970 年左右出现的。

1）FORTRAN

FORTRAN(Formula Translation)是由 Jack Backus 领导的一批 IBM 工程师设计的，于 1957 年投入商业使用，它是第一代高级语言。FORTRAN 经历了多个版本：FORTRAN、FORTRAN Ⅱ、FORTRAN Ⅳ、FORTRAN 77、FORTRAN 99 和 HPF（高性能 FORTRAN），HPF 用于高速多处理器计算机系统。FORTRAN 所具备的一些特征使得它仍然是科学或工程应用中的理想语言。这些特征包括高精度算法、处理复杂数据能力、指数运算等。

2）COBOL

COBOL(Common Business-Oriented Language)是由一批计算机专家在 Grace Hopper 博士领导下设计出来的。COBOL 有一个特定的设计目标——作为商业编程语言使用。商业环境中的问题完全不同于工程环境中的问题，商业问题不需要精确的计算，而工程问题却需要。商业应用中程序设计的要求包括：快速访问和更新文件和数据库、生成大量的报表、界面友好的格式化输出。

3）Pascal

Pascal 是由尼克劳斯·沃思(Niklaus Wirth)于 1971 年在瑞士苏黎世发明的，其名称是为了纪念 17 世纪发明 Pascaline 计算器的法国数学家、哲学家布莱斯·帕斯卡（Blaise Pascal）。Pascal 语言语法严谨，层次分明，程序易写，可读性强，是第一个结构化编程语言。作为一种小型、高效的语言，旨在鼓励使用结构化编程。

Pascal 语言是以 ALGOL 60 语言为基础发明的，1985 年扩展出了用于面向对象编程的 Object Pascal，曾经由苹果计算机和 Borland 公司在 20 世纪 80 年代末使用，后来扩展出在微软 Windows 平台上使用的 Delphi。Pascal 语言概念的扩展产生了 Modula-2 语言和 Oberon 语言。

4) C 语言

C 语言是由贝尔实验室的 Dennis Ritchie 在 20 世纪 70 年代初期发明的,最初用于编写操作系统和系统软件(UNIX 操作系统的大部分用 C 语言编写),后来,由于以下原因而在程序员中流行。

(1) C 语言有结构化的高级编程语言应有的所有高级指令,使程序员无须知道硬件细节。

(2) C 语言也具有一些低级指令,使得程序员能够直接快速地访问硬件。相对于其他语言,C 语言更接近于汇编语言,这使得它对系统程序设计员来说是一种好语言。

(3) C 语言是非常有效的语言,指令短。这种简洁性吸引了想编写短程序的程序员。

2. 面向对象范式

面向对象范式是一种基于"对象"概念的编程范式,计算机程序被设计成各种相对独立而又互相调用的对象。对象作为程序的基本单元,将程序和数据封装在其中,以提高软件的重用性、灵活性和扩展性。

过程式编程将程序看作一系列过程的集合,或者直接就是一系列对计算机下达的指令。而面向对象编程中的每一个对象都应该能够接收数据、处理数据并将数据传达给其他对象,因此它们都可以被看作一个小型的"机器"。

许多广泛使用的编程语言(如 C++、Object Pascal、Python 等)都是多范式编程语言,或多或少地支持面向对象的编程,通常也结合过程式编程。重要的面向对象语言包括 Java、C++、C♯(读作"C sharp")、Python、PHP、JavaScript、Ruby、Perl、Object Pascal、Objective-C、Dart、Swift、Scala、Common Lisp 以及 Smalltalk。

回到在过程式范式中的例子,在面向对象范式中,对象能把对操作的过程(在面向对象范式中称为方法)打包在一起,这些过程有打印、复制、删除等。程序仅向对象发出相应请求(打印、复制、删除等),文件就会被打印、复制或删除。图 6-3 展示了面向对象范式的概念。

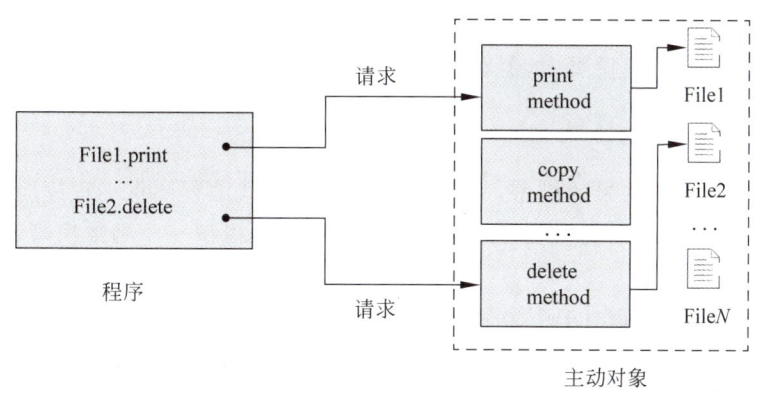

图 6-3 面向对象范式的概念

这些方法被相同类型的所有对象共享,也被从这些对象继承的其他对象共享。如果程序要打印文件 File1,它只需要发送活动对象所需的请求,文件 File1 就被打印。

比较过程式范式和面向对象范式,可以看出过程式范式中的过程是独立的实体,但面向对象范式中的方法是属于对象的。

面向对象编程语言有显著的多样性,但最流行的方案是基于类,对象是类的实例。相同类型的对象需要一组方法,这些方法显示了这类对象对来自对象"领地"外的请求的反应。为了创建这些方法,面向对象语言(如 C++、Java 和 C♯)使用类的概念。图 6-4 是类的一个例子,类的准确格式因语言不同而不同。

下面简要讨论其中两种面向对象语言 C++ 和 Java 的特性。

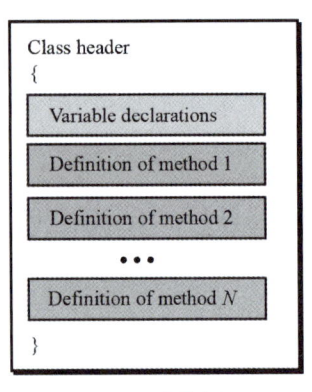

图 6-4 类的例子

1) C++

C++ 语言是由贝尔实验室 Bjarne Stroustrup 等开发出来的,是比 C 语言更高级的一种计算机编程语言。它使用类来定义相似对象的通用属性以及各种操作。例如,程序员可以定义一个几何体类和所有二维图形所共用的属性,如中心、边数等。这个类也可以定义应用于几何体本身的操作(方法),如计算并打印出面积、周长、中心点的坐标等。一个程序可以创建不同几何体类的对象,每个对象有不同的中心点和边数。程序可以为每个对象计算并打印出面积、周长和中心坐标等。

C++ 语言的设计遵循 3 条基本原则特性:封装、继承和多态。

2) Java

Java 是由 Sun 公司开发的,是在 C 和 C++ 的基础上发展出来的。Java 移除了 C++ 的一些特性(如多重继承等),从而使其更简洁;另外,该语言是完全面向类操作的。在 C++ 中,你甚至可以不用定义类就能解决问题,而在 Java 中,每个数据项都属于一个类。

Java 中的程序可以是应用程序,也可以是小程序(Applet)。应用程序是指可以完全独立运行的程序,小程序则是嵌入在 HTML 中的程序。小程序存储在服务器上并由浏览器运行,浏览器也可以把它从服务器端下载到本地运行。

在 Java 中,应用程序(或小程序)是类以及类实例的集合。Java 自带的丰富类库是它的特征之一。尽管 C++ 也提供类库,但在 Java 中用户可以在提供的类库的基础上构建新类。

6.3.2 声明式范式

声明式范式是描述结果的模型,与命令式相比,声明式编程侧重于程序应该完成什么工作,而不具体说明完成结果的步骤。这个范式有两个基本模型——函数模型和逻辑模型。

1. 函数式范式

函数式范式以数学概念的函数(不同于过程式编程中的函数)为基础。计算被表示为函数求值,问题求解被表示为函数调用。函数式范式的基本结构是函数求值,不存在变量和赋值语句,没有循环结构,重复操作被表示为递归的函数调用。最著名的使用函数式范式的语言是 LISP、Scheme(由 LISP 派生的语言)和 ML。

函数式编程中的函数这个术语不是指计算机中的函数(过程、例程),而是指数学中的函数,即自变量的映射。也就是说,一个函数的值仅取决于函数参数的值,不依赖其他状态。例如,sqrt(x)函数计算 x 的平方根,只要 x 不变,不论什么时候调用,调用几次,值都是不变的。

在函数式语言中,函数的地位很高,可以在任何地方定义,在函数内或函数外,可以作为函数的参数和返回值,可以对函数进行组合。

纯函数式编程语言中的变量也不是命令式编程语言中的变量,即存储状态的单元,而是代数中的变量,即一个值的名称。变量的值是不可变的(Immutable),也就是说不允许像命令式编程语言中那样多次给一个变量赋值。例如,在命令式编程语言写"x=x+1",这依赖可变状态的事实,拿给程序员看是对的,但拿给数学家看,却被认为这个等式为假。

函数式语言中的条件语句、循环语句也不是命令式编程语言中的控制语句。例如,在 Scala 语言中,IF-ELSE 不是语句而是三元运算符,是有返回值的。严格意义上的函数式编程意味着不使用可变的变量、赋值、循环和其他命令式控制结构进行编程。

从理论上说,函数式语言也不是通过冯·诺依曼体系结构的机器运行的,而是通过 λ 演算运行的,就是通过变量替换的方式进行,变量替换为其值或表达式,函数也替换为其表达式,并根据运算符进行计算。但是大多数情况,函数式程序还是被编译成冯·诺依曼机的机器语言的指令执行。

2. 逻辑范式

逻辑范式是建立在符号逻辑原则的基础上的。此模型包括一组有关对象的事实和一组有关对象之间关系的规则。程序包括询问有关这些对象及其关系的问题,这些问题可以从事实和规则中推导出来。底层问题解决算法使用逻辑规则从事实和规则中推断答案。

Prolog 是一种第三代逻辑编程语言,于 1970 年在法国诞生。1981 年,日本研发第五代计算机时,宣布逻辑编程将发挥主要作用,Prolog 因此脱颖而出。Prolog 程序由 3 种类型的语句组成:一种类型声明有关对象及其相互关系的事实;另一种类型定义有关对象及其关系的规则;第三种类型会询问有关对象及其关系的问题。

例如,下面的代码定义了一组与宠物所有者相关的事实。

```
owns(mary,bo).
owns(ann,kitty).
owns(bob,riley).
owns(susy,charlie).
```

这里的 owns 是关系名称,对象在括号内,句点表示事实陈述结束。owns 的含义是 mary owns bo 还是 bo owns mary,这取决于程序员,程序员的解释必须一致。

当你有一个事实数据库时,Prolog 允许你询问有关数据库的问题。请看下面 3 个 Prolog 语句。

```
?-owns(mary,bo).
?-owns(bo,mary).
?-owns(susy,bo).
```

Prolog 系统对第一个问题的回答是"yes",对第二个问题的回答是"no",对第三个问题的回答是"no"。

LISP 和 Prolog 都用于人工智能应用,这些语言编写的程序与在第 5 章中用伪代码所表示的命令式程序几乎没有相似之处。

6.4 高级程序语言的共同概念

本节将通过对几种过程式语言的快速浏览,讲述这些语言共有的很多概念,这些概念中的一部分也适用于大多数面向对象语言。

6.4.1 数据类型

许多广泛使用的高级语言(包括 C、C++和 Java)要求使用标识符时要说明存储在对应位置的数据类型。如果程序中的语句试图将值存储到不是正确类型的变量中时,会发出错误提示信息,只有适当类型的值才能存储到变量中的要求称为强类型。

例如,对于 8 位二进制数 00110001 而言,它是内存中一个字节的内容,但它是什么意思呢?它可能是十进制数 49 的二进制表示形式,也可能是字符"1"的 ASCII 表示形式。它还有别的意思吗?是的,它也可能是某条指令的一部分。因此,当程序执行时,计算机必须知道如何解释内存中某个位置的内容。

下面我们将讲述常见的数据类型,并探讨高级语言如何将位置与标识符关联。每种数据类型都具有合法的可应用于该类型值的某些操作,数据类型定义了该类型值的范围及可应用于该类型值的基本操作。

有些高级语言是强类型的,如 C++、Java 和 VB.NET,而 Python 不是。大多数语言都定义了两类数据类型:简单数据类型和复合数据类型。

1. 简单数据类型

简单数据类型(有时称为原子类型、基本类型、标量类型或内建类型)是不能分解成更小数据类型的数据类型。类型语言规定了以下一些简单数据类型。

1) 整数类型

整数类型表示的数值是整数,最大值与最小值的取值范围由表示整数值的字节数决定。有些高级语言提供几种范围不同的整数类型,允许用户根据特定问题选择适合的类型。计算机中的整数运算不同于数学,要注意取值范围,防止运算中出现溢出,导致结果不正确。

整数类型的操作包括基本数学运算和关系运算。基本数学运算包括加法、减法、乘法和除法。大多数语言还有一个返回整数除法的余数的运算,称为取模运算。关系运算符是表示两个数的大小关系的运算符。

2) 实数类型

实数类型表示带小数部分的数字。实数类型表示的范围由表示实数值的字节数决定。许多高级语言有两种实数:4 个字节(32 位)表示的单精度数和 8 个字节(64 位)表示的双精度数。应用于实数的操作也包括数学运算(没有取模运算)和关系运算,但在对实数进行关系运算(如判断两个数是否相等)时要小心,因为实数通常不精确。

3) 字符类型

字符类型是编程语言使用的字符集中的符号。第 3 章介绍过,表示 ASCII 字符集中的字符需要一个字节,常见的表示 Unicode 字符集中的字符需要两个字节。ASCII 字符集包括英语字符,是 Unicode 字符集的子集。对字符进行数学运算没有意义,许多强类型化的语言都不允许进行这种运算。但比较字符却是有意义的,所以可以对字符进行关系运算。在字符的关系运算中,"小于"和"大于"的意思是这个字符在字符集中"在…之前"和"在…之后"。例如,字符 A 小于 B,字符 B 小于 C,字符 1 小于字符 2,字符 2 小于字符 3,等等。如果要比较任意两个字符的大小,需要根据它们在字符集中的编码大小(排序前后)来确定。

4) 布尔类型

布尔类型是只取两个值(真或假)的数据类型。并非所有的高级语言都支持布尔数据类型。如果一种语言不支持布尔类型,可以模拟它,用 0 表示假,用非 0 表示真。

5) 字符串

字符串是字符序列,在某些语言中可以被视为是一个数据值。例如,"This is a string."是一个字符串,它包含 17 个字符:1 个大写字母、12 个小写字母、3 个空格和 1 个句点。在字符串上定义的操作因编程语言不同而不同,但通常包括字符串的拼接和字符串比较。有些语言提供了对字符串的完整的操作,如获取给定字符串的子串或搜索给定字符串是否包含某子字符串。请注意,本书使用两个单引号来把字符括起来,而用两个双引号将字符串括起来。一些高级语言对两者使用相同的符号,因此不能区分是一个字符还是只包含一个字符的字符串。

整数、实数、字符和布尔称为简单数据类型或原子数据类型,因为每个类型值都是独立的。

2. 复合数据类型

复合数据类型是一组元素,其中每个元素是简单数据类型或复合数据类型(递归定义)。大多数语言定义了如下的两种复合数据类型。

(1) 数组是一组元素,其中每个元素具有相同类型。

(2) 记录是一组元素,其中的元素可以具有不同的类型。

6.4.2 标识符

在计算机编程语言中,标识符是用户编程时使用的名字,用于给变量、常量、函数、语句块等命名,以建立起名称与使用之间的关系。标识符通常由字母和数字以及其他字符构成。所有过程式语言的共同特点之一就是都具有标识符。

有些高级语言的标识符是区分大小写的,两个拼写相同,但字母的大小写不同的标识符被看作两个不同的标识符,如 C、C++ 和 Java。有些语言不区分大小写,如 Pascal 和 FORTRAN 语言。例如,Integer、INTEGER、InTeGeR 和 INTeger 在 Pascal 中被看作一个标识符,而在 C 中则被看作 4 个不同的标识符。

在给标识符取名时,如何使用大小写是编程语言文化的一部分,应该尽量与常见的编程语言文化保持一致。例如,大多数 C++ 程序员习惯用全大写字母表示常量,变量名的开头使用小写字母;而 VB.NET 程序员则喜欢用大写字母作为变量名的第一个字母。

1. 变量

变量是一种标识符,是存储单元的名字。前面讲过,每个存储单元在计算机中都有一个地址。虽然计算机内部使用地址来访问数据(就像第 4 章讲过的 $C=A+B$ 的例子),但对程序员而言却十分不方便。首先,高级语言程序员不知道数据和程序在内存的什么位置;

其次，数据项在内存中可能占据多个地址。变量(作为地址的替代)将程序员解放出来，只须在程序如何执行的层次上考虑问题，计算机系统软件能定位变量所代表的数据的物理地址。变量对应某项数据，因此它也有类型。

2. 变量声明

大多数过程式语言和面向对象语言要求变量在使用前先声明。声明告知计算机被赋予名字和类型的变量将在程序中使用，计算机系统会预留出需要的存储空间。例如，在 C、C++和 Java 中，我们可以分别声明 3 个变量，它们分别具有字符、整数和实数数据类型。

```
char ch;
int num;
double result;
```

第一行声明了一个具有字符类型的变量 ch，第二行声明了整数类型变量 num，第三行声明了实数类型变量 result。

char、int 和 double 是 C、C++和 Java 的保留字(Reserved Word)。保留字指在高级语言中已经定义过的字，使用者不能再将这些字作为变量名或过程名使用。每种高级语言的保留字数量不同，除了数据类型这种保留字以外，还包括条件选择语句、循环语句等其他保留字。

3. 变量初始化

虽然存储在变量中的数据值在程序执行过程中可能改变，但大多数过程式语言允许变量在它声明和定义时进行初始化。初始化就是在变量中存储一个值。下面显示了变量是如何同时被声明和初始化的。

```
char ch = 'A';
int num = 123;
double result = 1.05;
```

6.4.3 输入输出结构

在算法的伪代码中，我们用 Read、Write 或 Print 进行输入与输出操作。Read 负责获取一个输入值，并将其存入程序的变量中，Write 和 Print 负责显示信息。

高级语言把输入的数据看作一个分为多行的字符流，字符的含义则由存放值的内存单元的数据类型决定。所有输入语句都由 3 部分组成，即变量的声明、输入语句和变量名、数据流自身。例如，下面是输入 3 个值的伪代码：

```
Read name, age, wage
```

在强类型高级语言中，需要事先分别声明变量 name、age 和 wage 的数据类型。假设它们的数据类型分别是字符串、整数和实数，输入语句处理时，接收输入流，因为 name 是字符串型的，所以读入操作假定输入流中的第一个数据项是字符串，这个字符串被读入并存储到 name 中；接下来的变量是一个整数，所以读入操作预计输入流中的下一项是一个整数，这个值将被读入并存储到 age 中；第三个变量是实数，所以读入操作预计输入流中的下一项是一个实数。

输入流可能来自键盘,也可能来自一个数据文件,不过处理过程是一样的。变量出现在输入语句中的顺序必须与值出现在输入流中的顺序一样。输入的变量类型决定了如何解释输入流中的字符。也就是说,输入流只是一系列 ASCII(或 Unicode)字符。下一个要存入的变量类型决定了如何解释这个字符序列。为了便于叙述,假设输入语句采用空格分隔每个数值。例如,假设输入的数据流如下:

```
Maggie 10 12.50
```

"Maggie"将被存储到 name 中;10 将被存储到 age 中;12.50 将被存储到 wage 中。

输出语句将创建一个字符流。输出语句中列出的项目可以是直接量,也可以是变量名。直接量是输出语句中明确写出的数字或字符串。根据变量或直接量的类型,输出的值将被依次处理。类型决定了如何解释这种组合,如果类型是字符串,写入输出流的就是字符。

无论输入/输出语句的语法是什么,也无论输入/输出流在哪里,这个过程的关键是数据类型,它决定了如何把字符转化成输入,以及如何把数值转化成字符输出。

输入/输出语句的语法通常比较复杂,而且在不同高级语言中,语法有很大差别。

6.4.4 表达式

表达式是操作数(直接值或变量)和运算符的序列,表达式的值是运算后的结果。例如,2 * 5 + 3 是一个值为 13 的表达式。

表达式中的运算符是用来完成一个特定功能的语法记号。每一种语言都有运算符,并且它们在语法或规则等方面的使用是严格定义的,下面是几种常用的运算符。

1) 算术运算符

算术运算符用在大多数语言中,C、C++和 Java 中的算术运算符包括+、-、*、/、%等,其含义分别是加、减、乘、除(商)、求余。

2) 关系运算符

关系运算符用于比较两个数据的大小关系。关系运算符的结果是逻辑值(TRUE 或 FALSE)。C、C++和 Java 语言使用 6 种关系运算符,包括>、>=、<、<=、==、!=,其含义分别是大于、大于或等于、小于、小于或等于、等于、不等于。例如,表达式 2>3 的结果是 FALSE;2<=3 的结果是 TRUE;2==3 的结果是 FALSE。

3) 逻辑运算符

逻辑运算符是逻辑值(TRUE 或 FALSE)组合后得到的一个新值。C、C++和 Java 语言使用 3 种逻辑运算符,分别是!、&&、||,其含义分别是非、与、或。

6.4.5 语句

大体上,高级语言程序的每条语句都执行一个相应动作,语句被直接翻译成一条或多条计算机可执行的机器指令。本节将对其中一些语句进行讨论。

1. 赋值语句

赋值语句给变量赋值,即存储一个值于变量中,该变量在声明部分已经被创建了。在第 5 章介绍算法时,使用符号"←"或 Set 表示赋值。很多语言(像 C、C++和 Java)使用"="赋值。其他语言(像 Ada 或 Pascal)使用":="赋值。

2. 复合语句

复合语句是一个包含 0 个或多个语句的代码单元,也称为块。复合语句使得一组语句成为一个整体。在第 5 章的伪代码算法中,在 IF 语句或 WHILE 语句里使用缩进对语句进行分组。Python 语言也使用缩进表示语句块,但其他语言使用专门标记。VB.NET 在结束相应的语句时使用 End If 和 End While 结束 If 和 While 语句,C、C++和 Java 的复合语句使用大括号({})括起多个语句表示语句块,有的语言用 BEGIN、语句段及 END 来表示语句块。

3. 控制语句

过程式语言写的程序是语句的集合,语句通常是逐句顺序执行的。但是,有时候我们需要有选择地执行某些语句。在命令式编程语言中,能够从两条或多条路径中选择要执行哪条路径的语句称为控制语句。计算机的机器语言提供了这种不按顺序执行的 jump(跳转)指令,早期的命令式语言使用 goto 语句来模拟 jump 指令。虽然如今还能在一些命令式语言中看到 goto 语句,但结构化编程原则不倡导使用它。

结构化编程强烈推荐使用 3 种结构:顺序、选择和循环,第 5 章介绍算法时,伪代码也使用了这 3 种结构。在伪代码的讨论中,考察了选择和循环语句。

下面给出一个简单的例子,演示几种语言是如何实现选择语句的。这个例子是根据气温选择穿什么衣服,程序中用 temperature 变量表示气温。首先用伪代码陈述这个算法,然后看看如何把它转换成高级语言编写的程序。

伪代码:

```
IF(temperature > 23)
    Write "No jacket is necessary"
ELSE
    Write "A light jacket is appropriate"
    Write "but not necessary"
```

C 语言程序:

```
if(temperature > 23)
    printf("No jacket is necessary");    //C 语言输出用 printf
else
{
    printf("A light jacket is appropriate");
    printf ("but not necessary");
}
```

C++语言程序:

```
if (temperature > 23)
   cout <<"No jacket is necessary";    //C++语言输出用 cout
else
{
   cout <<"A light jacket is appropriate";
   cout <<"but not necessary";
}
```

Java 语言程序：

```
if (temperature > 23)
  System.out.print("No jacket is necessary"); //Java 语言输出用 System.out.print
else
{
   System.out.print("A light jacket is appropriate");
   System.out.print("but not necessary");
}
```

下面是计数控制的循环的例子，其算法过程在第 5 章中已讨论过了。

伪代码：

```
Set count to 0                    //初始化 count 为 0
WHILE(count < limit)              //测试
   ...                            //循环体，可以是任何想要的过程
   Set count to count + 1         //递增
...                               //循环执行完后的语句
```

C、C++和 Java 的实现：

```
count = 0;
while (count < limit)
{
   ...
   count = count + 1;
}
...
```

4. 子程序语句

在第 5 章中编写算法时，我们先给每一层中的任务起一个名字，然后在下一层展开这个任务，这种思想同样适用于程序设计语言。我们可以先给一段代码起一个名字，这段代码称为子程序。子程序的概念在过程式语言中非常重要，在面向对象语言中作用要小些。定义了子程序后，在程序的另一部分中使用该子程序名作为语句，称为调用。程序执行时，当遇到这个子程序名时，程序的其他部分就会暂停，转而执行该子程序的那段代码；当该子程序执行完后，程序会从子程序名下面一句恢复执行。

子程序有两种基本形式，一种只执行特定任务（无返回值）；另一种不仅执行任务，还返回给调用单元一个值（带返回值的子程序）。

子程序有很多种不同的叫法，FORTRAN 称其为子程序和函数；Ada 称其为过程和函数；C 和 C++ 称其为函数；Java 把这两种形式的子程序都叫作方法。无论怎么称呼子程序，它们都是强有力的抽象工具。子程序的调用和返回如图 6-5 所示。

许多子程序都是高级语言或语言附带的库的一部分。例如，数学问题通常需要计算三角函数。大多数高级语言都有三角函数子程序，当一个程序需要计算某个三角函数时，程序员只需要查找这个函数的子程序名，然后调用这个子程序即可。

1）参数传递

有时，调用部件需要给子程序提供处理过程中需要的信息。高级语言使用的办法叫作

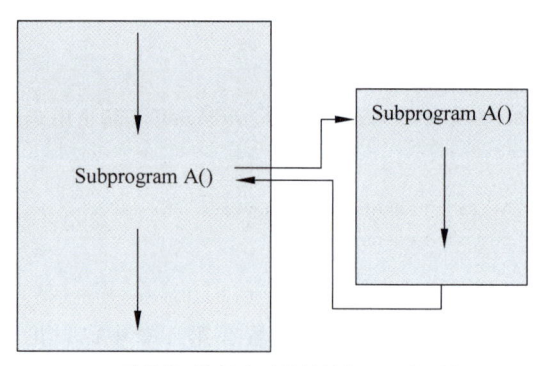

(a) 子程序A执行完后继续执行下一条语句

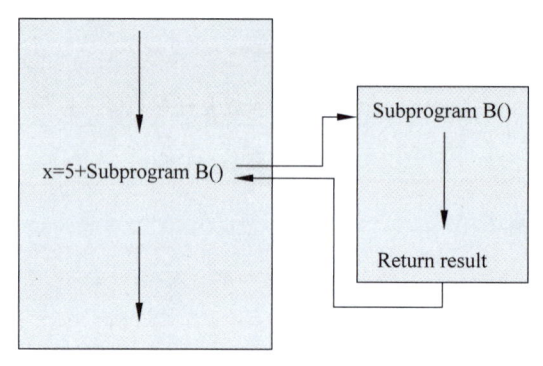

(b) 子程序B执行完后返回一个值,然后加上5赋值给x

图 6-5　子程序的调用和返回

形参列表。所谓形参列表,就是子程序要使用的标识符和它们的类型的列表,其中每个标识符和它们的类型放置在子程序名后的括号中。

可以把形参看作子程序中使用的虚拟标识符。当子程序被调用时,调用部件会把真正的标识符的名字发送给子程序。

2) 递归

当子程序调用自身时,这种调用称为递归调用。每个递归都有两种情况,即基本情况和一般情况。基本情况是答案已知的情况,一般情况则是调用自身来解决问题的更小版本的解决方案。由于一般情况解决的是原始问题越来越小的版本,所以程序最终将达到基本情况,由于这种情况的答案是已知的,所以递归结束。

递归是非常强大的工具,但并非所有问题都能用递归轻易解决,不过,适用于递归的问题很多。如果一个问题陈述逻辑上分为两种情况(即基本情况和一般情况),那么使用递归就是一种可行的方案。

6.5　面向对象语言的要素

面向对象语言有 3 个要素,即封装、继承和多态性。这 3 个要素赋予了面向对象语言可重用性,从而减少了创建和维护软件的工作量。

6.5.1 封装

第 5 章介绍过一些重要的计算思想，包括信息隐蔽和抽象。信息隐蔽是隐藏模块的细节，目的是控制对细节的访问；抽象是复杂系统的一种模型，只包括对观察者来说必需的细节。有 3 种类型的抽象，每种类型定义时采用的都是"把…的逻辑视图与它的实现分离开"这样的结构。抽象是目标，信息隐蔽是实现这一目标的方法。

封装是把数据和动作集合在一起，数据和动作的逻辑属性与它们的实现细节是分离的。另一种说法是封装是实施信息隐蔽的语言特性，它用具有正式定义的接口的独立模块把实现细节隐藏了起来。一个对象只知道自身的信息，对其他对象则一无所知。如果一个对象需要另一个对象的信息，它必须向那个对象请求信息。

用于提供封装的结构叫作类(class)。类的概念在面向对象设计中具有主导地位，同样地，类的概念也是 Java 和其他面向对象语言的主要特性。从语法上讲，类就像前面介绍过的记录，它们都是异构复合数据类型，但记录通常被认为是被动结构，只有近年来才采用子程序作为域。而类则是主动结构，一直都把子程序用作域。操作数据域的唯一方式是通过类中定义的方法(子程序)。

下面展示了如何定义一个叫 Person 的类，这里也采用伪代码的形式，具体的面向对象的语言会稍有不同。

```
public class Person
    //下面定义了 3 个类变量
    String name
    String telephone
    Integer age
//下面是类的方法
public SetValue()
    // SetValue 方法的功能是给类变量赋值，具体代码略
public Print()
    Write name, telephone, age
public String GetName()
    RETURN name
public String GetTelephone()
    RETURN telephone
public Integer GetAge()
    RETURN age
```

默认情况下，记录中的域是随便访问的，而类中的域则是私有的(private)，也就是说，除非一个类的某个域被标识为 public，否则其他类的对象都不能访问这个域。

在第 5 章描述算法时，我们对简单变量和数组直接使用标识符，不用担心标识符来自哪里。但是，如果使用标识符表示类，就必须通过使用 new 运算符实例化类，以获取适合类模式的对象。实例化的含义是从一个类生成一个对象。

下面的代码演示了如何使用类。需要将类 Person 实例化，获取该类的对象 aPerson，并在对象中读写值。在使用类的方法时，是通过对象加点加方法名使用的，这个例子只使用

了 Person 类的两种方法。

```
Person aPerson = new Person()
aPerson.SetValue()
aPerson.Print()
```

6.5.2　继承

继承是面向对象语言的一种属性,即一个类可以继承另一个类的数据和方法。超类(父类)是被继承的类,派生类(子类)是继承的类,多个类构成了继承体系。在这种分层体系中,所处的层次越低,对象越专门化。下级的类会继承其父类的所有行为和数据。

假设定义了一个表示人的类 People,包括姓名、电话号码、年龄 3 个数据域。可以定义一个 Student 类,让它继承 People 类的所有属性,自己再添加一个电话号码数据域。这样 Student 类就有了 4 个数据域,包括从 People 类继承来的 3 个。People 类的对象只有 People 类的属性和行为,而 Student 类的对象除了具有 Student 本身定义的属性和行为外,还具有 People 类的所有属性和行为。People 类的对象只有一个电话号码,而 Student 类的对象则有两个电话号码,一个是从 People 类继承来的,另一个是在 Student 类中定义的。Student 类是从 People 类派生来的,或者说 Student 类是 People 类的子类;对应地,People 类是 Student 类的父类。

有了继承机制,应用程序就可以采用已经测试过的类,从它派生出一个具有该应用程序需要的属性的类,然后向其中添加其他必要的属性和方法。

6.5.3　多态性

假设 People 类和 Student 类都具有一个名为 PrintTelephone 的方法。在 People 类中,这个方法将输出 People 类中定义的电话号码。在 Student 类中,该方法则输出 Student 类中定义的电话号码。这两个方法名字相同,但实现不同。计算机语言处理这种明显二义性的能力叫作多态性。语言如何知道调用的是哪个 PrintTelephone 方法呢？调用部件将把类的方法应用于类的一个实例,这个对象可以确定使用的是哪个 PrintTelephone 版本。

例如,假设 zhang 是 Person 类的实例,liu 是 Student 类的实例,zhang.PrintTelephone 将调用 Person 类定义的方法,liu.PrintTelephone 将调用 Student 类定义的方法。

继承和多态性结合在一起,使程序员能够构造出在不同应用程序中可以重复使用的类的结构。可重用性不仅适用于面向对象语言,但面向对象语言的功能使编写通用的、可重用的代码变得更容易。

可以将问题求解阶段看作是把真实世界中的对象映射到不同的类(即对象分类说明)中。实现阶段则根据这些分类说明(类)创建类的实例,以模拟问题中的对象。图 6-6 展示了问题求解映射,程序中对象之间的交互模拟了真实世界问题中的对象间交互。

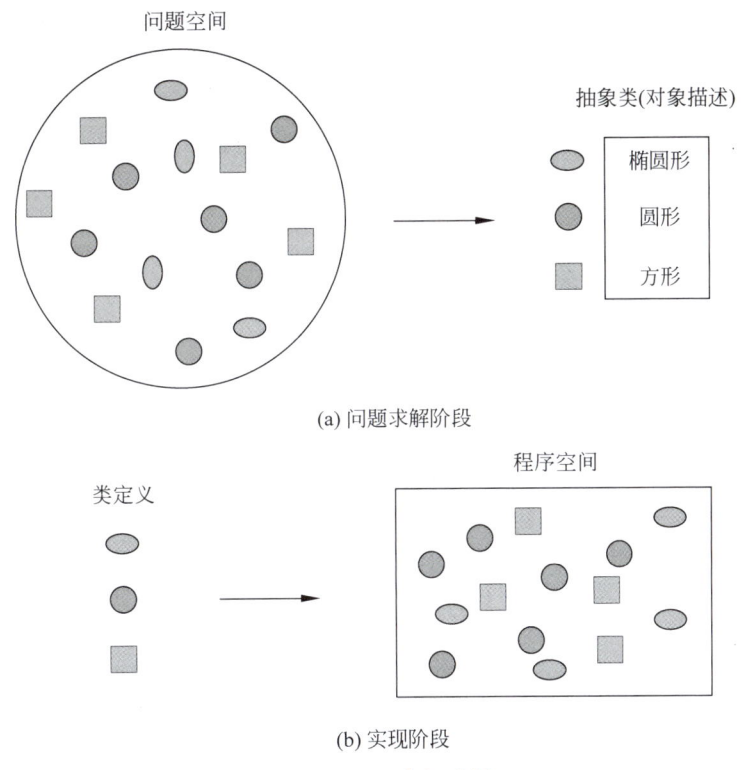

图 6-6　问题求解映射

6.6　小结

汇编器可以把汇编语言程序翻译成机器代码。编译器可以把用高级语言编写的程序翻译成汇编语言(再被翻译成机器代码)或机器代码。解释器则不仅翻译程序中的指令,还会立即执行它们,不会输出机器代码。

高级程序设计语言有 4 种范式,即过程式范式、面向对象范式、函数式范式和逻辑范式。过程式范式说明了要进行的处理。面向对象范式以交互式对象的概念为基础,每个对象只负责自己的动作。函数式范式以函数的数学概念为基础。逻辑范式以数学逻辑为基础。

布尔表达式是关于程序状态的断言。如果断言是真的,那么布尔表达式就是 TRUE。如果断言是假的,那么布尔表达式就是 FALSE。程序用布尔表达式判断执行哪部分代码(条件语句)或是否重复执行某段代码(循环语句)。递归是子程序调用自身的动作,它是另一种形式的循环。

程序中的每个变量都有自己的数据类型。所谓强类型,指的是只有类型相符的值才能被存入变量。把一个值存入变量叫作给这个变量赋值。

任务通常有指定的名字(子程序),当它们的名字出现在程序中的语句或表达式(过程或函数)中时,它们将被执行。子程序和调用部件之间的信息传递靠的是形参列表,即子程序名后括号中的变量列表。

数据的集合可以具有名字(记录和数组),可以通过名字(记录)或集合中的位置(数组)

访问集合中的项目。

面向对象的程序设计语言具有 3 个要素。

(1) 封装：实施信息隐蔽的语言特性，用类结构实现。

(2) 继承：允许一个类继承另一个类的属性和行为的语言特性。

(3) 多态性：语言具备的消除同名方法的歧义的能力。

6.7 习题

1. 选择题

(1) 计算机硬件只能识别_____语言。

    A. 机器   B. 符号   C. 高级   D. 以上都不是

(2) C、C++ 和 Java 可归类于_____语言。

    A. 机器   B. 符号   C. 高级   D. 自然

(3) _____是机器语言的程序代码。

    A. 过程   B. 目标程序   C. 源程序   D. 以上都不是

(4) FORTRAN 是一种_____语言。

    A. 过程式   B. 函数式   C. 说明性   D. 面向对象

(5) Pascal 是一种_____语言。

    A. 过程式   B. 函数式   C. 说明性   D. 面向对象

(6) C++ 是一种_____语言。

    A. 过程式   B. 函数式   C. 说明性   D. 面向对象

(7) LISP 是一种_____语言。

    A. 过程式   B. 函数式   C. 说明性   D. 面向对象

(8) Prolog 是_____语言的例子。

    A. 过程式   B. 函数式   C. 说明性   D. 面向对象

2. 问答题

(1) 汇编语言与机器语言有哪些区别？汇编语言与高级语言有哪些区别？

(2) 哪种计算机语言与计算机直接相关，并被计算机理解？

(3) 编译和解释有什么不同？

(4) 列出编程语言翻译的 4 个步骤。

(5) 常见的计算机语言编程范式有哪几类？请解释它们的含义。

(6) "强类型语言"是什么意思？

(7) 多数高级语言都有哪些数据类型？

(8) 面向对象语言有哪些要素？

第 7 章 操作系统

CHAPTER 7

人们在工作或生活中,使用各种各样的应用软件。例如,使用 Microsoft Office 提高办公效率;使用播放器看电影、听音乐;玩各种计算机游戏,等等。这些应用软件都是程序员编写出来的,需要在有操作系统的环境下才能运行。如果没有操作系统,程序员将无法编写应用软件,因为应用软件需要操作系统提供的基本功能。

操作系统管理和协调各种计算机硬件,将硬件和软件紧密地结合在一起,它也是应用软件依附的基础。本章会对操作系统的角色以及它的各种功能进行说明。

本章学习目标如下。
- 定义应用软件和系统软件。
- 解释操作系统的角色。
- 解释分时操作是如何工作的。
- 了解批处理系统的起源。
- 列出操作系统的组成部分。
- 掌握内存管理的不同方法。
- 解释进程生存周期的各个阶段。
- 解释各种 CPU 调度算法。
- 描述文件、文件系统和目录的用途。
- 区别文本文件和二进制文件。
- 根据文件扩展名识别各种文件类型。
- 描述文件的基本操作。
- 描述目录树,为目录树创建绝对路径和相对路径。
- 了解常见的操作系统的种类及其特点。

7.1 操作系统的角色

7.1.1 应用软件与系统软件

计算机软件可以分为两类,即应用软件与系统软件。应用软件是为了某种特定的用途而开发出来的软件。文字处理程序、游戏、库存管理系统、汽车诊断程序和导弹控制程序都是应用软件。

系统软件负责在基础层上管理计算机系统,通常直接与硬件交互,它为创建和运行应用软件提供了工具和环境。计算机的操作系统(Operating System,OS)是最重要的系统软件,也是系统软件的核心。操作系统负责管理计算机的资源(如内存和输入/输出设备),并提供人机交互的界面。

应用软件与系统软件之间没有严格的界限,有些软件到底划分为哪一类有不同的说法。例如,数据库管理软件(Oracle、SQL Server等)是各种具体的管理系统的基础,从操作系统的角度看,数据库管理软件是安装在它上面的应用软件;从具体的管理系统软件的角度看,数据库管理软件是它的运行环境,应该是系统软件。本书将数据库管理软件划分为系统软件,有类似特点的程序语言开发环境、数学软件包等也划入系统软件类。

图 7-1 展示了操作系统在计算机系统中的位置与交互关系。操作系统负责管理硬件资源,它允许应用软件直接地或通过其他系统软件访问系统资源,也提供了人机交互界面。

一台计算机通常只有一个活动的操作系统,在系统运行中负责控制工作。计算机在开机时,会先执行 ROM 中储存的一段指令,这段指令将从二级存储器(通常是硬盘)中载入操作系统的关键部分,执行启动程序,提供用户界面,然后系统就准备就绪了。

计算机可以具备几个操作系统,用户在打开计算机时可以选择使用哪个操作系统。这种配置称为双引导或多引导系统。不过,任何时候都只有一个操作系统在控制计算机。

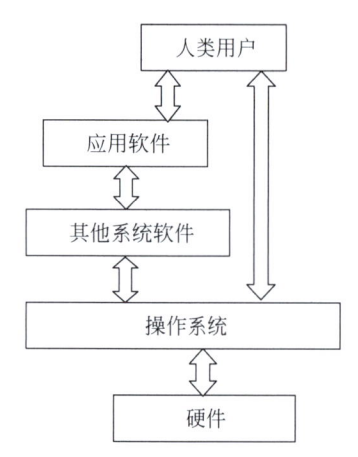

图 7-1 操作系统在计算机系统中的位置与交互关系

你可能习惯于使用某一种操作系统。个人计算机常用的是微软公司的 Windows 操作系统,包括 Windows 7、Windows 8、Windows 10 等版本,这些不同版本代表了软件的进化以及提供的服务方式和管理的不同。macOS 是苹果公司的计算机采用的操作系统。UNIX 操作系统历史悠久,影响深远,目前主要用于服务器中。Linux 操作系统在服务器和个人计算机系统中都很受欢迎。

移动设备(如智能手机和平板电脑)与台式机相比,其内存、耗电等相对受限,因此需要运行量身定做的操作系统。苹果的 iPod Touch、iPhone 和 iPad 都运行 iOS 移动操作系统,这是从 macOS 演化来的。谷歌开发的 Android 操作系统是运行在各种手机上的基础系统,并已成为最受欢迎的移动设备平台。目前 Android 和 iOS 占据了大部分移动操作系统市场。

任何操作系统都以自己特定的方式管理计算机资源。本章的目标不是分析操作系统间的不同之处,而是讨论它们的共同点,重点是底层的通用概念。

7.1.2 操作系统的基本功能

操作系统的各种角色通常都围绕着"良好的共享"这样一个中心思想。操作系统负责管理计算机的资源,而这些资源通常是由使用它们的程序共享的。多个并发执行的程序将共享主存,依次使用 CPU,竞争使用输入/输出设备。操作系统将担任现场监督者,确保每个程序都能够得到执行的机会。

操作系统是计算机硬件与使用者(程序或人)之间的接口,用于促进其他程序的执行以及对硬件和软件资源的访问。操作系统的两个主要设计目标分别是高效使用硬件以及方便使用资源。

现在的操作系统十分复杂,它必须能够管理系统中的不同资源。它像是一个有多个部门经理的管理机构,每个部门经理负责自己的部门管理,并且相互协调。现代操作系统至少具有以下 4 种功能:内存管理、进程管理、设备管理、文件管理。就像很多组织有一个部门不归任何经理管理一样,操作系统也有这样一个部分,称为用户界面或命令解释程序,它负责操作系统与外界的通信。

图 7-2 显示了操作系统的组成部分。

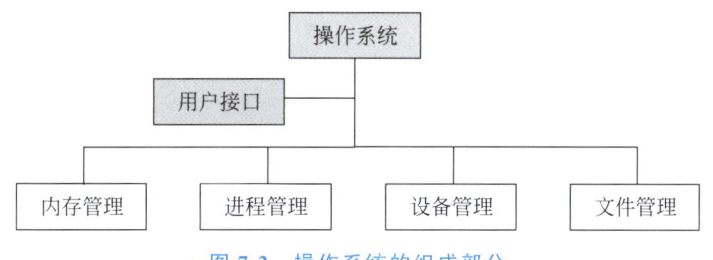

图 7-2 操作系统的组成部分

第 4 章介绍过,正在执行的程序都驻留在主存中,其中的指令被一条接一条地处理。多道程序(Multiprogramming)是在主存中同时驻留多个程序的技术,这些程序为了能够执行,将竞争 CPU 资源。所有现代操作系统都采用多道程序设计技术,因此,操作系统必须执行内存管理(Memory Management),以明确内存中有哪些程序,以及它们驻留在内存的什么位置。

操作系统的另一个关键概念是进程(Process),可以将它定义为正在执行的程序。程序只是一套静态指令,进程则是动态的实体,表示正在执行的程序。在多道程序设计系统中,可能同时具有多个活动进程,操作系统必须仔细管理这些进程,无论何时,下一条要执行的都是一条明确的指令。在执行过程中,进程可能会被打断,因此,操作系统还要执行进程管理(Process Management),以跟踪进程的进展以及所有中间状态。

内存管理和进程管理都需要 CPU 调度(CPU Scheduling),即确定某个时刻 CPU 要执行内存中的哪个进程。

内存管理、进程管理和 CPU 调度是本章的 3 个讨论重点,文件管理也是操作系统的重要主题。每个操作系统都有用户界面,即用来接收用户(进程)的输入并向操作系统解释这些请求。一些操作系统(如 UNIX)的用户界面被称作命令解释程序(Shell),在另外一些操作系统中,则被称为窗口,以指明它是一个图形用户界面。

7.2 操作系统的历史及演化

7.2.1 批处理

二十世纪六七十年代,典型的计算机是放置在专用空调房中的大机器,由操作员管理。用户需要把自己的程序(通常是一叠穿孔卡片)交付给操作员,由操作员在机器上执行后,用户再回来取打印出的结果,整个过程很可能需要一天时间。

在交付程序时,用户需要为执行程序所需的系统软件或其他资源提供一套单独的指令。程序和系统指令集合在一起,称为作业(Job)。操作员要启动所有必需的设备,按照作业中的要求载入特定的系统软件。在这个时期,为执行程序做准备是个耗时的过程。

为了更有效地执行这一过程,操作员会把来自多个用户的作业组织成批(Batch)。一批包含一组需要相同或相似资源的作业,操作员不必反复载入和准备相同的资源。图 7-3 展示了这一过程。

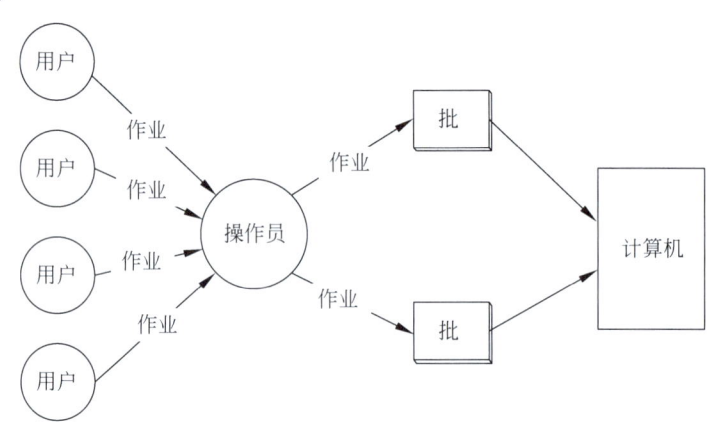

图 7-3 操作员分批组织作业

可以在多道程序环境中执行分批系统。在这种情况下,操作员把一批中的多个作业载入内存,这些作业将竞争 CPU 和其他共享资源的使用权,当作业具备了所需的资源后,将被调度使用 CPU。

现代操作系统中的批处理概念,是允许用户把一系列操作系统命令定义为一个批文件,以控制一个大型程序或一组交互程序的处理。例如,Windows 中具有.bat 后缀的文件就源自批处理文件的想法,该文件里可以存放一组用户编排好的系统命令。尽管目前使用的大多数计算机都是交互式的,但有些作业仍然会自行批处理。

早期的批处理允许多个用户共享一台计算机。虽然随着时间的迁移,批处理的重点已经改变了,但是批处理系统给我们对于资源的管理留下了宝贵的经验。早期计算机系统的人工操作员做的工作,已被现代操作系统软件所替代。

7.2.2 分时系统

针对如何更大程度地利用计算机的能力,引入了分时的概念。分时系统允许多个用户同时与计算机进行交互,共享 CPU 时间。

分时系统制造了每个用户都独享这台计算机的假象。也就是说,每个用户都不必主动竞争资源,尽管事实上幕后还是在竞争。用户可能知道自己在和其他用户共享这台机器,但他不需要做额外的操作,操作系统负责在幕后管理资源(包括 CPU)的共享。

"虚拟"的意思是"感觉是真实的,但事实上并不是"。在分时系统中,每个用户都有自己的虚拟机,可以使用虚拟机中的所有资源,但其实这些资源是由多个用户共享的。

分时系统最初由一台主机和一组连接到主机的哑终端构成。哑终端只有一台显示器和一个键盘,用户坐在终端前,登录到主机。哑终端可以遍布整幢大楼,而主机则放置在专用的房间中。操作系统驻留在主机中,所有处理都在这里完成。

CPU 时间由所有用户创建的所有进程共享,每个进程顺次得到一小段 CPU 时间。CPU 最好足够快,能够处理多个用户的请求并且用户不会感觉自己在等待。事实上,分时系统的用户有时会发现系统响应变慢了,这是由活动用户的数量和 CPU 的能力决定的。也就是说,当系统负荷过重时,每个用户的机器看来都变慢了。

目前,分时的概念还在使用,许多台式计算机运行的操作系统都以分时的方式支持多个用户。尽管多数情况下只有一个用户坐在计算机前,但其他用户可以用其他计算机通过网络连接到这台计算机上。

7.2.3 其他

随着计算技术的不断提高,机器自身体积也变得越来越小。大型计算机演变成了小型机,这种机器不再需要专用的放置空间,小型机成为分时系统的基础硬件平台。微型机则第一次采用单个集成芯片作为 CPU,成为真正可以放在书桌上的计算机,从而引出了个人计算机(PC)的概念。顾名思义,个人计算机不是为多个用户设计的,最初的个人计算机操作系统反映出了这种简单性。随着时间的推移,个人计算机无论在功能还是在与大型系统协作方面都有了长足的发展,也能够支持多个用户。个人计算机操作系统也支持这种发展变化。

操作系统还必须把计算机连接到网络这个因素考虑在内。现在操作系统支持多种设备网络通信,通常,这些通信是在设备驱动程序的协助下完成的。所谓设备驱动程序,就是了解特定设备接收和发布信息所希望采用的方式的小程序。通过使用设备驱动程序,操作系统就不必对所有可能与之通信的设备都了如指掌,这是另一个成功的抽象实例。新硬件通常会附带适用的驱动程序,从制造商的网站上一般可以下载到最新的驱动程序。

有时,操作系统需要支持实时系统。所谓实时系统,就是必须给用户提供最少响应时间的系统。也就是说,必须严格控制收到信号和生成响应之间的延迟。实时响应对某些软件至关重要,如机器人控制、核反应堆控制或导弹控制等。尽管所有操作系统都知道响应时间的重要性,但是实时操作系统更加致力于优化这个方面。

7.3 内存管理

现在计算机操作系统的一个重要职责是内存管理。近年来,计算机中存储器的容量大增,处理的程序和数据量也越来越大。操作系统按照内存管理可以分为两大类:单道程序和多道程序。

7.3.1 单道程序

单道程序是早先使用的技术,但依然值得学习,因为它有助于理解多道程序。在单道程序中,大多数内存用来装载单一的程序(将数据作为程序的一部分一起处理),仅仅一小部分用来装载操作系统,如图 7-4 所示。在这种配置下,整个程序被装入内存运行,运行结束后,程序区域由其他程序取代。

图 7-4 单道程序

这里内存管理的工作简单明了，即将程序载入内存，运行它，运行完后，再装入新程序。但是，单道程序在技术上仍然会遇到如下问题。

(1) 程序必须能够载入内存。如果内存容量比程序容量小，程序将无法运行。

(2) 当一个程序正在运行时，其他程序不能运行。一个程序在执行过程中经常需要从输入设备得到数据，并且把数据发送至输出设备，但输入/输出设备的速度远小于CPU，所以当输入/输出设备运行时，CPU处于空闲状态。而此时由于其他程序不在内存中，CPU不能为其服务，这种情况下CPU和内存的使用效率很低。

7.3.2 多道程序

※读者可观看本书配套视频11：多道程序内存管理。

在多道程序下，同一时刻可以装入多个程序并且能够同时执行，如图7-5所示。CPU轮流为多个程序服务。

从20世纪60年代开始，多道程序已经经历了一系列改进，大体可以分为分区调度(Partitioning)、分页调度(Paging)、按需调页调度(Demand Paging)和按需调段调度(Demand Segmentation)等模式，其中分区调度和分页调度技术属于非交换(Non-swapping)范畴，这意味着程序在运行期间始终驻留在内存中。另外两种技术属于交换(Swapping)范畴，也就是说，在运行过程中，程序可以在内存和硬盘之间多次交换数据。

图7-5 多道程序

1. 分区调度

多道程序的第一种技术称为分区调度，如图7-6所示。在这种模式中，内存被分为不定长的几个分区，每个分区保存一个程序，CPU在各个程序之间交替服务。从一个程序开始，执行一些指令，直到有输入/输出操作或分配给程序的时限到达为止，CPU保存最近使用的指令所分配的内存地址后转入下一个程序，对下一个程序采用同样的步骤反复执行下去。当所有程序服务完毕后，再转回到第一个程序。当然，CPU可以进行优先级管理，用于控制分配给每个程序的CPU时间。

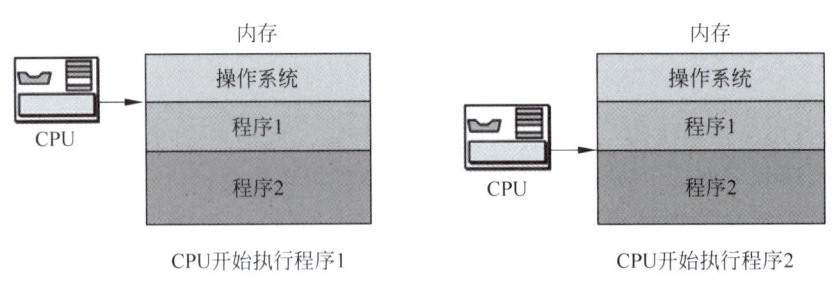

图7-6 分区调度

在这种技术下，每个程序完全载入内存，并占用连续的地址。分区调度提高了CPU的使用效率，但仍有以下一些问题。

(1) 分区的大小必须由内存管理器预先决定。如果分区小了，有的程序就不能载入内存，如果分区大了，就会出现空闲区。

(2) 即使分区在刚开始时比较合适，但随着新程序的交换，载入内存后有可能出现空闲区。

（3）当空闲区过多时，内存管理器能够紧缩分区并删除空闲区和创建新区，但这将增加系统的额外开销。

2. 分页调度

在分页调度下，内存被分成大小相等的若干部分，称为帧(frame)；程序则被分为大小相等的若干部分，称为页(page)。页和帧的大小通常是一样的，并且与系统用于从存储设备中提取信息的块大小相等，如图 7-7 所示。

程序页被载入到内存中的帧。如果一个程序有 3 页，它在内存中就占用 3 个帧。在这种技术下，程序在内存中不必是连续的，两个连续的页可以占用内存中不连续的两个帧。分页调度相比分区调度的优势在于，一个有 6 页的程序可以占用不连续的 6 帧，而不必等到有 6 个连续的帧出现后再载入内存。

分页调度比分区调度在一定程度上提高了效率，但整个程序仍需要在运行前全部载入内存。这意味着在只有 4 个不连续帧时，一个需要 6 个空闲帧的程序是不能载入的。

3. 按需调页调度

分页调度不需要程序装载到连续的内存中，但仍需要程序整体载入内存中运行，按需调页调度改变了后一种限制。在按需调页调度中，程序被分成页，但是页可以依次载入内存运行，然后被另一个页代替。内存可以同时载入多个程序的页。此外，来自同一个程序的连续页可以不必载入同一个帧，一个页可以载入任何一个空闲帧，图 7-8 显示了按需调页调度的一个例子，两页来自程序 A，一页来自程序 B，一页来自程序 C。

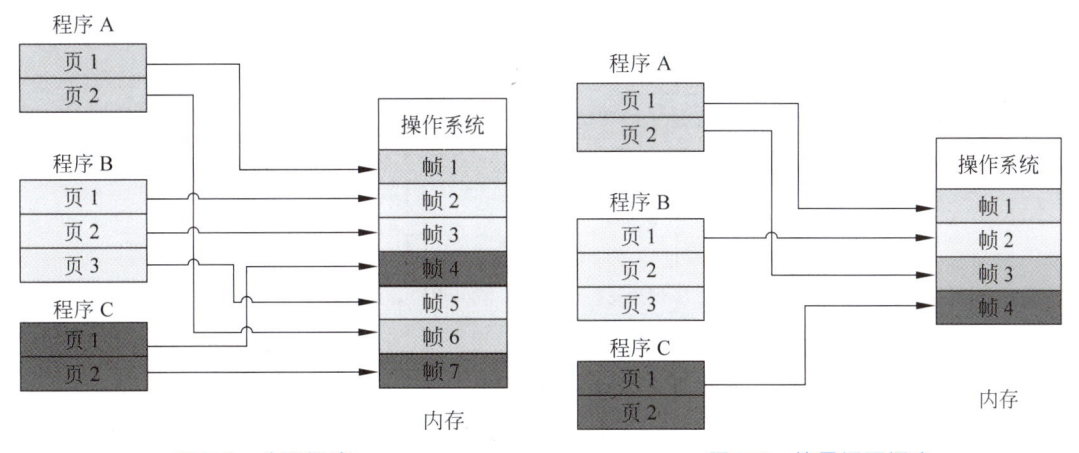

图 7-7　分页调度

图 7-8　按需调页调度

4. 按需调段调度

类似于分页调度的技术是分段调度。在分页调度中，程序被强行分为大小相等的页，但实际上程序由代码和数据构成，是以段的模式存在的。在按需调段调度中，程序将从程序员的角度被划分成段，它们被载入内存中执行，然后被来自同一程序或其他程序的模块所代替。按需调段与按需调页相比，段通常比页的空间大，段的后面部分很可能装不满，空间利用率没有分页方式高。

5. 虚拟内存（虚拟存储器）

按需调页意味着当程序运行时，一部分程序驻留在内存中，一部分放在硬盘上。例如，

10MB 内存可以运行 10 个程序,每个程序 3MB,一共 30MB。任一时刻 10 个程序中的 10MB 在内存中,还有 20MB 在硬盘上。这里实际上只有 10MB 内存但却有 30MB 的虚拟内存。

虚拟内存是计算机系统内存管理的一种技术,目的是解决物理内存容量不足的问题。它使得应用程序认为自身拥有一个很大的连续完整的地址空间,而实际上,通常只有部分程序被调入分隔成碎片的物理内存中,还有部分暂时存储在外部存储器上,在需要时进行数据交换。按需调页调度和按需调段调度都使用了虚拟内存技术。

7.4 进程管理

操作系统必须管理的另一个重要资源是 CPU 时间。每个进程都需要使用 CPU,要理解操作系统是如何管理进程的,必须了解进程的生存周期以及进程正确运行所要管理的信息。

7.4.1 进程状态

在操作系统的管理下,进程会历经几种状态,分别是创建、准备就绪、运行、等待以及终止。图 7-9 展示了进程的生命周期,每个方框表示一种进程状态,方框之间的箭头说明了一个进程如何以及为什么从一种状态转移到另一种状态。

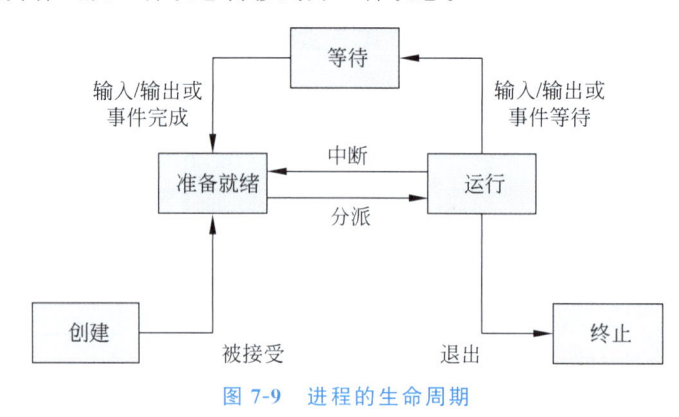

图 7-9 进程的生命周期

下面来分析在进程的每个阶段会发生哪些事情。

在创建阶段,将创建一个新进程。例如,可能是由用户登录到一个分时系统创建了一个登录进程,也可能是在用户提交程序后创建了一个应用进程,或者是操作系统为了完成某个特定的系统任务而创建了一个系统进程。

在准备就绪状态,进程没有任何执行障碍。也就是说,准备就绪状态下的进程并不是在等待某个事件发生,也不是在等待从二级存储设备载入数据,而只是等待使用 CPU 的机会。

运行状态下的进程是当前 CPU 执行的进程。它的指令将按照指令执行周期被处理。

等待状态下的进程是当前在等待资源(除了 CPU 以外的资源)的进程。例如,一个处于等待状态的进程可能在等待从二级存储设备载入一个页面,也可能在等待另一个进程给它发送信号,以便继续执行。

终止状态下的进程已经完成了它的执行,不再是活动进程。此时,操作系统不再需要维护有关这个进程的信息。

注意,可能同时有多个进程处于准备就绪或等待状态,但只有一个进程处于运行状态。

在创建进程后,操作系统将接纳它进入准备就绪状态。在得到 CPU 调度算法的指示后,进程将进入运行状态。

在运行过程中,进程可能被操作系统中断,以便另一个进程能够获得 CPU 资源。在这种情况下,进程将返回准备就绪状态。正在运行的进程还可以请求一个未准备好的资源,或者请求 I/O 读取引用的进程,该进程将被转移到等待状态。正在运行的进程最后将得到足够的 CPU 时间以完成它的处理,然后正常终止,或者将生成一个无法解决的错误,异常终止。

当等待中的进程得到了它在等待的资源后,它将再次转移到准备就绪状态。

7.4.2 进程控制块

操作系统必须为每个活动进程管理大量的数据。这些数据通常存储在称为进程控制块(Processing Control Block,PCB)的数据结构中。通常,每个状态由一个 PCB 列表表示,处于该状态的每个进程对应一个 PCB。当进程从一个状态转移到另一个状态时,它对应的 PCB 也会从一个状态的列表中转移到另一个状态的列表。新的 PCB 是在最初创建进程(新状态)的时候创建的,将一直保持到进程终止。

PCB 存储了有关进程的各种信息,包括程序计数器的当前值(说明了进程中下一条要执行的指令)。进程在执行过程中可能会被中断多次,每次中断时,它的程序计数器的值将被保存起来,以便当它再次进入运行状态时可以从中断处开始执行。

PCB 还存储了本进程有关 CPU 寄存器中的值。因为只有一个 CPU,因此只有一套 CPU 寄存器。每当一个新进程进入了运行状态,当前正在运行的进程的寄存器值将被存入它的 PCB,新运行的进程的寄存器值将从 PCB 中载入 CPU。这种信息交换叫作上下文切换。

PCB 还要维护关于 CPU 调度的信息,如操作系统给予进程的优先级,它还包括内存管理的信息。最后,PCB 还具有核算信息的功能,如账户、时间限制以及迄今为止使用的 CPU 时间。

7.4.3 CPU 调度

所谓 CPU 调度,就是确定把哪个处于准备就绪状态的进程移入运行状态。也就是说,CPU 调度算法将决定把 CPU 给予哪个进程,以便它能够运行。

CPU 调度可以在一个进程从运行状态转移到等待状态或终止时发生,这种类型的 CPU 调度叫作非抢先调度,因为将要占用 CPU 的进程是当前进程执行的自然结果。

CPU 调度还可以在一个进程从运行状态转移到准备就绪状态或一个进程从等待状态转移到准备就绪状态时发生,这属于抢先调度,因为当前运行的进程被其他进程抢占了 CPU。

通常用特殊的标准(如周转周期)来评估调度算法。所谓周转周期,是从进程进入准备就绪状态到它退出运行状态的时间间隔。进程的平均周转周期越短越好。

用于确定从准备就绪状态首选哪个进程进入运行状态的算法有很多。下面分析其中3种算法。

1. 先到先服务

在先到先服务（First Come First Service，FCFS）调度算法中，进程按照它们到达准备就绪状态的顺序决定使用 CPU 的次序。FCFS 是非抢先调度，一旦进程获得了 CPU 的访问权，那么除非它自动请求转入等待状态（如请求其他进程正在使用的设备），否则将一直占用 CPU。

虽然我们在计算周转周期的时候使用了服务时间，但是 FCFS 算法却没有用这些信息来帮助确定最佳的进程调度顺序。

2. 最短作业优先

最短作业优先（Shortest Job Next，SJN）调度算法将查看所有处于准备就绪状态的进程，按照服务时间的长短安排进程运行的顺序。和 FCFS 一样，SJN 在实现时通常是非抢先调度。

注意，SJN 算法是基于未来信息的，它将把 CPU 给予需要最短执行时间的作业，这个时间基本上是不可能确定的。因此使用这个算法，每个进程的服务时间是操作系统根据各种概率因素和作业类型推算的。如果估计错误，它的性能将会恶化。如果知道每个作业的服务时间，SJN 算法可证明是最佳的。相对于其他算法，SJN 算法能使所有作业生成最短的周转周期。但是，由于每个作业的具体运行时间只有运行了才能知道，所以只能先猜测其运行时间，并且希望这种猜测是正确的。

3. 循环调度法

CPU 的循环调度法把处理时间（时间片）平均分配给所有准备就绪的进程。一个运行的进程的时间片到期，进程就会被强制移出 CPU，即从运行状态转移到准备就绪状态。排队的下一个进程获得 CPU，开始运行。它的时间片用完后，就轮到下一个进程，如此反复循环进行。一个进程如果运行结束转为终止状态，就从调度列表中去除。注意，循环调度法是抢先调度。

CPU 的循环调度法应用最广泛，它通常支持所有类型的作业，被认为是最公平的算法。

7.5 设备管理

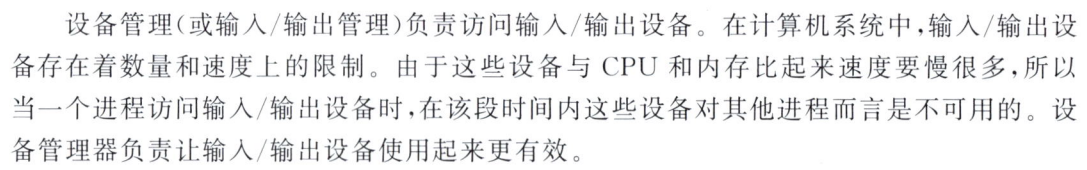

设备管理（或输入/输出管理）负责访问输入/输出设备。在计算机系统中，输入/输出设备存在着数量和速度上的限制。由于这些设备与 CPU 和内存比起来速度要慢很多，所以当一个进程访问输入/输出设备时，在该段时间内这些设备对其他进程而言是不可用的。设备管理器负责让输入/输出设备使用起来更有效。

对设备管理细节的讨论需要掌握有关操作系统原理的高级知识，这些都不在本书讨论范围之内，但是可以在这里简要地列出设备管理的功能。

设备管理器（程序）不停地监视所有的输入/输出设备，以保证它们能够正常运行。设备管理器同样也需要知道设备何时已经完成了一个进程的服务，而且能够为队列中下一个进程服务。

设备管理器为每一个输入/输出设备维护一个队列，或为类似的输入/输出设备维护一个队列。例如，如果系统中有两台高速打印机，设备管理器能够分别用一个队列维护一个设备，或是用一个队列维护两个设备。

设备管理器控制用于访问输入/输出设备的不同策略。例如，可以用先入先出法来维护一个设备，而用最短长度优先法来维护另一个设备。

7.6 文件系统与目录

除了进程管理、CPU 管理和主存管理以外，操作系统还管理一个关键资源——外部存储设备（通常是磁盘）。在日常的计算中，磁盘上文件和目录的组织扮演着关键的角色。文件系统就像卡片目录，提供了组织良好的信息访问方式，目录结构把文件组织在类和子类中。本节将详细讨论文件系统和目录结构。

7.6.1 文件系统

主存是存放活动的程序和正在使用的数据的地方。主存具有易失性，关闭电源后，存储在主存中的信息就会丢失。外部存储设备则具有永久性，即使关闭了电源，它存储的信息依然存在，因此，计算机用外部存储设备来永久存储信息。

最常用的外部存储设备是磁盘，包括计算机主机箱中的磁盘、固态硬盘和能够在计算机之间方便转移使用的便携式 U 盘等。其他外部存储设备（如磁带机）主要用于归档。本节探讨的许多概念适用于所有外部存储设备。

磁盘上的数据都存储在文件中，这是在电子媒介上组织数据的一种机制。所谓文件，就是相关数据的集合，每个文件都有名称，以便区分。计算机中大部分信息以文件为单位存储在外部存储上，字符、音频、图像、视频等信息都是如此。

文件系统是操作系统提供的一个统一的逻辑视图，使用户能够按照文件集合的方式管理数据。文件系统通常用目录组织文件，目录是文件的分组。

可以把文件看作位序列、字节序列、行序列或记录序列。与存储在内存中的数据一样，要使文件中的位串有意义，必须给它们一个解释。文件的创建者决定了如何组织文件中的数据，文件的所有用户都必须理解这种组织方式。

1. 文本文件和二进制文件

所有文件都可以被归为文本文件或二进制文件。文本文件（Text File）类型比较纯粹，其数据按 ASCII 或 Unicode 字符集来存储和解释。二进制文件（Binary File）是包含特定格式的数据的文件，多数文件是这种类型，每种二进制文件的信息位串都有一个约定的解释。

术语"文本文件"和"二进制文件"会令人有些许误解。听起来就像文本文件中的信息不是以二进制数的形式存储的，但其实计算机中的所有数据最终都是以二进制数存储的。这两个术语实际指的是文件中信息的存储和解释方式不同。

信息用文本文件，即字符表示法，通常更容易理解和修改。虽然文本文件只包括字符，但是这些字符可以表示各种各样的信息。例如，操作系统会将很多数据存储为文本文件，如用户账号信息。用高级语言编写的程序也会被存储为文本文件，有时这种文件叫作源文件。用文本编辑器可以创建、查看和修改文本文件的内容，无论这个文本文件存储的是什么类型的信息。

而有些信息类型则是通过定义特定的二进制格式或解释来表示数据，以使其更有效且更符合逻辑。

文件格式代表了存储在文件中的数据的组织排列方式，不同的数据类型采用了不同的文件格式。文件格式通常包括文件头和数据，还可能包括文件终止标记。文件头处于文件数据流的开头，包含了文件的特殊格式标记、文件表示的事物的规格（对于图像文件，包含图像的宽和高）等。

每种文件格式都有明确的规定，只有用专门解释这种格式的程序才能够阅读或修改它。例如，存储图像信息的文件类型有很多，包括 BMP、GIF、JPEG 和 TIFF 等，即使它们存储的是同一幅图像，它们存储信息的方式也不同。它们的内部格式是专有的，一个处理 GIF 图像的程序可能不能处理 TIFF 图像，反之亦然。

要查看或修改某种格式的二进制文件，可以用专用的针对该格式的程序，这样比较方便；也可以用类似 UltraEdit 的软件打开，但你看到的只是十六进制的数字串，必须特别熟悉该种格式，才能明白此种类型的文件头的含义。

有些文件，你认为是文本文件，其实它并不是。例如，在字处理程序中输入并存储在硬盘中的文档，这个文档实际上被存储为一个二进制文件，因为除了存储字符外，它还存储包括有关格式、样式、边界线、字体、颜色和附件（如图形或剪贴画）的信息。有些数据（字符自身）被存储为文本，而其他信息则要求使用专用的格式。

2. 文件类型

大多数文件都包含特定类型的信息，文档中包含的信息的种类叫作文件类型。大多数操作系统都能识别一系列特定的文件类型。

说明文件类型的常用方法是将文件类型作为文件名的一部分。文件名通常由点号分为两部分，即主文件名和文件扩展名，文件扩展名说明了文件的类型。例如，文件名 Sort.java 中的扩展名.java 说明这是一个 Java 源代码文件；文件名 sun.jpg 中的扩展名.jpg 说明这是一个 JPEG 图像文件。表 7-1 列出了一些常见的文件类型。

表 7-1 常见文件类型

文 件 类 型	扩 展 名
DOS 下可执行文件	exe、com、bat
文本	txt、c、java、html
声音	wav、mp3、au
图像	jpg、bmp、png、tif、gif
视频	swf、avi、mpg、mp4、mov、wmv
压缩文件	rar、zip

根据文件类型，操作系统可以采用有效的方式操作文件，这样就大大简化了用户的操作。操作系统具有一个能识别的文件类型的清单，而且会把每种类型关联到特定的应用程序。在具有图形用户界面的操作系统中，每种文件类型还有一个特定的图标，这使用户更容易识别一个文件，因为用户看到的不只是文件名，还有说明文件类型的图标。当双击这个图标后，操作系统会启动与这种类型的文件相关联的程序以载入该文件。

例如，你可能想在开发 Java 程序时使用特定的编辑器，那么可以在操作系统中将.java 文件扩展名关联到要使用的编辑器。此后，每当要打开具有.java 扩展名的文件时，操作系统都会运行这个编辑器。如何把文件扩展名和应用程序关联起来是由所采用的操作系统决定的。

有些文件扩展名默认与特定的程序关联在一起，如果需要，可以修改。某些情况下，一种文件类型能够关联到多种应用程序，因此可以进行选择。例如，系统当前可能把.gif文档与某个 Web 浏览器关联在了一起，所以只要一打开 GIF 图像文件，它就会显示在浏览器窗口中。你可以选择改变这种关联性，使得每当打开一个 GIF 文件，它就出现在你喜欢的图像编辑器中。

文件扩展名只是说明了文件中存放的是什么。你可以任意命名文件（只要文件名中使用的字符在操作系统允许的范围之内）。例如，可以给任何文件使用.gif 后缀，但这并不能使该文件成为一个 GIF 图像文件。改变文件扩展名不会改变文件中的数据或它的内部格式。如果要在专用的程序中打开一个扩展名错误的文件，只会得到错误信息。

3. 文件操作

在操作系统协助下，可以对文件进行下列操作。

- 创建文件
- 删除文件
- 打开文件
- 关闭文件
- 从文件中读取数据
- 把数据写入文件
- 重定位文件中的当前文件指针
- 把数据附加到文件结尾
- 删减文件（删除它的内容）
- 重命名文件
- 复制文件

下面简单分析一下每种操作是如何实现的。

操作系统用两种方式跟踪外部存储设备。它维护了一个表以说明哪些存储块是空的（可用的），还为每个目录维护了一个表，以记录该目录下的文件的信息。要创建一个文件，操作系统需要先在文件系统中为文件内容找一块可用空间，然后把该文件的条目加入正确的目录表中，记录文件的名字和位置。要删除一个文件，操作系统要声明该文件使用的空间现在是空闲的，并要删除目录表中的相应条目。

大多数操作系统要求在对文件执行读写操作前要先打开该文件。操作系统维护了一个记录当前打开的文件的小表，以避免每次执行一项操作都在大的文件系统中检索文件。当文件不再使用时，要关闭它，操作系统会删除打开的文件表中的相应条目。

无论何时，一个打开的文件都有一个当前文件指针，说明下一次读写操作发生在什么位置。有些系统还为文件分别设置了读指针和写指针。所谓读文件，是操作系统把文件中当前文件指针开始的信息传送到内存中，发生读操作后，文件指针被更新。写信息是把指定的信息记录到由当前文件指针所指的文件空间中，然后更新文件指针。

打开的文件的当前指针可以被重定位到文件中的其他位置，以备下一次读或写操作。在文件结尾追加信息需要把文件指针重定向到文件的结尾，然后再写入相应的数据。

操作系统还提供了更改文件名的操作，叫作重命名文件。此外，操作系统也提供了创建一个文件内容的完整备份，并给该备份一个新名字的功能。

4. 文件保护

在多用户系统中，文件保护的重要性居于首要地位。除非得到许可，否则我们不想让其他用户访问我们的文件。确保合法的文件访问是操作系统的责任，不同操作系统管理文件保护的方式不同。无论哪种情况，文件保护机制都决定了谁可以使用文件，以及为什么使用文件。

例如，Linux 操作系统将文件的潜在用户分为 3 种，即文件所有者（Owner）、同组用户（Group）和其他用户（Others）。每个文件都保存了文件所有者和文件所有者所在用户组的信息。同时，Linux 将文件的访问权限分为读、写和执行，每种用户都有或没有这 3 种权限。通过将文件潜在用户分类和权限相结合，Linux 实现了对文件的保护，这样，每个文件只需要 9 位信息，就实现了存取控制表。

虽然其他操作系统实现保护机制的方式不同，但目的是相同的，即控制文件的访问，以防止蓄意获取和不正当访问，以及最小化非恶意用户不经意操作引起的问题。相对而言，Windows 操作系统的文件保护功能要弱很多。

7.6.2 目录

※读者可观看本书配套视频 12：目录。

前面介绍过，目录是文件的集合，这是一种按照逻辑方式对文件分组的方法。例如，可以把某门课的笔记和试卷放在为这门课创建的目录下。操作系统必须仔细地跟踪目录和它们包含的文件。

多数操作系统都用文件表示目录。目录文件存放的是关于目录中的其他文件的数据。对于任何指定的文件，目录中存放有文件名、文件类型、文件存储在硬盘上的地址以及文件的当前大小。此外，目录还存放文件的保护设置信息，以及文件是何时创建的，何时被最后修改的。

建立目录文件的内部结构的方式有多种，这里不详细介绍。不过，一旦有了目录文件，它就必须支持对目录文件的一般操作。例如，用户必须能列出目录中的所有文件。其他一般操作包括在目录中创建、删除或重命名文件，此外还有检索目录以查看一个特定的文件是否在目录中。

1. 目录树

一个目录还可以包含另一个目录。包含其他目录的目录叫作父目录，被包含的目录叫作子目录。只要需要，就可以建立这种嵌套的目录来帮助组织文件系统。一个目录可以包含多个子目录，另外，子目录也可以有自己的子目录，这样就形成了一种分级结构。因此，文件系统通常被看作目录树，展示了每个目录中的目录和文件。最高层的目录叫作根目录。

图 7-10 所示是 Windows 系统中的典型目录树，这个树只表示了文件系统的很小一部分。这个示例的目录树的根目录用驱动器符 C：加\表示，根目录包含 My Documents、Program Files 和 Windows 3 个子目录。在 Windows 子目录中，有一个文件 calc.exe 以及 Drivers、System32 两个子目录。这些目录还包括其他的文件和子目录。

个人计算机通常使用文件夹来表示目录结构，在使用图形化界面的操作系统中，使用图标来展示目录。

注意,在图 7-10 中,有两个名为 sun.jpg 的文件(一个在 My Documents 中,一个在它的子目录 downloads 中)。嵌套的目录结构允许存在多个同名文件。任何目录下的所有文件的名字都必须是唯一的,但不同目录或子目录下的文件可以同名。这些文件存放的数据可能相同,也可能不同,我们所知道的只是它们的名字相同。

无论何时,你都可以认为自己在文件系统中的某个特定位置(即特定的子目录)工作,这个子目录叫作当前工作目录。只要在文件系统中移动,当前工作目录就会改变。

图 7-11 所示是 Linux 系统典型目录树。Linux 使用了大量的缩写和代码作为目录和文件的名字。此外,还要注意,Linux 环境的根目录是用/表示的。

```
C:\
|
|—My Documents
|     |   data.csv
|     |   old.reg
|     |   sun.jpg
|     |   main.c
|     |
|     |—downloads
|     |       love.mp3
|     |       sun.jpg
|     |
|     |—My eBooks
|             story.txt
|             |
|             |—Book1
|                     event.xml
|                     pdl.mdb
|—Program Files
|     |
|     |—Office
|     |       Access.exe
|     |       WinWord.exe
|     |—java
|             README.html
|             COPYRIGHT
|—Windows
      |   calc.exe
      |
      |—Drivers
      |       sweb.dll
      |       SyncRes.dll
      |—System32
              tree.com
              |   tracerpt.exe
              |—Speech
                      sapi.dll
                      Engine.dll
```

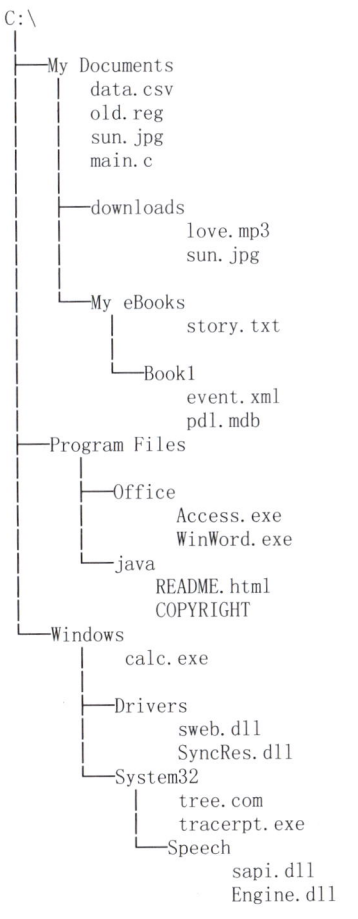

```
/
|—bin
|   cat
|   grep
|   ls
|   Tar
|—etc
|   |   localtime
|   |   profile
|   |   named.conf
|   |—sysconfig
|           clock
|           keyboard
|—dev
|   ttyE71
|   ttyE72
|   snd10
|—home
|   |—smith
|           |—reports
|                   week1.txt
|                   week2.txt
|—usr
|   |—man
|   |   |—man1
|   |           exit.1.gz
|   |           is.1.gz
|   |—local
```

图 7-10 Windows 系统典型目录树   图 7-11 Linux 系统典型目录树

2. 路径名

路径(Path)是表明文件或子目录在文件系统中所处位置的字符串描述。如何指定一个特定的文件或子目录呢?有下列几种方法。

如果使用的是具有图形化界面的操作系统,双击目录,就可以打开它,看到其中的内容,活动的目录窗口显示的是当前工作目录的内容。继续用鼠标操作,在文件系统中移动,改变当前的工作目录,直到找到你想要的文件或目录为止。

大多数操作系统也提供非图形化的界面，称为字符界面或命令行界面，必须用文本说明文件的位置。另外，在编程处理文件操作时，也很可能需要路径的知识。对于存储在操作系统文件中的系统命令来说，这一点非常重要。像 cd（表示改变目录）这样的命令，可以用来改变当前的工作目录。

要用文本指定一个特定的文件，必须说明该文件的路径，即找到这个文件必须历经的一系列目录。路径可以是绝对的，也可以是相对的。绝对路径名从根目录开始，说明了沿着目录树前进的每一步，直到到达了想要的文件或目录。相对路径名则从当前工作目录开始。

让我们来看看每种类型的路径的实例。下面是一些图 7-10 所示的目录树中的绝对路径名：

C:\Program Files\Office\WinWord.exe

C:\My Documents\My eBooks\Book1\event.xml

C:\Windows\System32\Speech

每个路径都从根目录开始，沿着目录结构向下推进。每个子目录都由\分隔。注意，一个路径既可以说明一个特定的文档（如前两个例子），也可以说明整个子目录（如第三个例子）。

UNIX 和 Linux 系统中的绝对路径也是这样的，只是分隔子目录的符号是/。

相对路径是基于当前工作目录而言的。也就是说，它们是相对于当前位置的（因此而得名）。假设图 7-10 中的当前工作目录是 C:\My Documents\My eBooks，那么可以使用下列相对路径名：

story.txt

Book1\event.xml

第一个例子只说明了文件名，在当前工作目录中可以找到这个文件。第二个例子说明的是 Book1 这个子目录中的文件。根据定义，任何有效的相对路径的第一部分都在工作目录中。

使用相对路径时，有时需要返回上层目录。注意，使用绝对路径不会遇到这种情况。大多数操作系统使用两个点（..）来表示父目录，用一个点表示当前工作目录。因此，如果工作目录是 C:\My Documents\ My eBooks，下面几条相对路径也是有效的。

..\data.cvs

..\downloads\love.mp3

..\..\Windows\Drivers\sweb.dll

..\..\Program Files\java

Linux 系统中的相对路径也是这样的。对于图 7-11 中的目录树，假设当前工作目录是/home/smith，下面几条相对路径是有效的。

reports/week1.txt

../../dev/ttyE71

../../usr/man/manl/is.l.gz

大多数操作系统允许用户（按照一定顺序）指定一组检索路径，以帮助解析对可执行程序的引用。通常用操作系统变量 PATH 指定这组路径，该变量存放的字符串中包含多个绝对路径。例如，把图 7-10 中的 C:\Windows\System32 这个路径添加到 PATH 变量中，它就成了检索要执行的程序的一个位置,无论当前工作目录是什么,当执行 tree.com 程序时,都能找到该文件。

7.7 主流操作系统介绍

7.7.1 UNIX

UNIX 是一个强大的多用户、多任务操作系统,支持多种处理器架构。

1. UNIX 的历史起源

回顾 UNIX 的历史,就有必要说一下 MULTICS 项目。20 世纪 60 年代,大部分计算机都采用批处理的方式。那时,包括贝尔实验室在内的几家公司及大学计划合作开发一个多用途、分时及多用户的操作系统 MULTICS,设计运行在 GE-645 大型主机上。不过,由于这个项目太过复杂,目标过于庞大,糅合了太多的特性,导致进展太慢,而且性能很低。于是到 1969 年 2 月,贝尔实验室决定退出这个项目。

贝尔实验室有个叫肯·汤普森(Ken Thompson)的人,他在 MULTICS 操作系统上写过一个叫作 Space Travel 的游戏。退出 MULTICS 项目后,为了让这个游戏能玩,肯·汤普森在实验室找到了一台没人用的 Digital PDP-7 小型计算机,但这台计算机上没有操作系统。肯·汤普森找来丹尼斯·里奇(Dennis Ritchie),他们用汇编语言,仅花了一个月的时间就在这台机器上开发了一个叫作 Unics 的操作系统,这就是后来的 UNIX 的原型。该操作系统采用了简单原则——尽量用简单的方法解决问题,这是"UNIX 哲学"的根本原则。

为了提高可移植性,肯·汤普森与丹尼斯·里奇决定用高级语言改写 UNIX,但现有的高级语言都不合适,于是他们发明了一种新的高级语言,这就是大名鼎鼎的 C 语言。1973年,他们用 C 语言改写完成了 UNIX,并于 1974 年将 UNIX 向外界进行了介绍。

1978 年,伯克利大学推出了改进的 UNIX,开创了 UNIX 的一个分支——BSD 系列。同时期,AT&T 将 UNIX 产品商业化,就此,UNIX 分为了 AT&T UNIX 和 BSD UNIX 两大主流,后续的很多操作系统都是由这两大主流版本衍生出来的。

2. UNIX 的特点

UNIX 系统是一个多用户、多任务的分时操作系统。系统大部分是由 C 语言编写的,这使得系统易读、易修改、易移植。UNIX 提供了丰富的系统调用,整个系统的实现十分紧凑、简洁。UNIX 提供了功能强大的可编程的 Shell 语言作为用户界面,具有简洁、高效的特点。UNIX 采用树状目录结构,具有良好的安全性、保密性和可维护性。UNIX 采用进程对换的内存管理机制和按需调页的存储方式,实现了虚拟内存管理,大大提高了内存的使用效率。UNIX 系统提供多种通信机制,如管道通信、软中断通信、消息通信、共享存储器通信、信号灯通信。

7.7.2 Linux

Linux 是一种类 UNIX 操作系统,是开放源代码最为成功的系统。Linux 可安装在各种计算机硬件设备中,包括手机、平板电脑、路由器、视频游戏控制台、台式计算机、大型机和超级计算机。

Linux 的出现,归功于一位名叫李纳斯·托瓦兹(Linus Torvalds)的计算机业余爱好者,当时他是芬兰赫尔辛基大学的学生。他最初的目的是设计一个代替 Minix 的操作系统,设计目标是系统可用于 80386、80486 或奔腾处理器的个人计算机上,并且具有 UNIX 操作系统的全部功能。1994 年,Linux1.0 发布,代码量为 17 万行,当时是按照完全自由免费的协议发布的,随后正式采用 GNU 通用公共许可(General Public License,GPL)协议。再后来,Linux 不断发展,并且有了各种版本。

主流的 Linux 发行版包括：Ubuntu、Linux Mint、Debian、Fedora、CentOS、Red Hat、Arch Linux、Puppy Linux 等。

中国大陆的 Linux 发行版包括：中标麒麟 Linux、红旗 Linux、Qomo Linux、冲浪 Linux、蓝点 Linux、新华 Linux、共创 Linux、百资 Linux、中软 Linux 等。

7.7.3 Windows

Windows 是微软公司推出的视窗操作系统,从最初的 Windows 1.0 到 Windows 95、Windows NT、Windows 98、Windows 2000、Windows XP、Windows Vista、Windows 7、Windows 10,可以认为它是最成功的操作系统。

MS-DOS 是微软在 Windows 之前推出的字符界面的操作系统。

Windows 1.0 是微软第一次在个人计算机操作平台上配备用户图形界面的尝试。

Windows 2.0 是一个基于 MS-DOS 操作系统,看起来像 macOS 图形用户界面的 Windows 版本。

Windows 3.0 在界面、人性化、内存管理上进行了改进并获得了用户的认同,但缺乏多媒体功能和网络功能。

Windows 3.11 革命性地加入了网络功能和即插即用技术。

Windows 95 是第一个支持 32 位的操作系统,具有更强大、更稳定、更实用的桌面图形用户界面。

Windows NT 是纯 32 位操作系统,采用先进的 NT(New Technology)核心技术。Windows NT 4.0 面向工作站、网络服务器和大型计算机,它与通信服务紧密集成,提供文件和打印服务,能运行客户/服务器应用程序,内置了 Internet/Intranet 功能。

Windows 98 改良了硬件,提供对 FAT32 文件系统的支持,提供多显示器、Web TV 支持,将 Internet Explorer 整合到了 Windows 中。

Windows 2000 是一个可中断、图形化及面向商业环境的操作系统,为单一处理器或对称多处理器的 32 位 Intel x86 计算机而设计。

Windows Me 主要针对家庭和个人用户,重点改进对多媒体和硬件设备的支持,主要增加功能包括系统恢复、通用即插即用(Universal Plug and Play,UPnP)、自动更新等。

Windows XP 包括专业版、家庭版,后来又发行了媒体中心版、平板电脑版和入门版等。

Windows Vista 提供新版的图形用户界面、全新界面风格、搜寻功能、新的多媒体创作工具,以及网络、音频、输出和显示子系统,使用点对点技术提升了计算机系统的通信能力。

Windows 7 针对笔记本电脑进行了专门设计,提供了用户易用性的新引擎,系统更易用、更快捷、更简单、更安全。

Windows 8 是由微软公司于 2012 年 10 月 26 日正式推出的具有革命性变化的操作系

统,该系统独特的 Metro 开始界面和触控式交互系统旨在让人们的日常计算机操作更加简单和快捷,并为人们提供高效易行的工作环境。同时,这也是一款适用于平板计算机的操作系统。

Windows 10 是微软公司 2014 年发布的跨平台操作系统,是微软发布的最后一个独立 Windows 版本。Windows 10 共有 7 个发行版本,分别面向不同用户和设备。

除了上述版本,Windows 还有服务器版,包括 Windows Server 2003、Windows Server 2008、Windows Server 2012 等。

7.7.4　macOS

macOS 是一套运行于苹果 Macintosh 系列计算机上的操作系统,也是首个在商用领域成功的图形用户界面操作系统。一直以来,macOS 都被业界用来和微软的 Windows 进行比较。Macintosh 系列计算机采用的 CPU 经过了几次变化,1984—1997 年,使用 Motorola 68000 系列处理器;1998—2005 年,使用 PowerPC 处理器;2006 年至今,使用 Intel 处理器。处理器的变化带来了操作系统兼容性的一些问题。

macOS 早先的一些版本被称为 Classic macOS。从最早在 1984 年发布的 System 1 版本算起,到 2001 年 12 月的 macOS 9.2.2,Classic 历经了 17 个年头,发布了 9 个大版本。

从 2001 年推出 macOS X 开始,macOS 使用基于 BSD UNIX 的内核,与之前的 Classic 版本的内核完全不同。

System 1.0 是苹果最早的操作系统,发布于 1984 年 1 月,一问世就具备了图形操作界面,含有桌面、窗口、图标、光标、菜单和卷动栏等元素。当时微软操作系统还停留在 DOS,Windows 尚在襁褓之中。虽然 System 1.0 功能简单,图形也是黑白界面,但自此开启了个人计算机图形化界面的浪潮。此后系统不断完善更新,从 System 2.0 进化到 System 7。System 7 也是第一个支持 PowerPC 处理器的版本。

1997 年,macOS 8.0 正式发布。也就是从这个版本开始,macOS 的名称被正式采用。macOS 8.0 为用户带来了 Multi-Thread Finder、三维 Platinum 界面以及新的计算机帮助系统。

2001 年,苹果发布了 macOS X 10.0,该系统是基于新策略打造的全新内核的操作系统。同期,大量的 macOS X 版的第三方软件发布。

2005 年,苹果发布了 macOS X 10.4,开始支持 Intel 处理器,此后,苹果逐渐放弃使用 PowerPC 处理器。

2011 年,OS X 10.7 发布。苹果公司也在这一版本弃用了 Mac 这个前缀,这也是第一次开始将 iOS 的功能带到 OS X 上。到 2015 年,OS X 版本进化到 OS X 10.11。

2016 年,苹果公司发布了 macOS 10.12,时隔 15 年之后,新的名称 macOS 取代了 OS X。目前,最新的版本是 macOS 10.15。

7.7.5　移动端操作系统

根据专业机构统计,2020 年至 2022 年,Android 占据移动操作系统市场 71% 左右的份额,苹果的 iOS 占据 27% 左右的份额,其他系统所占份额很小。

1. Android

Android(安卓)是一种基于 Linux 的自由及开放源代码的操作系统,主要用于移动设备,如智能手机和平板电脑。2007 年 11 月,谷歌与 84 家硬件制造商、软件开发商及电信运营商组建开放手机联盟,共同研发改良 Android 系统。随后谷歌以 Apache 开源许可证的授权方式,发布了 Android 的源代码。第一部 Android 智能手机发布于 2008 年 10 月,后来,Android 逐渐扩展到平板计算机及其他领域上,如电视、数码相机、游戏机、智能手表等。2011 年第一季度,Android 在全球的市场份额首次超过 Symbian 系统,跃居全球第一。

Android 平台的优势如下。

1)开放性

Android 平台的主要优势就是其开放性,开放的平台允许任何移动终端厂商加入 Android 联盟中来,也吸引了更多开发者。对于消费者,最大的受益正是丰富的软件资源。开放的平台也会带来更大竞争,如此一来,消费者可以用更低的价位购得心仪的手机。由于 Android 的高度开放性,包括国内的诸多厂商对其进行了各种定制。

2)丰富的硬件

这一点还是与 Android 平台的开放性相关,由于 Android 的开放性,众多厂商会推出各具特色的多种产品。

3)方便开发

Android 平台提供给第三方开发者一个十分宽泛、自由的环境,不受各种条条框框的阻挠。Android 应用程序一般使用 Java 语言进行开发。

2. iOS

iOS 是由苹果公司开发的专用的不开放的移动操作系统,苹果公司于 2007 年 1 月公布了这个系统。iOS 与苹果的 macOS X 操作系统一样,属于类 UNIX 的商业操作系统。iOS 最初是设计给 iPhone 使用的,后来陆续套用到 iPod Touch、iPad 以及 Apple TV 等产品上。原本这个系统名为 iPhone OS,因为 iPad、iPhone、iPod Touch 都使用 iPhone OS,所以 2010 年改名为 iOS。iOS 程序可使用 Object-C 或 Swift 语言进行开发。

7.8 小结

操作系统是管理计算机资源的系统软件,是人类用户、应用软件和系统硬件之间的协调者。操作系统的两个主要设计目标是硬件的高效使用和资源的方便使用。

操作系统经历了一个很长的演化过程。批处理将使用相似资源的作业组织成批。分时技术为每个用户创建一个虚拟机,允许多个用户同时与计算机进行交互。

现代操作系统至少有四大功能:内存管理、进程管理、设备管理、文件管理。操作系统还提供用户界面。

内存管理技术可以分成两类:单道程序和多道程序。在单道程序中,内存的大部分容量都为一个程序独享。在多道程序中,多个程序同时在内存中。页式内存管理法是把内存划分为帧,把程序划分为页,程序的页在内存中不必连续。按需调页法在任何时刻都只需要一部分程序位于内存中。

操作系统还要管理进程的生命状态,即程序在执行过程中要经历的阶段。进程控制块存储了每个进程的必要信息。

CPU调度算法确定下一个使用CPU的进程。先到先服务的CPU调度法给予最早到达的作业优先权。最短作业优先算法给予运行时间最短的作业优先权。循环调度算法让每个活动进程轮流使用CPU,每个进程得到一个时间片。

设备管理负责输入/输出设备的高效使用。

操作系统使用文件管理器来控制对文件的访问。文件是具有特殊内部结构的数据集合。对文件执行的操作包括创建文件、读写文件、删除文件、打开文件和关闭文件。在多用户系统中,操作系统还要提供文件保护机制,以确保只有授权的用户才能访问文件。

文本文件是字符流,二进制文件具有特定的格式,只有专用的应用程序才能识别。文件扩展名可以说明文件类型,以便能够用正确的应用程序打开它们。文件扩展名可以与用户选择的任何应用程序关联在一起。

目录用于组织磁盘上的文件。它们可以嵌套形成树形分级结构。路径名说明了特定文件或目录的位置,它们可以是绝对路径或相对路径。

主流操作系统包括UNIX、Linux、Windows、macOS、Android以及iOS。

7.9 习题

1. 判断题

(1) 操作系统是一种应用软件。(　　)
(2) 操作系统提供了基本的用户界面,使用户能够使用计算机。(　　)
(3) 计算机可以具有多个操作系统,但任何时刻都只有一个操作系统控制机器。(　　)
(4) 多道程序设计是使用多个CPU运行程序的技术。(　　)
(5) 在20世纪60年代和70年代期间,操作员会把类似的作业组织成批来运行。(　　)
(6) 批处理意味着用户和程序间的高级交互。(　　)
(7) 分时系统允许多个用户同时与一台计算机进行交互。(　　)
(8) 所谓哑终端,是连接到主机上的I/O设备。(　　)
(9) 逻辑地址是真正的内存地址。(　　)
(10) 处于运行状态的进程是CPU当前执行的进程。(　　)
(11) 进程控制块(PCB)是存储一个进程的所有信息的数据结构。(　　)
(12) CPU调度算法决定了内存中有哪些程序。(　　)
(13) 先到先服务调度算法可证明是最佳的CPU调度算法。(　　)
(14) 时间片是循环调度法中每个进程从获得CPU到被抢占之间的时间量。(　　)
(15) 文本文件存储的二进制数据是按照8位或16位的分组组织的,这些分组被解释为字符。(　　)
(16) 用高级语言编写的程序存储为文本文件,也叫作源文件。(　　)
(17) 文件类型决定了能够对文件执行哪些操作。(　　)
(18) 当前文件指针指的是文件的结尾。(　　)
(19) 有些操作系统为文件分别维护有读指针和写指针。(　　)
(20) UNIX文件许可允许一组用户以各种方式访问一个文件。(　　)

(21) 大多数操作系统用文件表示目录。(　　)

(22) 在目录系统中,如果两个文件处于不同目录下,它们可以具有相同的名字。(　　)

(23) 相对路径是相对于目录分级结构的根而言的。(　　)

(24) 绝对路径和相对路径总是等长的。(　　)

2. 名词解释

① 操作系统　② 多道程序设计　③ 分时操作系统　④ 文件

3. 问答题

(1) 如何区别应用软件和系统软件?

(2) 操作系统由哪些部分组成?

(3) 什么构成了批作业?

(4) 内存管理有哪些方法?请简述这些方法。

(5) 画出进程状态图。

(6) CPU 调度有哪些方法?各有什么特点?

(7) 如何区分文件和目录?

(8) 为什么说术语"二进制文件"用词不当?

(9) 请说明文件类型和文件扩展名的区别与联系。

(10) 如果把一个文本文件命名为 myFile.jpg,会发生什么情况?

(11) 文件有哪些操作?

(12) 常见的操作系统有哪些?简述它们。

4. 应用题

(1) 为下述文件找到匹配的文件扩展名。

　　① 音频文件　　② 图像文件　　③ 文本数据文件

　　④ 程序源文件　⑤ 字处理文件

　　A. txt　　　　　　　　　　B. mp3、au、wav

　　C. gif、tiff、jpg　　　　　　D. doc

　　E. java、c、cpp

(2) 假设当前工作目录是 C:\WINDOWS\System32,根据图 7-10 所示的目录树,说明下列文件或目录的绝对路径和相对路径。

　　① Access.exe

　　② java

　　③ tree.com

　　④ event.xml

(3) 根据图 7-11 所示的目录树,说明下列文件或目录的绝对路径。

　　① bin

　　② Tar

　　③ keyboard

　　④ week1.txt

第 8 章 计算机网络

CHAPTER 8

计算机除了在计算领域扮演着重要的角色外,在通信领域也同样重要,这种通信是通过计算机网络实现的。就像复杂的公路系统用各种方式把公路连接在一起,从而使汽车能够从出发点开到目的地,计算机网络也构成了一种通信的基础设施,使数据能够通过网络从源计算机传送到目标计算机。接收数据的计算机可能近在咫尺,也可能远在天涯。

本章学习目标如下。
- 列出各种类型的网络和它们的特征。
- 解释局域网的各种拓扑。
- 了解 OSI 模型与 TCP/IP 模型。
- 说明数据在网络上传输的基本过程。
- 说明各种网络协议的基本职责。
- 说明 IP 地址的分类。
- 掌握各种上网方式。
- 了解各种网络互联方式及设备。

8.1 计算机网络概述

计算机网络是以各种方式连接的用于通信和共享资源的计算设备的集合。电子邮件、即时消息和网页都依赖于通过底层计算机网络进行的通信。我们使用网络共享无形资源(如文件)和有形资源(如打印机)。

网络中的计算机之间通常使用线缆连接,也可以使用无线电波或红外信号等进行无线连接。计算机网络中的设备不只包含计算机,也包含其他各种处理网络信息传输的设备,如路由器、网络打印机等。网络中的各种类型的设备用更通用的术语"节点"(Node)或"主机"(Host)来指称。

计算机网络性能的一个关键指标是数据传输率,即数据从网络中的一个地点传输到另一个地点的速率。人们对网络的性能要求一直在提高,因为需要靠网络传递更多的数据。音频和视频因为应用场合增多且数据量大,所以它们是使现在网络通信量大增的主要信息来源。有时,数据传输率又叫作网络的带宽。

计算机网络的另一个关键问题是使用的协议。协议定义了网络数据的格式以及处理数据的一组规则。在联网过程中,需要使用明确的协议。

计算机网络开创了一个新的计算领域——客户/服务器(Client/Server)模型。该模型下,软件系统分布在整个网络,在这个网络中,客户向服务器请求信息或操作,服务器则做出响应。计算机不再仅限于你面前的那台机器(所谓客户端)的功能。

例如,文件服务器是网络中为多个用户存储和管理文件的计算机,这样每个用户不必都有自己的文件副本。Web 服务器是存放网页的计算机,用于响应来自客户浏览器的请求。随着网络依赖性的增加,客户/服务器关系也变得越来越复杂,客户/服务器模型在计算世界中也变得越来越重要了。

目前,客户/服务器模型不仅有基本的请求/响应功能,它也能支持并行处理,即像第5章介绍的那样,把一个问题分解成若干小问题,然后用多台计算机来解决它们。使用网络和客户/服务器模型,就可以通过让客户端请求多台服务器分别解决一个问题的特定部分,客户端收集到每台服务器的解答后再把它们构成一个完整的解。

另一种跨网络的计算机交互方法是对等(Peer-to-Peer,P2P)模型。对等模型网络不是由客户端从中心服务器获取信息,而是分散的节点既共享资源,又负责将这些资源提供给其他对等方。根据请求,对等方可以充当客户端或服务器。

在 P2P 模型网络中,对特定文件的请求可能会转到网络中的其他几个对等方。如果对等方没有该文件,它将请求转发到其他对等方,以此类推,直到找到该文件,然后在请求方和具有该文件的对等方之间直接建立连接。P2P 模型消除了单个服务器保存所有资源的瓶颈,因为它在多台计算机之间分配通信。P2P 模型也有缺点,其网络更难管理,容易出现安全问题。

8.2 网络的类型

计算机网络有多种分类方式。局域网(Local Area Network,LAN)是连接距离不远,连接数量相对较少的计算机网络。LAN 通常局限在一个房间或一幢建筑中,有时也可能延伸到几幢邻近的建筑。

管理 LAN 的各种配置叫作拓扑。环形拓扑把所有节点连接成一个封闭的环,消息在环中沿着一个方向传播。环形拓扑中的节点将传递消息,直到它们到达目的地。星形拓扑以一个节点为中心,其他节点都连接在中心节点上,所有消息都经过中心节点发送。星形拓扑的中心节点负担很重,如果中心节点不工作了,整个网络的通信就瘫痪了。在总线拓扑中,所有节点都连接在一根通信线上,消息可以在通信线中双向传播。总线上的所有节点将检查总线传输的每个消息,如果消息所寻找的地址不是该节点,它会忽略这条消息。

图 8-1 展示了各种网络拓扑。局域网的业界标准是称为以太网(Ethernet)的总线拓扑技术。

广域网(Wide Area Network,WAN)是连接两个或多个相距较远的局域网的网络。广域网使得局域网之间可以互相通信,每个局域网通常会有一个特殊节点作为网关,处理该局域网和其他网络之间的通信。图 8-2 展示了连接了两个远距离的局域网的广域网。

城域网(Metropolitan Area Network,MAN)指覆盖校园或城市的大型网络。与一般广域网相比,城域网更适合特定的组织或区域使用。为院校服务的城域网通常都与各个建筑或院系的局域网互联。有些城市在它们的地域组建了城域网,用于服务大众。城域网通常

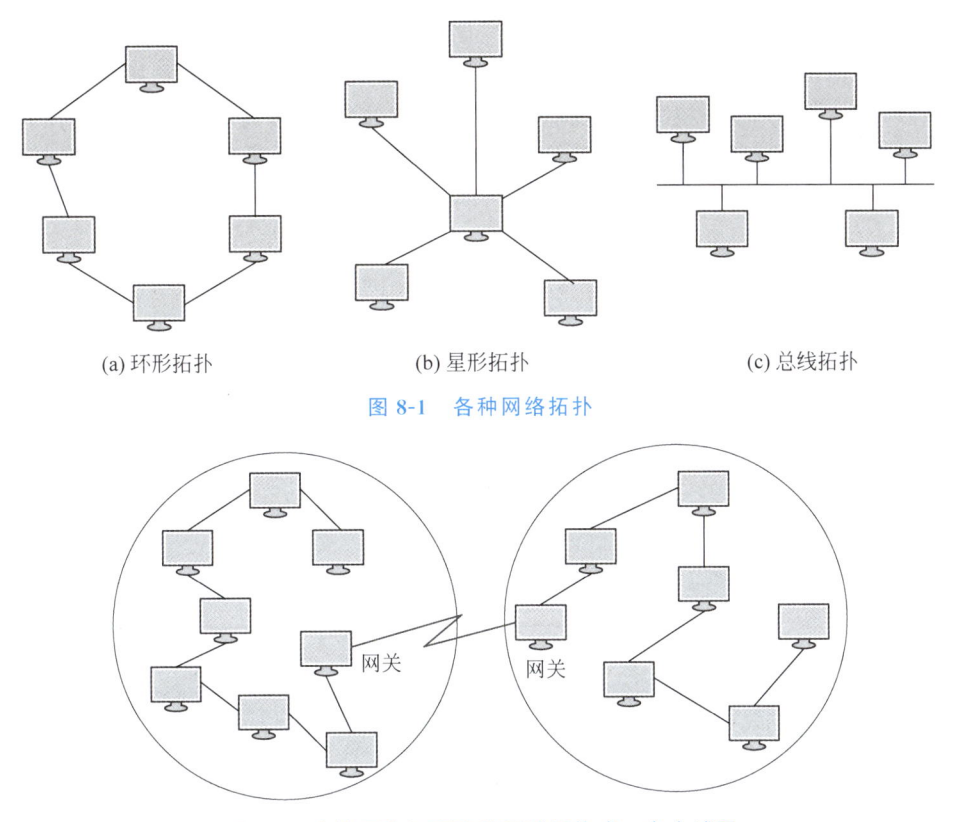

(a) 环形拓扑　　　　(b) 星形拓扑　　　　(c) 总线拓扑

图 8-1　各种网络拓扑

图 8-2　连接两个远距离的局域网构成一个广域网

是通过无线连接或光纤连接实现的。

现今,我们很少见到孤立的网络,网络都是互联在一起的。当两个或多个网络连接在一起时,它们就变成互联网(internet)。图 8-3 显示了 WAN、LAN 通过路由器互联,构成一个互联网的例子。

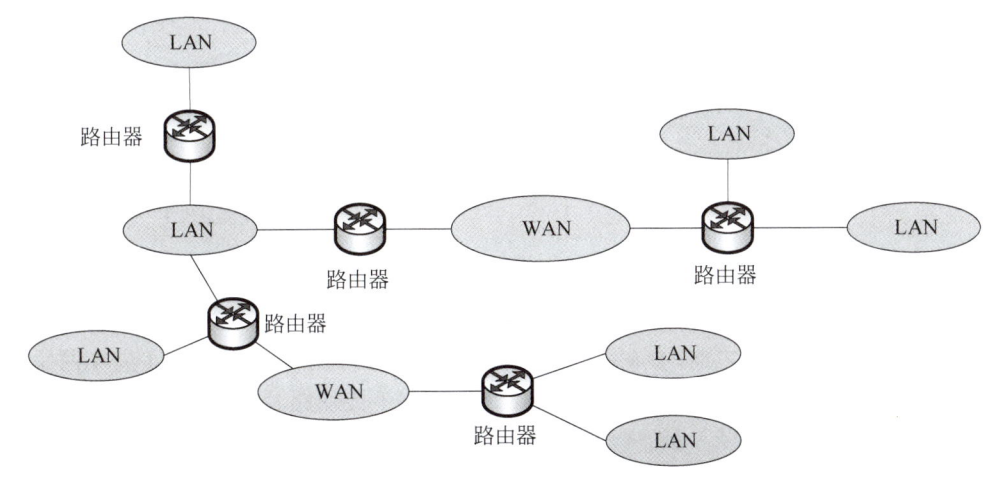

图 8-3　WAN、LAN 通过路由器互联

最著名的互联网是因特网(Internet),它由成千上万个互相连接的网络组成,本质上就是一个最大的广域网,遍布整个地球。Internet 是巨大的小网络集合,这些小网络都采用相

同的协议通信,而且会传递经过的消息,使它们能够到达最终目的地。

我们很难给出因特网的准确表示,因为它是不断变化的——新的网络被加入,而不存在的网络被移走。如今,大多数需要因特网连接的用户使用因特网服务提供商(Internet Service Provider,ISP)的服务。ISP 是具有一台或多台通过高速链路连接到因特网服务器的组织。通过建立服务合同和付费,个体因特网用户或小公司可以连到本地 ISP 的服务器上。现在,有国际服务提供商、国家服务提供商、区域服务提供商和本地服务提供商,如今的因特网由公司(而不是政府)运营。图 8-4 描述了因特网的层次组织结构。

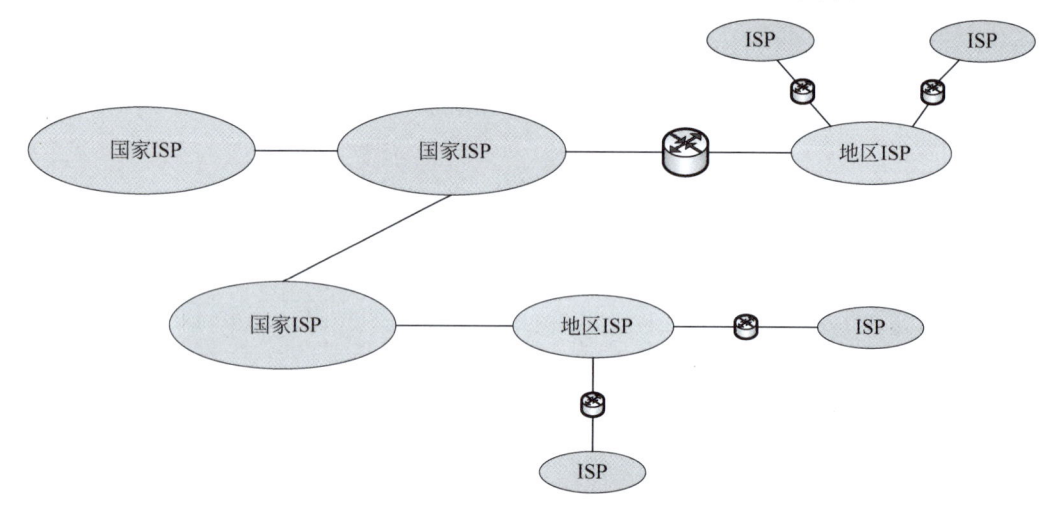

图 8-4　因特网的层次组织结构

为了提高在共享线路上传输信息的有效性,消息被分割为大小固定、有编号的包。每个包将独立在网上传输,直到到达目的地,它们在目的地被重新组合为原始的消息。这种方法称为包交换。

每个消息的包可以采用不同的路由线路,因此,它们到达目的地的顺序可能与发送顺序不同,需要把包按照正确顺序排列之后再组合成原始消息。图 8-5 展示了这一过程。

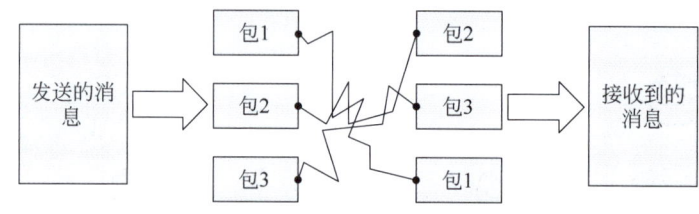

图 8-5　通过包交换技术发送消息

消息被划分成包,包按照最有利的路径在 Internet 上传递,最后被重新排序并组装起来。包在到达最终目的地之前,会在各种网络的计算机之间跳跃。用于指导包在网络之间传输的设备叫作路由器,中间的路由器不能规划包的整个传输路径,每个路由器只知道到达它下一个目的地的最佳路径。最终,消息将到达一个知道目的地机器的路由器。如果由于下行机器的问题,路径中断了,或者选中的路径当前通信量很大,那么路由器可能会把包发送给另一个路由器。

如果通信线跨越的距离很长(如跨海),那么线路上将安装中继设备,以周期性地加强和传播信号。

8.3 网络模型及网络协议

支持网络通信的协议有很多,主要由于历史原因,某些协议的地位比其他协议高。本节将着重介绍 Internet 通信常用的协议。

8.3.1 OSI 模型

在计算机网络发展的早期,生产商提出了许多希望用户能够采用的技术。问题是专有系统互相有差别,不同类型的网络之间不能进行通信。随着网络技术的发展,互通性的需求越来越明显,人们需要一种使不同生产商出售的计算机系统能够通信的方式。

国际标准化组织(International Organization for Standardization,ISO)建立了开放系统互联参考模型(Open Systems Interconnection,OSI)来简化网络技术的开发。图 8-6 展示了 OSI 参考模型,该模型共有 7 层。

7	应用层
6	表示层
5	会话层
4	传输层
3	网络层
2	数据链路层
1	物理层

图 8-6 OSI 参考模型

OSI 每一层处理网络通信的一个特定方面。最高层(应用层)处理的是与应用有关的问题;最底层(物理层)处理的是与物理传输介质相关的基础的电子或机械问题;其余层填补了其他方面。例如,网络层处理的是包的路由和寻址问题。

网络协议参照 OSI 参考模型的基本概念也进行了分层,以便 OSI 参考模型中的每一层都有自己的基础协议,这种分层有时叫作协议栈。

协议在某种意义上只是一种条约,规定了特定的数据类型必须处理成特定的格式。虽然文件格式的细节和数据域的大小对创建网络程序的软件开发者来说很重要,但是本书不探讨它们的细节。这些协议的重要之处在于,它们提供了一种在联网的计算机间进行交互的标准方式。

计算机网络体系结构是一个复杂的系统,进行层次划分有以下优点。

(1) 各层次之间是独立的。某一层并不需要知道它的下一层是如何实现的,而仅需要知道该层通过层间的接口所提供的服务。

(2) 灵活性好。当任何一层发生变化时,只要层间接口关系保持不变,则在这层以上或以下的层均不受影响。

(3) 结构上可分割开。各层都可以采用最合适的技术来实现。

(4) 易于实现和维护。因为整个系统已经被分解为若干个相对独立的子系统,进行调试和维护时,可以对每一层进行单独的调试。

(5) 能促进标准化工作,因为每一层的功能及其所提供的服务都已有了精确的说明。

前面的章节中已提到过,抽象和信息隐藏是处理复杂事务的一种常用的思维方式,分层是抽象和信息隐藏的有效手段,也是计算机系统常用的一种方法。

8.3.2 TCP/IP 模型

TCP(Transmission Control Protocol)是传输控制协议的缩写,IP(Internet Protocol)是

网际协议的缩写。原始的 TCP/IP 模型定义为 4 层，包括主机到网络（或链接）层、互联网（或网络）层、传输层和应用层。今天的 TCP/IP 模型通常被视为 5 层模型，如图 8-7 所示。

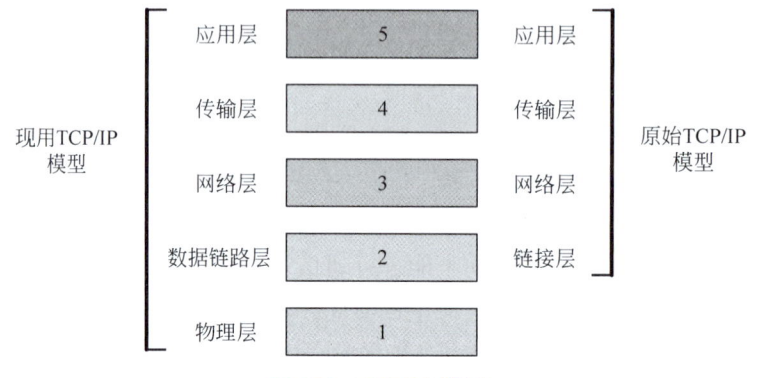

图 8-7　TCP/IP 模型

图 8-8 给出了 TCP/IP 模型与 OSI 模型的对比。其中，OSI 模型的应用层、表示层和会话层对应于 TCP/IP 模型的应用层，其他层基本相互对应。TCP/IP 每层都有一些协议支持其功能。

OSI模型	TCP/IP协议					TCP/IP模型
应用层	文件传输协议(FTP)	远程登录协议(Telnet)	电子邮件协议(SMTP)	网络文件服务协议(NFS)	网络管理协议(SNMP)	应用层
表示层	^	^	^	^	^	^
会话层	^	^	^	^	^	^
传输层	TCP				UDP	传输层
网络层	IP	ICMP		ARP	RARP	网络层
数据链路层	Ethernet IEEE 802.3	FDDI	Token-Ring/ IEEE 802.5	ARCNET	PPP/SLIP	数据链路层
物理层	^	^	^	^	^	物理层

图 8-8　TCP/IP 模型与 OSI 模型的对比

OSI 模型旨在指导和规范计算机网络，是在协议开发前设计的，具有通用性。而 TCP/IP 模型是先有协议集然后建立的模型，不适用于非 TCP/IP 网络。

OSI 模型只是理论上的模型，由于市场、商业运作和技术等多方面的原因，最终并没有被市场接受。而 TCP/IP 却成为目前最流行的商业化的协议，并被公认为当前的工业标准或"事实上的国际标准"。

TCP/IP 协议不仅指的是 TCP 和 IP 两个协议，而是指一个由多个协议构成的协议族，只是因为 TCP 协议和 IP 协议最具代表性，所以被称为 TCP/IP 协议。

8.3.3　TCP/IP 协议的功能

1. 物理层及数据链路层

物理层是模型的最底层，它的作用是实现相邻网络节点之间比特流的透明传送，尽可能屏蔽具体传输介质和物理设备的差异，使其上面的数据链路层不必考虑网络的具体传输介质是什么。"透明传送比特流"表示经实际电路传送后的比特流没有发生变化，对传送的比特流来说，这个电路好像是看不见的。

数据链路层是 TCP/IP 模型的第二层，负责建立和管理节点间的链路。在计算机网络中，由于各种干扰的存在，物理链路是不可靠的。因此，这一层的主要功能是在物理层提供的比特流的基础上，通过差错控制、流量控制方法，使有差错的物理线路变为无差错的数据链路，即提供可靠的通过物理介质传输数据的方法。该层通常又被分为介质访问控制（Medium Access Control，MAC）和逻辑链路控制（Logical Link Control，LLC）两个子层。

以太网（Ethernet）是一种计算机局域网技术。1983 年，IEEE 802.3 标准确定了以太网的技术标准，它规定了包括物理层的连线、电子信号和介质访问控制（它是数据链路层的子层）协议的内容。以太网是目前应用最普遍的局域网技术，取代了其他局域网标准，如令牌环、光纤分布式数据接口（Fiber Distributed Data Interface，FDDI）和典型的令牌总线网络 ARCNET。

以太网的标准拓扑结构为总线拓扑，但目前的快速以太网（100BASE-T、1000BASE-T 标准）为了减少冲突，将能提高的网络速度和使用效率最大化，使用交换机进行网络连接和组织。如此一来，以太网的拓扑结构就成了星形；但在逻辑上，以太网仍然使用总线拓扑和载波多重访问/碰撞侦测（Carrier Sense Multiple Access/Collision Detection，CSMA/CD）的总线技术。

原来的 10BASE-5 以太网使用同轴电缆作为共享介质，而较新的以太网变体使用双绞线和光纤链路与交换机结合使用。自商业应用以来，以太网很好地保留了向后兼容性，在其发展过程中，以太网数据传输速率已从最初的 2.94Mbps 提高到最近的 400Gbps。

以太网实现了网络多个节点发送信息的想法，每个节点必须获取电缆或信道才能传送信息，以太（Ether）这个名字来源于 19 世纪的物理学家假设的电磁辐射媒体——光以太，虽然后来的研究证明光以太不存在，但这个名称保留了下来。局域网的每一个节点有全球唯一的 48 位地址，也就是制造商分配给网卡的 MAC 地址，以保证以太网上所有节点能互相鉴别。由于以太网十分普遍，许多制造商把以太网卡直接集成到计算机主板上。

通过以太网通信的系统将数据流划分为较短的部分，称为帧。每个帧都包含源地址和目标地址，以及错误检查数据，以便检测和丢弃损坏的帧，最常见的情况是更高层协议会触发丢失帧的重新传输。48 位 MAC 地址和以太网帧格式等功能对其他网络协议也有较深的影响。与以太网兼容的技术是 Wi-Fi（Wireless-Fidelity），这是一种称为 IEEE 802.11 的标准化无线协议。

2. 网络层

TCP/IP 体系中的网络层向上只提供简单灵活的、无连接的、尽最大努力交付的数据报服务。网络层不承诺服务质量，不保证分组交付的时限，进程之间的通信的可靠性由传输层负责。

网络层的核心是 IP 协议，它是 TCP/IP 协议族中最主要的协议之一。IP 协议仅提供不可靠、无连接的传送服务。IP 协议的主要功能有：无连接数据报传输、数据报路由选择和差错控制。与 IP 协议配套使用实现其功能的还有地址解析协议（Address Resolution Protocol，ARP）、逆地址解析协议（Reverse Address Resolution Protocol，RARP）、因特网控制报文协议(Internet Control Message Protocol,ICMP)、因特网组管理协议(Internet Group Management Protocol,IGMP)。

与邮政通信一样,网络通信也需要有对传输内容进行封装和注明接收者地址的操作。网络通信中的地址是有层次的,分为网络地址(IP 地址)、物理地址(MAC 地址)和端口地址。网络地址主要说明目标主机在哪个网络上；当数据传输到目的地的局域网后,主要靠物理地址来向目标主机传输数据；端口地址则指明由目标主机中的哪个应用程序接收数据。

网络地址是在网络层添加到数据包上的,IP 地址的详细内容将在 8.4 节介绍。物理地址在前面解释过了,端口地址将在应用层介绍。

3. 传输层

传输层的主要目的是在 Internet 中源主机与目的主机的对等实体间建立用于会话的端到端连接。传输层有两个协议,分别是传输控制协议(Transmission Control Protocol,TCP)和用户数据报协议(User Datagram Protocol,UDP)。

TCP 为两台主机提供高可靠性的数据通信。它所做的工作包括把应用程序交给它的数据分割成包并交给下面的网络层；还要确认接收到的数据是正确的,并且将其组装成有序的数据递交到应用层；同时还要处理超时重传、流量控制等。由于 TCP 提供了高可靠性的端到端通信,因此应用层可以更加方便地处理数据。

UDP 是 TCP/IP 协议族的一部分。UDP 的角色基本上与 TCP 相同,主要的不同之处在于 TCP 牺牲了一定的性能,提供了可靠性,而 UDP 更快,但不那么可靠。

UDP 为应用层提供一种非常简单的服务。它只是把称作数据报的分组从一台主机发送到另一台主机,但并不保证该数据报能到达另一端,因此数据的可靠性必须由应用层来提供,这就导致了应用层处理程序的困难。但是对于数据可靠性要求不高的传输通常使用 UDP 协议,如视频的播放等。

4. 应用层

应用层协议也称为高层协议,一些关键的应用层协议如下。

(1) 简单邮件传输协议(Simple Mail Transfer Protocol,SMTP)：用于指定电子邮件的传输方式的协议。

(2) 文件传输协议(File Transfer Protocol,FTP)：允许一台计算机上的用户把文件传到另一台机器或从另一台机器传回的协议。

(3) Telnet：用于从远程计算机登录一个计算机系统的协议。如果你在一台特定的计算机上拥有允许 Telnet 连接的账户,那么就可以运行采用 Telnet 协议的程序,连接并登录到这台机器,就像你坐在这台机器面前一样。

(4) 超文本传输协议(Hyper Text Transfer Protocol,HTTP)：定义 WWW 文档交换的协议。WWW 文档通常是用超文本标记语言(Hyper Text Markup Language,HTML)写成的。

我们将在第 9 章详细介绍上述协议。

这些协议都是构建在 TCP 之上的。还有些高层协议构建在 UDP 之上,主要是为了利用它提供的速度。不过,由于 UDP 的可靠性不如 TCP,所以 UDP 没有 TCP 那么流行。

有些高层协议具有特定的端口号。端口是对应于特定高层协议的数字标号。服务器和路由器利用端口号控制和处理网络通信。表 8-1 列出了常用的协议和它们的端口。有些协议(如 HTTP)具有默认的端口,但也可以使用其他端口。

表 8-1 常用协议和它们使用的端口

协 议	端 口
应答协议(ECHO)	7
文件传输协议(FTP)	21
远程登录协议(Telnet)	23
电子邮件协议(SMTP)	25
域名解析协议(DNS)	53
Gopher	70
Finger	79
超文本传输协议(HTTP)	80
邮局协议版本 3(POP3)	110
网络新闻传输协议(NNTP)	119
在线聊天系统(IRC)	6667

5. TCP/IP 协议的封装

应用程序的数据从源主机通过网络向目标主机传送时,数据将沿着协议栈从上往下,每层协议都在上层协议的基础上加上自己的头部信息(以太网还包括尾部信息),以实现该层的功能,这个过程就是封装。图 8-9 给出了 TCP/IP 协议数据封装的过程,注意这个过程只描述了使用 TCP 协议以及以太网协议的状况。

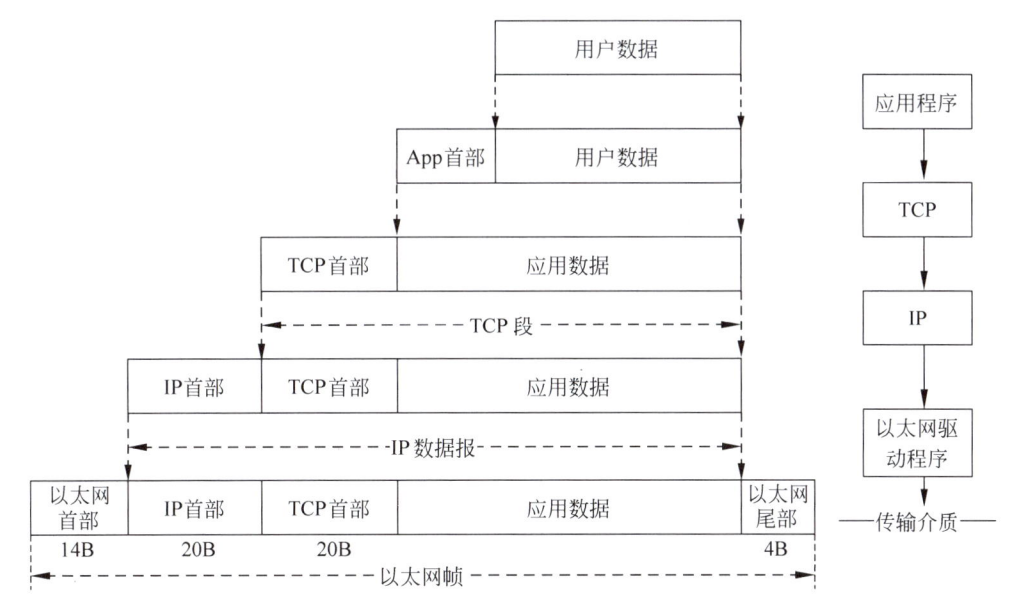

图 8-9 TCP/IP 协议数据封装的过程

源主机上封装后的数据发送到物理层,在传输介质上以比特流的形式发出,目标主机接收到封装的数据后,逐层解封(拆除封装信息)交付给上一层。解封是封装的反过程。

图 8-10 显示了 TCP/IP 各层之间的交互。当数据从 A 传输到 B 时,它可能通过许多路由器。路由器仅使用低三层。图 8-10 中,A 的应用层发出的数据向下经过几个层的封装,

在物理层通过网络媒介进行传输,路由器收到封装的帧后,解开以太网和IP包头,并根据路由选择再封装,发往第二个路由器。第二个路由器经历了与第一个路由器类似的过程,把封装的数据发送给B,B接收后从底层向上逐层解封,在应用层恢复出A发送的原始数据。

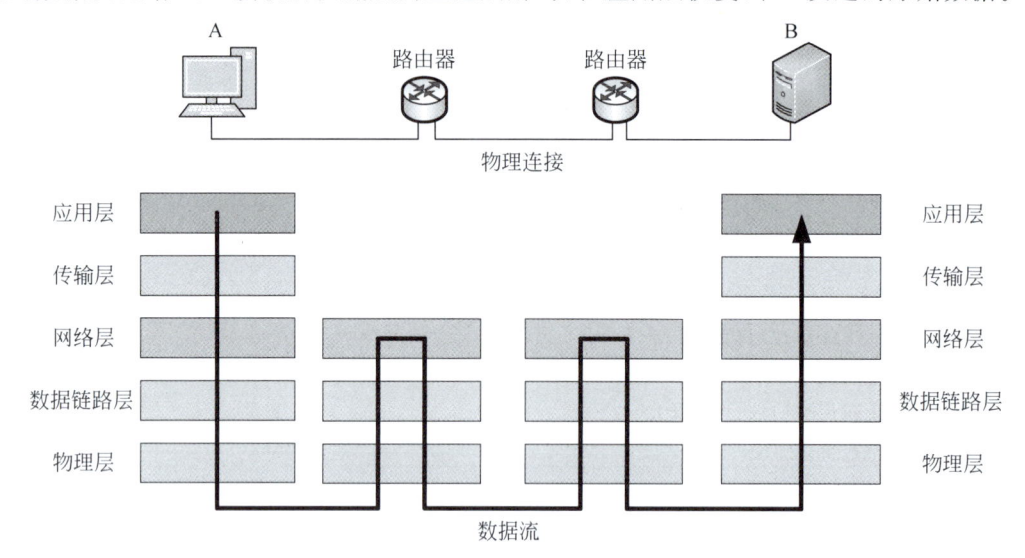

图 8-10 TCP/IP 各层之间的交互

8.4 网络地址

※读者可观看本书配套视频 13：网络地址。

8.4.1 网络地址概述

当你通过一个计算机网络进行通信时,最终都是在与世界上某处的另一台计算机通信。标识特定的机器以建立通信是一种相当复杂的机制。

主机名是 Internet 上的计算机的唯一标识,主机名通常是易读懂的单词,中间由点号分隔,如 xxgc.nxu.edu.cn 或 condor.develocorp.com。

人类在处理电子邮件地址和站点时,喜欢使用主机名,因为它们容易被理解和记忆。但是网络软件必须要把主机名翻译成对应的 IP 地址,这样更便于计算机使用。IP 地址唯一地标识出计算机所在的网络和计算机在网络中的位置。IP 地址的形式有 IPv4 和 IPv6 两种。

1. IPv4 网络地址

IPv4 的 IP 地址有 32 位,也就是 4 个字节。为了方便,每个字节用十进制数表示,中间由点号分隔。因为一个字节（8 位）可以表示 256 种状态,所以 IP 地址中的每个数字都在 0～255。图 8-11 是一个 IPv4 地址的例子。

10010100	01001110	11111010	00001100
148.	78.	250.	12

图 8-11 IPv4 地址

IPv4 的一个主要问题是它可以识别的计算机数量有限(约 40 亿台)。随着互联网用户的增加,特别是智能手机和平板计算机等移动计算设备的普及,IPv4 地址的供应不断减少。2011 年初,最后一块 IPv4 地址也被分配掉了。

可以把 IP 地址分割成网络号和主机号,网络号标识出计算机所在的网络,主机号指定了网络中的一台特定机器。如何分割 IP 地址是由它表示的网络"类"决定的。不同大小的网络具有不同的网络类。规定网络号不能以 127 开头,第 1 字节不能全为 0,也不能全为 1;主机号不能全为 0,也不能全为 1。

按照网络规模的大小,常用 IP 地址分为 A、B、C、D、E 共 5 类。

1) A 类地址

A 类 IP 地址以二进制"0"开头,第 1 字节表示网络号,第 2~4 字节表示网络中的主机号。

A 类 IP 地址最多可以表示 $2^7-2=126$ 个网络号,每个网络中最多可以有 $2^{24}-2=16777214$ 个主机号。

A 类 IP 地址的首字节取值范围为 1~126。

2) B 类地址

B 类 IP 地址以二进制"10"开头,第 1~2 字节表示网络号,第 3~4 字节表示网络中的主机号。

B 类 IP 地址最多可以表示 $2^{14}=16384$ 个网络号,每个网络中最多可以有 $2^{16}-2=65534$ 个主机号。

B 类 IP 地址的首字节取值范围为 128~191。

3) C 类地址

C 类 IP 地址以二进制"110"开头,第 1~3 字节表示网络号,第 4 字节表示网络中的主机号。

C 类 IP 地址网络数量比较多,可以有 $2^{21}=2097152$ 个网络号,每个网络中最多可以有 $2^8-2=254$ 个主机号。

C 类 IP 地址的首字节取值范围为 192~223。

4) D 类地址

D 类 IP 地址是前 4 位为"1110"的地址,全部 32 位都用来表示网络号,没有主机标识,常用于多播。D 类网络地址为 224.0.0.0~239.255.255.255。

5) E 类地址

E 类 IP 地址是前 5 位为"11110"的地址,保留用于将来和实验使用。

各类地址具体划分如图 8-12 所示。

IP 地址也可以分为公共地址(Public Address)和私有地址(Private Address)。

在一个公共网络上传输数据,必须使用公共地址,这些地址在网上是唯一的。需向 ISP 申请分配公共地址,各 ISP 都要从更上一层的地址注册机构申请。

私有地址是不能直接与 Internet 连接的地址,是为了解决公共地址短缺的问题。私有地址有下面 3 类。

(1) 1 个 A 类地址:10.0.0.0。

(2) 16 个 B 类地址:172.16.0.0~172.31.0.0。

(3) 256 个 C 类地址:192.168.0.0~192.168.255.0。

| 0 | Network(7b) | Host(24b) | A类地址 |

| 1 | 0 | Network(14b) | Host(16b) | B类地址 |

| 1 | 1 | 0 | Network(21b) | Host(8b) | C类地址 |

| 1 | 1 | 1 | 0 | 组播地址 | D类地址 |

| 1 | 1 | 1 | 1 | 0 | 保留 | E类地址 |

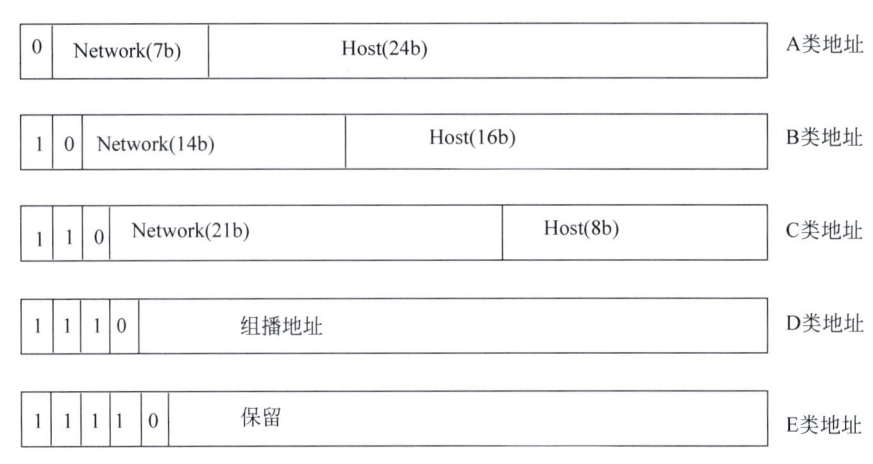

图 8-12　各类地址的划分

私有地址在内部网使用,通过代理(Proxy)或网络地址翻译系统将私有地址转换成公共地址,从而连接到 Internet。

2. IPv6 网络地址

IPv6 是 IPv4 的后续版本。IPv6 地址有 128 位,每 16 位分为一组,共 8 组。每组用 16 进制数表示,用冒号隔开,以方便管理,如 FE80:0000:0000:0000:0202:B3FF:FE1E:8329。

除了提供更多地址外,IPv6 协议还提供了一些其他功能,以改进网络流量的管理。IPv6 与 IPv4 寻址并行运行,基本上创建了两个并行网络。

8.4.2　子网掩码

现在一个 IP 地址的网络标识和主机标识已不再受限于该地址的类别,而是由一个叫作"子网掩码"的识别码通过子网网络地址细分出比 A 类、B 类、C 类更小粒度的网络。这种方式实际上就是将原来的 A 类、B 类、C 类等分类中的主机地址部分用作子网地址,可以将原网络分为多个物理网络。

子网掩码如果用二进制方式表示,也是一个 32 位的数字。它对应 IP 地址网络标识部分的位全部为"1",对应 IP 地址主机标识的部分全部为"0"。由此,一个 IP 地址可以不再受限于自己的类别,而是可以用这样的子网掩码自由地定位自己的网络标识长度。当然,子网掩码必须是 IP 地址的首位开始连续的"1"。

使用子网掩码时,可以将 IP 地址与子网掩码用两行表示。以 172.20.100.52 的前 26 位表示网络地址,后 6 位表示主机标识的情况为例,可以表示如下:

IP 地址: 172. 20. 100. 52
子网掩码:255. 255. 255. 192

注意该子网掩码,十进制 255 的二进制表示是 11111111,十进制 192 的二进制表示是 11000000,这样子网掩码的二进制数的前 26 位都为 1。

8.5　家庭上网方式

家庭上网主要以有线上网方式为主,有线上网方式的特点是传输速率快、信号稳定、价格便宜。目前有线上网方式主要分为电话线拨号上网、非对称数字用户线路(Asymmetric

Digital Subscriber Line,ADSL)宽带上网、小区宽带上网、有线通上网、光纤入户等。其中，后 4 种方式为宽带上网方式，速度比较快。电话线拨号上网方式比较简单，只要有电话线就可以，但速度较慢，已逐渐淘汰。

1. 电话线拨号上网方式

电话线拨号上网方式是个人用户最早采用的上网方式，速度较慢，网速一般只有 36kbps 或 54kbps。要通过电话线拨号上网，需要有调制解调器(Modem)。

2. ADSL 宽带上网方式

ADSL 是由电信承办的一种宽带接入方式。

在安装方面，ADSL 可直接利用现有的电话线路，信号通过 ADSL MODEM 后进行数字信息传输。因此，凡是安装了电话的用户都具备安装 ADSL 的基本条件，用户只要到当地电话局开通即可。如图 8-13 所示为 ADSL 宽带上网方式示意图。

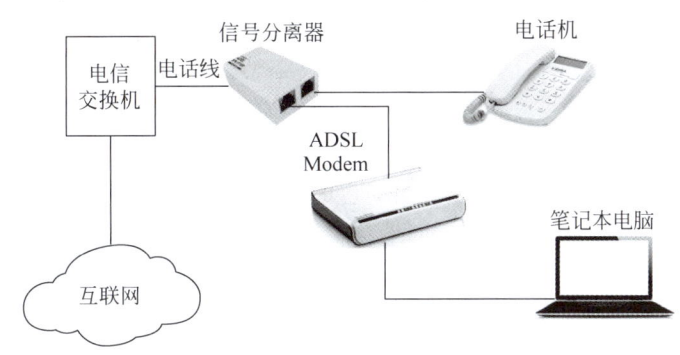

图 8-13 ADSL 宽带上网方式示意图

ADSL 的最大理论上行速率可达到 1Mbps，下行速率可达到 8Mbps，但目前国内电信为普通家庭用户提供的实际速率分为下行 512kbps、1Mbps、1.5Mbps、2Mbps 等几种。这里的传输速率为用户独享带宽，因此不必担心多家用户在同一时间使用 ADSL 会造成网速变慢。

3. 小区宽带上网方式

所谓的小区宽带(FTTX+LAN，即光纤+局域网)，一般指的是 LAN 宽带，即光纤到小区。网络服务商采用光纤接入到楼或小区，再通过网线接入用户家，为整幢楼或小区提供共享带宽(通常是 10Mbps)。这意味着如果在同一时间上网的用户较多，网速会变慢。即便如此，小区宽带多数情况下平均下载速率仍高于 ADSL。

这种宽带接入通常由小区出面申请安装，网络服务商不受理个人服务。用户可询问所居住小区网管或直接询问当地网络服务商是否已开通本小区宽带。这种接入方式对用户设备要求最低，只需一台有网卡的计算机即可。

4. 有线通上网方式

这是与前面 3 种完全不同的接入方式，它直接利用现有的有线电视网络，并稍加改造，便可利用闭路线缆的一个频道进行数据传送，而不影响原有的有线电视信号传送，其理论传输速率可达到上行 10Mbps，下行 40Mbps。

安装前，用户可询问当地有线网络公司是否可开通有线通服务。设备方面，需要一台 Cable Modem。尽管有线通的理论传输速率很高，但一个小区或一幢楼通常只开通 10Mbps

带宽,同样属于共享带宽。

5. 光纤入户

光纤接入网采用光纤作为主要的传输媒体来取代传统的双绞线。由于光纤上传送的是光信号,因而需要在交换局将电信号进行电光转换变成光信号后再在光纤上进行传输,在用户端则要利用光网络单元再进行光电转换恢复成电信号后送至用户设备。光纤入户方式网速很快,目前已成为家庭上网的主要方式。

8.6 网络互联

网络互联是指局域网与广域网自身或相互之间的联通和互操作的能力。这种互操作指的是互联网上一个网络的用户和另一个网络的用户可以透明地交换信息,而忽略这两个网络上的硬件和软件差异。

8.6.1 传输介质

1. 双绞线

双绞线是由两条相互绝缘的导线按照一定的规格互相缠绕(一般以逆时针缠绕)在一起而制成的一种通用配线,属于信息通信网络传输介质。双绞线既可以用来传输模拟信号,又能传输数字信号。双绞线是综合布线工程中最常用的一种传输介质,线及末端接头如图8-14所示。

双绞线是由一对相互绝缘的金属导线绞合而成的,采用这种方式,不仅可以抵御一部分来自外界的电磁波干扰,还可以降低多对绞线之间的相互干扰。实际使用时,双绞线是由多对

图 8-14 双绞线及末端 RJ45 接头

双绞线一起包在一个绝缘电缆套管里的,线的末端接以 RJ45 接头。典型的双绞线有一对的,有4对的,也有更多对双绞线放在一个电缆套管里的,所有这些被称为双绞线电缆。

双绞线可分为 1 类线(CAT1)、2 类线(CAT2)、3 类线(CAT3)、4 类线(CAT4)、5 类线(CAT5)、超 5 类线(CAT5e)、6 类线(CAT6)、超 6 类线(CAT6e)、7 类线(CAT7)。类型数字越大的技术越先进,带宽也越宽,当然价格也越贵。

常用的双绞线有 3 类线、5 类线、超 5 类线以及 6 类线。3 类线最高传输速率为10Mbps,主要应用于语音、10Mbps 以太网(10BASE-T)和 4Mbps 令牌环。5 类线最高传输率为 100Mbps,主要应用于 100BASE-T 网络。超 5 类线主要用于千兆位以太网(1000Mbps)。6 类线的传输性能高于超 5 类标准,最适合传输速率高于 1000Mbps 的应用。

2. 光纤

光纤的完整名称叫作光导纤维(Optic Fiber),它是一种由玻璃或塑料制成的纤维,可作为光传导工具,传输原理是"光的全反射",数据在其中可以以光速传播。

微细的光纤封装在塑料护套中,使得它能够弯曲而不至于断裂。通常,光纤一端的发射装置使用发光二极管或一束激光将光脉冲传送至光纤,光纤另一端的接收装置使用光敏元件检测脉冲。

由于光在光导纤维的传导损耗比电在电线传导的损耗低得多，因此光纤被用作长距离的信息传递。

通常光纤与光缆两个名词会被混淆。多数光纤在使用前必须由几层保护结构包覆，包覆后的缆线即为光缆。光纤外层的保护层和绝缘层可防止周围环境对光纤的伤害，如水、火、电击等。

按照传输模式分类，可以将光纤分为单模光纤和多模光纤。单模光纤只能传一种波长的光，因此其模间色散很小，适用于远程通信。多模光纤传输的光信号不止一种波长，但其模间色散较大，这就限制了传输数字信号的频率，而且随距离的增加模间色散会更严重。图 8-15 是常见的单模光纤和多模光纤。

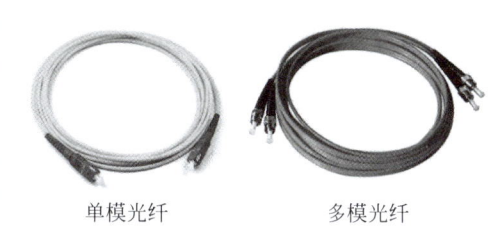

图 8-15　单模光纤和多模光纤

3. 无线介质

无线网络采用无线电波传输数据，可由无线电收发器（无线网卡）进行数据的发送与接收。

相比于有线网络，无线网络的优点是可移动性强，设备可在网络覆盖范围内随意移动，减少了线缆的使用，工作空间更整洁。

由于无线信号是在空气中进行传播的，这也带来了如下的缺点：速度较慢；覆盖范围易受限制；信号容易被窃听，有安全隐患；只能使用特定的公用频率（2.4GHz、5.8GHz），可能产生信号干扰。

1）蓝牙

蓝牙（Bluetooth）是一种短距离的无线网络技术，可在两个具有蓝牙功能的设备间建立连接。蓝牙使用 2.4GHz 频段，目前大多数计算机都内置了蓝牙功能。

蓝牙通常不用来建立局域网，而是主要用来将鼠标、键盘、耳机等设备连接到计算机，从而省去它们之间的连接线。

典型的蓝牙 3.0 规范的数据传输速度只有 24Mbps，覆盖范围只有 10m。蓝牙 4.0 规范将覆盖范围提升到了约 100m，不过还未普遍商用。

蓝牙通过一个"配对"的过程建立连接。可以将具有蓝牙功能的设备设置为发现模式，两个处于发现模式的设备可以互相发现对方并进行配对。配对过程中会交换一个认证码，当双方通过认证后就会建立持续的连接。

2）Wi-Fi

Wi-Fi（无线保真）是在 IEEE 802.11 标准中定义的无线网络技术，通常使用 2.4GHz 或 5GHz 的频率进行数据传输。Wi-Fi 兼容以太网，因此可以在一个网络中同时使用这两种技术。

Wi-Fi 可分为以下 5 代。

第一代：802.11 标准，工作频率 2.4GHz，最高传输速率为 2Mbps。

第二代：802.11b 标准，工作频率为 2.4GHz，最高传输速率为 11Mbps。

第三代：802.11g/a 标准，其中 802.11a 工作频率为 2.4GHz，802.11g 工作频率为 5GHz，最高传输速率为 54Mbps。

第四代：802.11n 标准，可在 2.4GHz 和 5GHz 两个频段工作，目前业界主流传输速率为 300Mbps，理论上最高传输速率为 600Mbps。

第五代：802.11ac 标准，工作频率为 5GHz，理论最高传输速率可达 3.6Gbps。

8.6.2　网络互联设备

为了扩展网络传输距离以及方便网络设备连接，网络互联设备必不可少。两个网络互联时，它们的差异可以表现在 OSI 7 层模型之中的任意一层上。根据它们实施接续所在的层，网络互联设备通常分为如表 8-2 所示的 4 种类型。要搞清它们的区别，最容易的方法是将它们与 OSI 7 层模型对照，看它们是在 OSI 的哪一层实现的。

表 8-2　网络互联设备的类型

OSI 层	互联设备	用途
物理层	中继器、集线器	在电缆段间复制比特流
数据链路层	网桥、第二层交换机	在 LAN 间存储转发帧
网络层	路由器、第三层交换机	在不同网间存储转发包
传输层以上	网关	提供不同体系间互联接口

1. 中继器

网络连接最简单的设备就是中继器，中继器在物理层上透明地复制二进制位以补偿信号的衰减，将再生信号发送到网络的其他分支上，提供电流以实现长距离传输。中继器工作在 OSI 模型的物理层，只能用来连接具有相同物理层协议的 LAN。中继器主要用于扩充 LAN 电缆段的距离限制，例如，由于 10BASE-5 粗以太网收发器只能提供 500m 的驱动能力，而介质访问控制协议允许粗以太网电缆最长为 2.5km，这样每 500m 之间就可以利用中继器来连接。但是中继器不具备检错和纠错的功能，因此错误的数据经中继器后，仍被复制到另一电缆段的中继器。中继器现在已被淘汰。

2. 集线器

集线器（Hub）是一种特殊的中继器，它的主要功能是对接收到的信号进行再生整形放大，以扩大网络的传输距离，同时把所有节点集中在以它为中心的节点上。集线器工作于 OSI 参考模型第一层，即物理层。集线器的每个接口简单地收发比特，收到 1 就转发 1，收到 0 就转发 0，不进行碰撞检测。

集线器属于纯硬件网络底层设备，基本上不具有类似于交换机的智能记忆能力和学习能力。它也不具备交换机所具有的 MAC 地址表，所以它发送数据时都是没有针对性的，而是采用广播方式。也就是说，当它要向某节点发送数据时，不是直接把数据发送到目的节点，而是把数据包发送到与集线器相连的所有节点。

集线器是一个多端口的转发器，当以集线器为中心设备时，网络中某条线路产生了故障，并不影响其他线路的工作。所以集线器在局域网中得到了广泛的应用。大多数时候它用在星形与树形网络拓扑结构中，以 RJ45 接口与各主机相连（也有 BNC 接口）。集线器实物如图 8-16 所示。

3. 网桥

网桥（Bridge）是一种在数据链路层实现的连接 LAN 的存储转发设备，它独立于高层协议。网桥通过数据链路层的逻辑链路控制子层来选择子网路径，它接收完整的链路层帧并

(a) 8口集线器　　　　　　　(b) 16口集线器

图 8-16　集线器

对帧进行校验后,查看介质存取控制层的源和目的 MAC 地址以决定该帧的去向。网桥在转发一帧前可以对其做一些修改,如在帧头加入或删除一些字段。由于网桥与高层协议无关,原则上网桥可以连接不同的网络。但在实际应用中,网桥只连接具有相同网络操作系统的 LAN,因为如果高层协议不一致,即便用网桥连接起来,应用程序也不能交换信息。

和中继器相比,网桥具有以下特点。

(1) 可以实现不同类型 LAN 的互联。例如,可以用网桥把以太网和令牌环网络相连。

(2) 可以实现更大范围 LAN 的互联。由于中继器受介质访问控制定时特性的限制,一般只能将一定距离内的以太电缆相连。而工作在链路层的网桥不受介质访问控制定时特性的限制,可连接的距离几乎不限。目前一种流行的桥接方式为桥接主干网络,利用网桥将多个 LAN 连到一个高速主干网络上。

(3) 有过滤功能,可隔离错误,提高网络性能。

(4) 引入网桥可以提高 LAN 的安全性。LAN 普遍采用广播式通信方式,一个站点发送的信息,其他站点都能收到。如果在一些重要的部门(如银行财务系统),安全保密问题就显得比较突出。引入网桥可将重要部门的电缆段与其他部门隔离开,提高了网络的安全性。

4. 交换机

传统交换机(Switch)其实是更先进的网桥,它除了具备网桥的所有功能外,还通过在节点或虚电路间创建临时逻辑连接,使得整个网络的带宽得到最大化的利用。

通过交换机连接的网段内的每个节点,都可以使用网络上的全部带宽进行通信,而不是各个节点共享带宽。

交换机与集线器都是数据传输的枢纽,在外观上几乎没有区别,但它们的工作原理有很大差别。集线器是一个共享设备,主要提供信号放大和中转的功能,它把一个端口接收的所有信号向所有端口分发出去。交换机是一种基于 MAC 地址识别,能完成封装转发数据包功能的网络设备。它通过对信息进行重新生成,并经过内部处理后转发至指定端口,具备自动寻址能力和交换作用。

传统的交换机工作在 OSI 第二层(数据链路层),为了明确起见,称为第二层交换机。有的交换机还具备一些新的功能,在 OSI 网络模型中的第三层(网络层)实现了数据包的高速转发,这就是第三层交换机所具有的功能。所谓第三层交换机就是具有部分路由器功能的交换机。

5. 路由器

路由器(Router)是在网络层对分组信息进行存储转发,实现多个网络互联的设备,用于连接多个逻辑上分开的网络。逻辑网络是指一个单独的网络或子网。当数据从一个子网传输到另一个子网时,可通过路由器来完成。

与网桥和交换机使用帧中的MAC地址转发帧相比较,路由器是通过数据包中的网络层地址(IP地址)来转发数据包的,因此,在用路由器连接的网络上,源节点不需要知道目的节点的MAC地址也能够找到它。

路由器的内存中存有一个表,称为路由表(Routing Table),其中记录的是数据包地址(网络层地址)和物理端口号的对应关系。路由器根据路由表来转发数据包,如果包中的目标地址与源地址在同一个网段内,路由器就将数据流限制在那个网段内,不转发数据包;如果目标地址在另一个网段,路由器就把包发送到与目标网段相对应的物理端口上。

6. 网关

网关(Gateway)工作在OSI的高三层,用于连接具有不同寻址机制、不兼容的协议、不同结构和不同数据格式的网络,组成异构的互联网。网关的应用目的是实现互联、互通和应用的互操作性。从某种意义上来说,网关是一种概念,或一种功能的抽象,网关依赖于用户的具体应用。通用的网关,可以是配置一定软件系统的通用计算机,也可以是为特定的网络协议转换和路由选择算法设计的专用计算机。

网关除了具有路由器的全部功能外,还为网络间不同协议提供转换功能。网关通过使用适当的硬件和软件,来实现不同网络协议之间的转换功能,硬件提供不同网络的接口,软件实现不同网络之间的转换。

8.7 小结

网络是一组连接在一起以共享资源和数据的计算机。网络技术注重的是底层协议和数据传输率。随着人们对网络的依赖不断提高,出现了客户/服务器模型这种重要的软件技术。

通常根据网络的作用范围对网络分类。局域网(LAN)覆盖一个小的地理区域以及相对较少的互联设备。广域网(WAN)覆盖较大的地理区域。城域网(MAN)是专为城市设计的。LAN拓扑技术包括环形拓扑、星形拓扑和总线拓扑。以太网已经成为局域网的标准。

OSI参考模型将网络分为7层,TCP/IP模型将网络分为5层。

Internet上传输的消息被分割成了包,每个包将被独立传送到目的地,所有包在目的地被重新组合成原始消息。在到达目的地之前,包可能会在网络中进行多次中转。

网络协议也有分层,高层协议由低层协议支持。IP协议和软件负责包的路由。TCP协议和软件负责把消息分割成包以及把包重组为消息,还要处理发生的错误。

Internet骨干网是由不同公司提供的一组高速网络。Internet服务提供商(ISP)直接连接到骨干网或连接到其他的ISP,为家用计算机和商业计算机提供网络连接。常用的家庭网络连接技术包括电话拨号上网、ADSL宽带上网、小区宽带上网、有线通上网、光纤入户等。

网络传输介质有双绞线、光纤及无线传输,无线传输技术包括蓝牙、Wi-Fi。

网络互联设备工作在OSI 7层模型的某些层,功能和应用场合也大不相同。中继器、集线器工作在物理层,功能是在电缆段间复制比特流;网桥、交换机工作在数据链路层,功能是在LAN间存储转发帧;路由器工作在网络层,功能是在不同网间存储转发包;网关工作在传输层以上,提供不同体系间的互联接口。

8.8 习题

1. 名词解释

① 计算机网络　　② 节点　　　　③ 数据传输率　　④ 协议
⑤ 网络拓扑　　　⑥ 互联网　　　⑦ 因特网　　　　⑧ ISP
⑨ 包交换　　　　⑩ 以太网　　　⑪ 端口　　　　　⑫ IPv4
⑬ IPv6　　　　　⑭ 数据封装

2. 问答题

(1) 计算机网络按照范围可分为哪几类？
(2) 计算机网络分为哪几种拓扑结构？
(3) 网络协议为什么要分层？OSI 模型将网络分为哪几层？
(4) TCP/IP 协议将网络分为哪几层？简述各层的功能。
(5) 常用的应用层协议有哪些？
(6) IPv4 网络地址分为哪几类？
(7) IPv4 网络有哪些私有地址？
(8) 什么是子网掩码？它有什么作用？
(9) 有哪些上网方式？它们有什么特点？
(10) 有哪些网络传输介质？简述之。
(11) 网络互联设备有哪些？它们的特点是什么？

第 9 章 因特网应用

CHAPTER 9

因特网（Internet）是全球互联的计算机网络系统，它使用 TCP/IP 协议将世界各地的网络设备连接起来。它是一个从本地到全球范围，由私人、公共、学术、商业和政府网络组成的网络。因特网承载着广泛的信息资源和服务，如万维网（WWW）、电子邮件、远程登录、文件传输等，本章简要讨论这些应用。

本章学习目标如下。
- 了解因特网的起源及发展。
- 掌握电子邮件的工作原理。
- 掌握 FTP 的工作原理。
- 掌握远程登录 Telnet 的工作原理。
- 理解域名系统。
- 掌握 HTML 基本语法。

9.1 因特网概述

9.1.1 因特网的起源及发展

20 世纪 50 年代末，正处于冷战时期。美国军方决定要建立一个网络系统，即使部分节点被摧毁，其余部分仍能保持通信联系。为此，美国国防部的高级研究计划局（Advanced Research Projects Agency，ARPA）建设了一个军用网，叫作"阿帕网"（ARPAnet）。阿帕网于 1969 年正式启用，当时仅连接了 4 台计算机，供科学家进行计算机联网实验用，这就是因特网的前身。

到了 20 世纪 70 年代，ARPAnet 已经有了几十个计算机网络，但是每个网络内的计算机只能在网络内部互联通信，不同计算机网络之间仍然不能互通。为此，ARPA 又设立了新的研究项目，想用一种新的方法将不同的计算机局域网互联，形成"互联网"。研究人员称之为 internetwork，简称 Internet，这个名词就一直沿用到现在，中文翻译为因特网。

1986 年，美国国家科学基金会（National Science Foundation，NSF）将分布在美国各地的 5 个为科研教育服务的超级计算机中心互联，并支持地区网络，形成了 NSFnet。1988 年，NSFnet 替代 ARPAnet 成为因特网的主干网。NSFnet 主干网利用了在 ARPAnet 中已证明是非常成功的 TCP/IP 技术，准许各大学、政府或私人科研机构的网络加入。1989 年，

ARPAnet 解散,因特网从军用转向民用。

20 世纪 90 年代初,商业机构开始进入因特网,成为因特网大发展的强大推动力。1995 年,NSFnet 停止运作,因特网彻底商业化。这一时期,由 CERN 研发的万维网(WWW)被广泛使用在因特网上,大大方便了广大非网络专业人员对网络的使用,这也成为因特网指数级增长的主要驱动力。

9.1.2　中国因特网的发展

1987 年 9 月 20 日,北京向世界发出第一封电子邮件,从这一天到 1993 年,算是中国因特网的研究实验阶段。这一时期,中国因特网的应用仅限于在一些科研机构及高校开通了电子邮件服务。

第二阶段从 1994 年开始,标志是 1994 年 4 月,由中国科学院、北京大学、清华大学及国内其他科研教育单位组成的中国国家计算与网络设施(National Computing and Networking Facility of China,NCFC)正式开通了与国际因特网的 64K 专线连接。自此以后,中国又于 1995 年 11 月建成了中国教育和科研计算机网(China Education and Research Network,CERNET),于 1996 年建成了中国公用计算机互联网(ChinaNet),于 1996 年 9 月正式开通了中国金桥网(China Golden Bridge Network,ChinaGBN)。这一阶段算是中国因特网的起步阶段,网络应用场景基本上除了门户网站、网络论坛外,就是个别软件下载网站。

第三阶段从 1998 年开始,进入井喷发展阶段。截止到 2017 年底,我国网民规模达到 7.72 亿人,较上年新增 4074 万人,互联网普及率达到 55.8%,因特网已经成为我们日常生活不可或缺的一部分。

9.1.3　互联网与因特网的区别

互联网(internet)、因特网(Internet)、万维网(WWW)是 3 个容易混淆的概念,在很多书籍里不进行区分,读者容易产生困惑。

互联网、因特网、万维网三者的关系是:互联网包含因特网,因特网包含万维网。互联网范围最大,万维网范围最小。

凡是能彼此通信的设备组成的网络就叫互联网。所以,即使仅有两台机器,不论用何种技术使其彼此通信,也叫互联网。国际标准的互联网写法是 internet,字母 i 要小写。

因特网是互联网的一种,是由上千万台设备组成的互联网。因特网使用 TCP/IP 协议让不同的设备可以彼此通信。但使用 TCP/IP 协议的网络并不一定是因特网,一个局域网也可以使用 TCP/IP 协议。判断自己接入的是否是因特网,首先要看自己的计算机是否安装了 TCP/IP 协议,其次看是否拥有一个公共地址(或私有地址通过公共地址外联)。国际标准的因特网写法是 Internet,字母 I 要大写。

万维网是基于 TCP/IP 协议实现的。TCP/IP 协议族由很多协议组成,不同类型的协议被放在不同的层,其中,位于应用层的协议有很多,如 FTP、SMTP、HTTP。只要应用层使用的是 HTTP 协议,就称为万维网。我们之所以在浏览器里输入网址时,能看见某网站提供的网页,就是因为个人浏览器和某网站的服务器之间使用的是 HTTP 协议。

9.2 电子邮件

电子邮件(E-mail)是因特网应用最广的服务,它允许用户在因特网上的各主机间发送消息,也允许用户接收因特网上其他用户发来的消息(或称邮件),即利用 E-mail 可以实现邮件的接收和发送。通过网络的电子邮件系统,用户可以用非常低廉的价格,以非常快速的方式,与世界上任何一个角落的网络用户联络,这些电子邮件可以是文字、图像、声音等各种方式。电子邮件来源于专有电子邮件系统,早在因特网流行以前很久,电子邮件就已经存在了。

9.2.1 电子邮件系统有关协议

1. SMTP

简单邮件传输协议(Simple Mail Transfer Protocol,SMTP)是因特网上传输电子邮件的标准协议,用于提交和传送电子邮件,它规定了主机之间传输电子邮件的标准交换格式和邮件在链路层上的传输机制。SMTP 通常用于把电子邮件从客户机传输到服务器,以及从某一服务器传输到另一个服务器。

2. POP3

邮局协议(Post Office Protocol,POP)是因特网上传输电子邮件的第一个标准协议,也是一个离线协议。它提供信息存储功能,负责为用户保存收到的电子邮件,并且从邮件服务器上下载取回这些邮件。POP3(POP 协议版本 3)为客户机提供了发送信任状(用户名和口令),这样就可以规范对电子邮件的访问。

3. IMAP4

当电子邮件客户机软件在慢速网络(如通过电话线访问互联网和电子邮件)的计算机上运行时,第 4 版网际消息访问协议(Internet Message Access Protocol 4,IMAP4)比 POP3 更适用。使用 IMAP4 时,用户可以有选择地下载电子邮件,甚至只下载部分邮件,因此,IMAP4 比 POP3 更加复杂。

4. MIME

因特网上的 SMTP 传输机制是以 7 位二进制编码的 ASCII 码为基础的,适合传送文本邮件。而声音、图像、中文等使用 8 位二进制编码的电子邮件需要进行 ASCII 转换(编码)才能在因特网上正确传输。

多用途的网际邮件扩展(Multipurpose Internet Mail Extensions,MIME)增强了电子邮件报文的能力,允许传输二进制数据。MIME 编码技术用于将数据从 8 位都使用的格式转换成使用 7 位的 ASCII 码格式。

9.2.2 电子邮件工作原理

电子邮件的工作过程遵循客户/服务器模式。每封电子邮件的发送都涉及发送方与接收方,发送方构成客户端,接收方构成服务器,服务器含有众多用户的电子信箱。发送方通过邮件客户程序,将编辑好的电子邮件向邮局服务器(SMTP 服务器)发送。邮局服务器识别接收者的地址,并向管理该地址的邮件服务器(POP3 服务器)发送消息。邮件服务器将消息存放在接收者的电子信箱内,并告知接收者有新邮件到来。接收者通过邮件客户程序连接到服务器后,就会看到服务器的通知,进而打开自己的电子信箱查收邮件。

通常因特网上的个人用户不能直接接收电子邮件,而是通过申请 ISP 主机的一个电子信箱,由 ISP 主机负责电子邮件的接收。一旦有电子邮件到来,ISP 主机就将邮件移到用户的电子信箱内,并通知用户有新邮件。因此,当发送一条电子邮件给另一个用户时,电子邮件首先从发信人计算机发送到 ISP 主机,再到因特网,再到收信人的 ISP 主机,最后到收信人的个人计算机。

ISP 主机起着"邮局"的作用,管理着众多用户的电子信箱。每个用户的电子信箱实际上就是用户所申请的账号名。每个用户的电子邮件信箱都要占用 ISP 主机一定容量的硬盘空间,由于这一空间是有限的,因此用户要定期查收和阅读电子信箱中的邮件,以便腾出空间来接收新的邮件。

电子邮件在发送与接收过程中都要遵循 SMTP、POP3 等协议,这些协议确保了电子邮件在各种不同系统之间的传输。其中,SMTP 负责电子邮件的发送,POP3 则用于接收因特网上的电子邮件。

9.2.3 电子邮件的使用

电子邮件可以分为两种使用方式:浏览器方式和客户端软件方式。

使用浏览器软件访问电子邮件服务商的电子邮件系统网址,在该电子邮件系统网址上,输入用户名和密码,进入用户的电子邮件信箱,然后处理用户的电子邮件。这样,用户无须准备特别的软件,只要浏览互联网,即可享受到电子邮件服务商提供的电子邮件服务。

客户端软件方式是指用户使用一些安装在个人计算机上的支持电子邮件基本协议的软件产品,完成电子邮件功能,如 Microsoft Outlook Express、Netscape Navigator 等。利用这些客户端软件可以进行远程电子邮件操作,同时处理多个账号的电子邮件。

9.3 FTP

文件传输协议(File Transfer Protocol,FTP)是一种标准网络协议,用于在计算机网络上的客户端和服务器之间传输计算机文件。FTP 协议在 TCP/IP 协议族中属于应用层协议,使用 TCP 端口 20 和 21 进行传输。端口 20 用于传输数据,端口 21 用于传输控制消息。FTP 用户可以使用明文登录协议(通常以用户名和密码的形式)对自己进行身份验证,但如果服务器配置为允许,则可以匿名连接。虽然目前多数用户在通常情况下选择使用 E-mail 和 Web 传输文件,但是 FTP 仍然有着比较广泛的应用。

用户联网的首要目的就是实现信息共享,文件传输是信息共享非常重要的内容之一。我们知道计算机网络是一个非常复杂的计算机环境,这些计算机可能运行不同的操作系统。基于不同的操作系统有不同的 FTP 应用程序,而所有应用程序都遵守同一种协议,这样用户就可以把自己的文件传送给别人,或者从其他的用户环境中获得文件。

与大多数因特网服务一样,FTP 也是一个客户/服务器系统。设备支持 FTP 协议有两种方式:设备作为 FTP 客户端或作为 FTP 服务器。用户通过一个支持 FTP 协议的客户机程序登录服务器端,登录成功建立连接后获得相应的权限,可上传或下载文件。其基本过程是客户机程序向服务器程序发出命令,服务器程序执行用户所发出的命令,并将执行的结果返回到客户机。例如，用户发出一条命令，要求服务器向用户传送某一个文件的一份备份，服务器会响应这条命令，将指定文件送至用户的机器上。客户机程序代表用户接收到这个文件，将其存放在用户目录中。

FTP 客户端程序可以是操作系统自带的，也可以是下载的其他软件。这类软件有字符界面的，也有图形界面的。

启动 FTP 客户程序工作的另一途径是使用浏览器，用户只需要在地址栏中输入如下格式的 URL 地址，其中方括号中是可选项。

ftp://[用户名：口令@]FTP 服务器域名或 IP 地址:[端口号]

通过浏览器启动 FTP 的方法速度较慢，而且不支持所有的 FTP 功能。

FTP 服务器既可以使用操作系统自带的功能进行安装配置，也可以使用专门的软件。常见的软件有 Server-U、FileZilla、VsFTP 等。

9.4 Telnet

Telnet(Terminal Network)协议是 TCP/IP 协议族应用层的协议，是因特网远程登录服务的标准协议和主要方式。Telnet 可以让我们坐在自己的计算机前通过网络登录到另一台远程计算机上，这台计算机可以在隔壁的房间里，也可以在地球的另一端。登录到远程计算机后，本地计算机就等同于远程计算机的一个终端，我们可以用自己的计算机直接操纵远程计算机，享受远程计算机本地终端同样的操作权限。

使用 Telnet 必须输入用户名和密码登录服务器。"登录"的概念是从分时系统来的，分时系统允许多个用户同时使用一台计算机，为了保证系统的安全和记账方便，系统要求每个用户有单独的账号作为登录标识，系统还为每个用户指定了一个口令。用户在使用该系统之前要输入标识和口令，这个过程被称为"登录"。远程登录是指用户使用 Telnet 命令，使自己的计算机暂时成为远程主机的一个仿真终端的过程。仿真终端等效于一个非智能的机器，它只负责把用户输入的每个字符传递给主机，再将主机输出的每个信息回显在屏幕上。

当我们使用 Telnet 登录进入远程计算机系统时，事实上启动了两个程序：一个是 Telnet 客户程序，运行在本地主机上；另一个是 Telnet 服务器程序，它运行在要登录的远程计算机上。

本地主机上的 Telnet 客户程序主要完成以下功能。

(1) 建立与远程服务器的 TCP 连接。
(2) 从键盘上接收本地输入的字符。
(3) 将输入的字符转换成标准格式并传送给远程服务器。
(4) 从远程服务器接收输出的信息。
(5) 将该信息显示在本地主机屏幕上。

远程主机的"服务"程序通常被称为"精灵"，它平时不声不响地守候在远程主机上，一接到本地主机的请求，就会立刻活跃起来，并完成以下功能。

(1) 通知本地主机，远程主机已经准备好了。
(2) 等候本地主机输入命令。
(3) 对本地主机的命令做出响应(如显示目录内容或执行某个程序等)。

(4) 把执行命令的结果送回本地计算机显示。
(5) 重新等候本地主机的命令。

9.5 域名系统

域名用于识别和定位互联网上的计算机，与该计算机的 IP 地址相对应。相对于 IP 地址，域名更便于使用者理解和记忆。

域名在网站的建设和推广中占有非常重要的地位，是网站最重要的资源，好域名有利于树立良好的企业形象，有利于产品和服务的推广。域名谁先注册谁得，由于域名的唯一性，好域名成为稀缺资源，进而产生比域名注册费用更高的增值价值。

9.5.1 域名规则

域名是通过向域名管理机构申请合法得到的。完整的域名由至少两部分组成，各个部分之间用"."分隔。例如：

- 21bj.com
- ruc.com.cn
- yahoo.co.uk
- www.nxu.edu.cn

在完整的域名中，最右一个"."的右边部分称为顶级域名或一级域名。顶级域名左边的部分称为二级域名，二级域名的左边部分称为三级域名，三级域名的左边部分称为四级域名，以此类推。表 9-1 列出了部分顶级域名。

表 9-1 部分顶级域名

顶级域名	含 义	顶级域名	含 义
com	商业机构	net	网络服务机构
org	非营利组织	gov	政府机构
edu	教育机构	biz	商业机构
info	信息提供	cn	中国
us	美国	uk	英国
hk	中国香港	tw	中国台湾
mo	中国澳门	gu	关岛
li	列支敦士登	公司/网络/中国等	中文顶级域名

需要注意的是，网站的顶级域名与网站的功能并不一定一致。例如，个人也可注册 net 域名，即并不是所有的 net 域名都是网络服务机构。

1) 顶级域名

顶级域名由互联网名称与数字地址分配机构（International Corporation for Assigned Names and Numbers，ICANN）批准设立，顶级域名又分为通用和地域两大类。

通用顶级域名原来有 7 个，其中，com、net 和 org 通用顶级域名向所有用户开放注册；而 int、edu、gov、mil 由于历史原因，一般仅限美国的相关机构专用。

地域顶级域名用两个字母缩写来表示国家和地区。例如，cn 代表中国，uk 代表英国，

hk 代表中国香港，tw 代表中国台湾，eu 代表欧盟。

2）二级域名

在完整的域名中，顶级域名的左边部分称为二级域名，命名规则由相对应的顶级域名管理机构制定，并由相应的机构管理。

例如，域名 yahoo.com 中，二级域名 yahoo 列在 com 顶级域名数据库中。

com 顶级域名下的二级域名数据库由美国 Verisign 公司负责管理和维护，通过 ICANN 认证的注册商可以注册 com 下的二级域名。

3）三级域名

在完整的域名中，二级域名的左边部分称为三级域名，由相应的二级域名所有人来管理。管理者可以是专门的域名管理机构，也可能是公司或个人。

例如，域名 yahoo.com.cn 中，三级域名 yahoo 列在 com.cn 这个二级域名的下级域名数据库中，而这个数据库由中国互联网络信息中心（China Internet Network Information Center，CNNIC）管理和维护。

中国的顶级域名是 cn。cn 预设 com.cn、net.cn、org.cn、gov.cn、edu.cn、ac.cn 等 6 个通用二级域名和 bj.cn（北京）、sh.cn（上海）、js.cn（江苏）、tw.cn（中国台湾）等 34 个行政区的地域二级域名。

注册人可以直接注册 cn 下的二级域名，也可以注册上述预设二级域名下属的三级域名。edu.cn 下的三级域名只能由教育机构向教育网申请。图 9-1 给出了域名层次结构的例子。

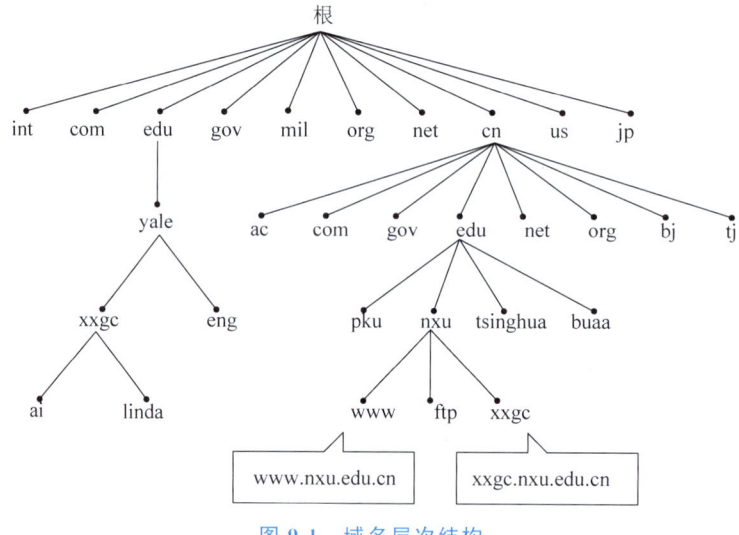

图 9-1 域名层次结构

9.5.2 域名与 IP 地址解析

※读者可观看本书配套视频 14：域名解析。

域名系统的提出为 TCP/IP 互联网用户提供了极大的方便。通常构成域名的各个部分（各级域名）都具有一定含义，相对于主机的 IP 地址来说更容易记忆。但域名只是为用户提供了一种方便记忆的手段，主机之间不能直接使用域名进行通信，仍然要使用 IP 地址来完成数据的传输。所以当应用程序接收到用户输入的域名时，域名系统必须提供一种机制，该机制负责将域名映射为对应的 IP 地址,然后利用该 IP 地址将数据送往目的主机。

那么到哪里去寻找一个域名所对应的 IP 地址呢?这就要借助一组既独立又协作的域名服务器完成,这组域名服务器是解析系统的核心。

域名服务器(Domain Name Server,DNS)是进行域名和与之相对应的 IP 地址转换的服务器。该服务器通常保存着它所管辖区域内的域名与 IP 地址的对照表,运行在服务器上的软件,通过查表来解析域名。

在 TCP/IP 互联网中,对应于域名的层次结构,域名服务器也构成一定的层次结构,这个树形域名服务器的逻辑结构是域名解析算法赖以实现的基础。总的来说,域名解析采用自顶向下的算法,从根服务器开始直到叶服务器,在其间的某个节点上一定能找到所需的名字。

DNS 解析的流程如图 9-2 所示,其中 Q 表示询问,A 表示回答,这个过程有助于我们理解 DNS 的工作模式。详细的 DNS 解析过程如下。

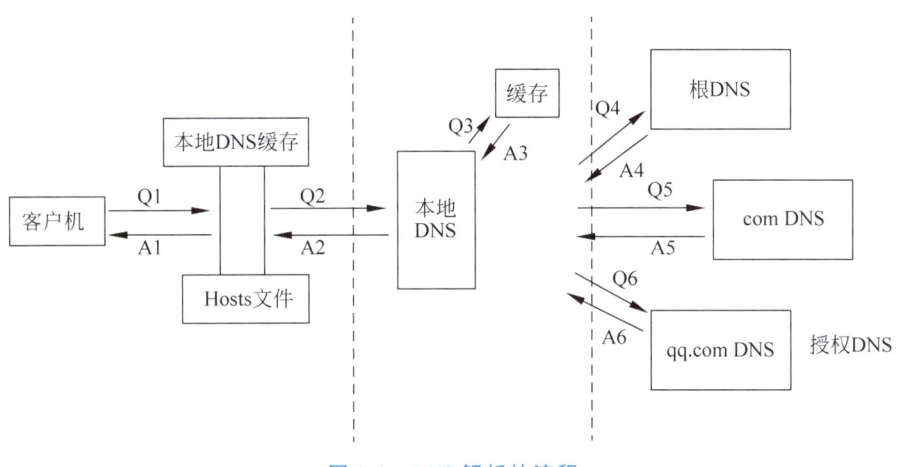

图 9-2 DNS 解析的流程

(1) 例如,在客户机浏览器中输入域名 www.qq.com,操作系统会先检查自己本地的 Hosts 文件是否有这个网址映射关系,如果有,就使用这个 IP 地址映射,完成域名解析。如果 Hosts 里没有这个域名的映射,则查找本地 DNS 缓存是否有这个网址映射关系,如果有,直接返回,完成域名解析。

(2) 如果 Hosts 与本地 DNS 缓存都没有相应的网址映射关系,就会找 TCP/IP 参数中设置的首选 DNS 服务器(称为本地 DNS),此服务器收到查询时,如果要查询的域名在本地 DNS 中能查到,则返回解析结果给客户机,完成域名解析,此解析具有权威性。

(3) 如果要查询的域名不由本地 DNS 区域解析,但该服务器已缓存了此网址映射关系,则调用这个 IP 地址映射,完成域名解析,此解析不具有权威性。

(4) 如果本地 DNS 的本地区域文件与缓存解析都失效,则根据本地 DNS 的设置(是否设置转发器)进行查询,如果未用转发模式,本地 DNS 就把请求发至根 DNS,根 DNS 收到请求后会判断这个域名(本例中是 com)是谁来授权管理,并会返回一个负责该顶级域名服务器的一个 IP 地址。

(5) 本地 DNS 收到 IP 地址信息后,将会联系负责 com 域的这台服务器(com DNS)。这台负责 com 域的服务器收到请求后,如果自己无法解析,它就会找一个 com 域的下一级 DNS 服务器地址(本例中是 qq.com DNS)给本地 DNS。

（6）当本地 DNS 收到这个地址后，就会找 qq.com DNS 进行查询，直至找到 www.qq.com 主机。

（7）如果用的是转发模式，此 DNS 就会把请求转发至上一级 DNS，由上一级服务器进行解析，上一级服务器如果不能解析，或者找根 DNS，或者把请求转至上上级，以此循环。不管本地 DNS 用的是转发，还是根提示，最后都是把结果返回给本地 DNS，由此 DNS 把查询到的 IP 地址再返回给客户机。

9.6 万维网

WWW（World Wide Web）也称为 Web，中文名字为"万维网"。它是一种基于超文本和 HTTP 的、全球性的、动态交互的、跨平台的分布式图形信息系统；是建立在因特网上的一种网络服务，为浏览者在因特网上查找和浏览信息提供了图形化的、易于访问的直观界面，其中的文档及超级链接将因特网上的信息节点组织成一个互为关联的网状结构。通过万维网，人们只要通过简单的方法，就可以迅速、方便地取得丰富的信息资料。用户在通过 Web 浏览器访问信息资源的过程中，无须关心技术性的细节，而且界面非常友好。

WWW 起源于 1989 年，当时 CERN 中由 Tim Berners-Lee 领导的小组提交了一个基于因特网的新协议和一个使用该协议的文档系统，该小组将这个新系统命名为 World Wide Web。1990 年末，这个新系统的基本框架在 CERN 的一台计算机中开发出来了，1991 年该系统移植到了其他计算机平台并正式发布。Web 一经推出就受到了热烈的欢迎，并得到了飞速发展。

9.6.1 Web 工作原理

Web 工作过程需要客户端和服务器端两类软件。客户端软件安装在用户的计算机上，为用户提供一个界面，允许其在因特网上浏览信息，因此该软件称为浏览器（Browser）。服务器端软件安装在有待读取的超文本文档（网页）的计算机中，称为 Web 服务器，其任务是根据客户端的请求访问该计算机中的网页。

我们浏览网页都是通过 URL 访问的，那么 URL 到底是怎么样的呢？URL（Uniform Resource Locator）是"统一资源定位符"的英文缩写，用于描述一个网络上的资源。

URL 格式如下：

协议://域名或 IP 地址/目录[:端口]/文件#片段标示符

例如，http://www.baidu.com/admin/index.php。

服务器使用的协议包括 HTTP、HTTPS、FTP 等。HTTP 服务器的默认端口是 80，这种情况下端口号可以省略。如果使用了别的端口，必须指明，如 http://www.cnblogs.com:8080/，使用了 8080 端口。

我们平时浏览网页的时候，会打开浏览器，输入网址后按下回车键，然后就会显示出想要浏览的内容。在这个看似简单的用户行为背后，到底隐藏了些什么呢？

对于普通的上网过程，浏览器本身是一个客户端，输入域名后，访问该 Web 站点的过程如图 9-3 所示。

（1）获取 IP 地址：首先浏览器会去请求 DNS 服务器，通过 DNS 获取域名对应的 IP 地址。

（2）获取网页内容：①客户端向服务器发送请求，等待服务器响应；②服务器端接收并

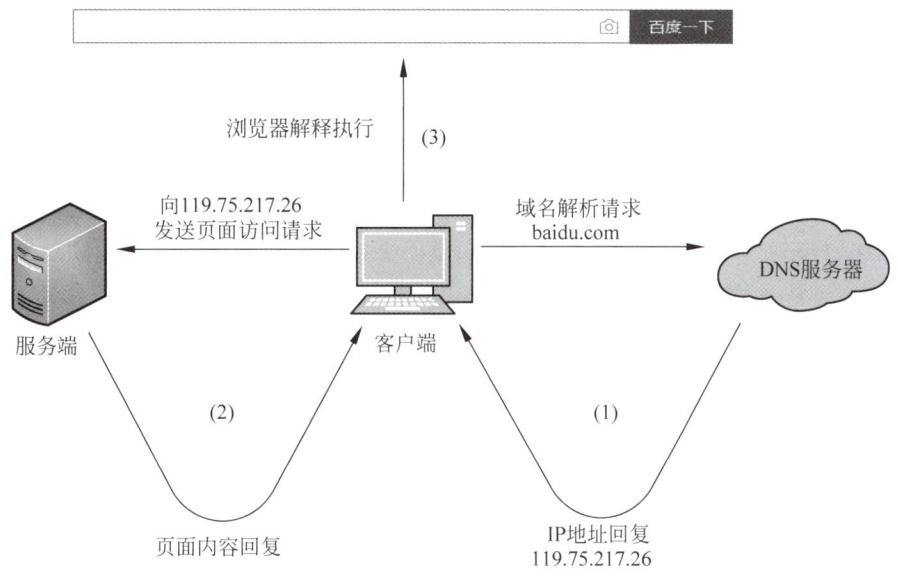

图 9-3 用户访问一个 Web 站点的过程

处理请求,应用服务器端通常使用服务器端技术(如 JSP 等),对请求进行数据处理,并产生响应;③服务器端把用户请求的数据(如网页文件、图片、声音等)返回给浏览器。

(3) 浏览器解释执行 HTML 文件,并呈现出来。

1. 浏览器

浏览器是阅读和浏览 Web 的工具,它是通过 B/S(Browser/Server)方式与 Web 服务器交互信息的。

浏览器有很多种,各自市场占有率如图 9-4 所示。

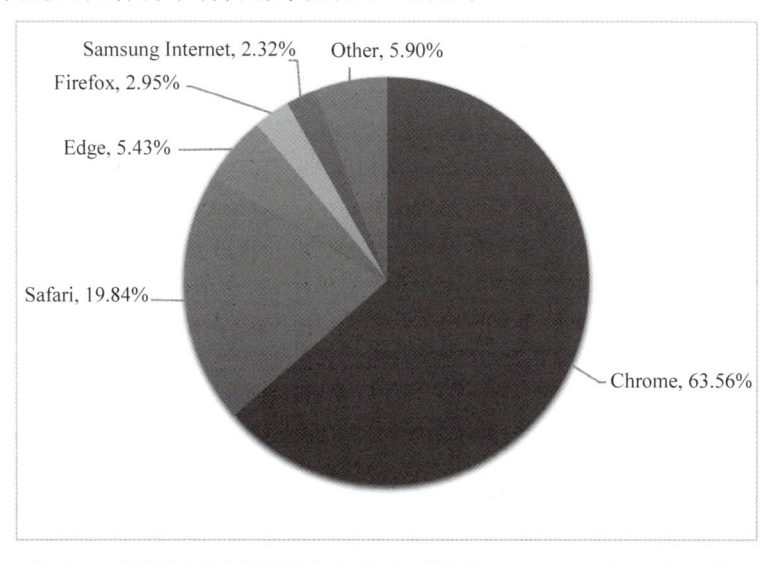

图 9-4 各种浏览器的市场占有率(数据来自 statcounter,2023 年 8 月)

2. 服务器

服务器(Server)可以是硬件的称谓,表示一种高性能的计算机,它作为网络的节点,存储、处理网络上的数据和信息,因此也被称为网络的灵魂。另外,服务器也可以是服务端软件的称谓,其中,Web 服务器是一种在互联网环境下的计算机软件,它负责接收用户浏览器的访问请求,并根据请求经过计算将数据返回给用户浏览器。IIS 和 Apache 是常用的 Web 服务器软件。

9.6.2 HTML 简介

HTML(Hyper Text Markup Language)是用来描述网页的一种语言。HTML 不是一种编程语言,而是一种标记语言(Markup Language)。标记语言是一套标记标签(Markup Tag),HTML 使用标记标签来描述网页。

1. HTML 标签

HTML 标记标签通常被称为 HTML 标签(HTML Tag)。

(1) HTML 标签是由尖括号括起的关键词,如<html>。

(2) HTML 标签通常是成对出现的,如<b>和</b>。

(3) 标签对中的第一个标签是开始标签,第二个标签是结束标签。

(4) 开始和结束标签也被称为开放标签和闭合标签。

HTML 文档即为网页。

(1) HTML 文档描述网页。

(2) HTML 文档包含 HTML 标签和纯文本。

(3) HTML 文档也被称为网页。

Web 浏览器的作用是读取 HTML 文档,并以网页的形式显示出来。浏览器不会显示 HTML 标签,而是使用标签解释页面的内容。表 9-2 给出了常见的 HTML 标签、用途及举例说明。

表 9-2 常见的 HTML 标签、用途及举例

标 签	用 途	举 例
<b>	加粗	<b>bold</b>
<h1>,<h2>,…,<h6>	设置字号,h1 最大	<h1>第 7 章</h1>
 	换行符	row 1 row 2
<hr />	绘制一条水平线	7.1.6<hr />
<p>	段落符号	<p>一个段落</p>
<a href="URL">	链接	<a href="baidu.com">百度</a>
<img src="FilePath">	添加图像	<img src="dog.png">

2. 编辑 HTML

可以使用 Adobe Dreamweaver、Microsoft Expression Web 以及 CoffeeCup HTML Editor 等专业的编辑器编辑 HTML。不过,使用一款简单的文本编辑器是学习 HTML 的好方法。

通过 Windows 记事本,可以依照以下 4 步创建网页。

1) 启动记事本

在"开始"菜单中选择"所有程序",依次选择"附件"和"记事本",打开记事本程序。

2）用记事本编辑 HTML 代码

在记事本中输入如图 9-5 所示的 HTML 代码。

图 9-5 中的 HTML 代码解释如下。

<html>与</html>之间的文本用于描述网页。

<body>与</body>之间的文本是可见的页面内容。

<h1>与</h1>之间的文本被显示为标题。

<p>与</p>之间的文本被显示为段落。

3）保存 HTML

在记事本的文件菜单选择"另存为",在一个容易记忆的文件夹中保存这个文件。文件扩展名既可以使用 .htm,也可以使用 .html,两者没有区别,可以根据你的喜好选择。

4）在浏览器中运行这个 HTML 文件

启动浏览器,然后选择"文件"菜单的"打开文件"命令,或者直接在文件夹中双击 HTML 文件,结果如图 9-6 所示。

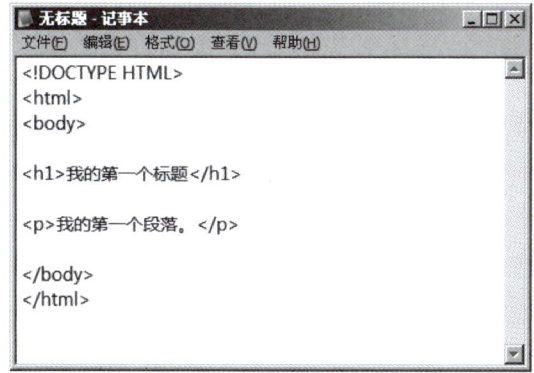

图 9-5　HTML 代码　　　　图 9-6　HTML 代码运行结果

9.7　小结

最著名的互联网是因特网,它是数以万计互相连接的网络的集合。

电子邮件(E-mail)是最流行的因特网应用,电子邮件使用的主要协议是简单邮件传输协议(STMP)。电子邮件使用的其他协议有 POP 和 IMAP 等。

文件传输协议(FTP)是因特网上常见的协议,它从一台计算机到另一台计算机进行文件的复制。FTP 与其他客户、服务器应用的不同之处在于,它建立了两个连接,一个用于数据传输,另一个用于控制命令的交换。

Telnet 是允许用户访问远程计算机上任何应用程序的通用客户/服务器程序。换言之,它允许用户登录到远程的计算机上。登录后,用户可以使用远程计算机上可用的服务,并把结果传回本地。

域名服务器(DNS)负责把主机名翻译成 IP 地址。DNS 已经从最初包括所有信息的单个文件发展成把任务分配给几百万个域名服务器的分布式系统。

万维网(WWW 或 Web)是分布在全球并连接在一起的信息存储库。使用万维网,必须有 3 个组件：浏览器、Web 服务器和超文本传输协议(HTTP)。

9.8 习题

1. 名词解释

① FTP ② Telnet ③ 域名 ④ DNS
⑤ HTML ⑥ URL

2. 问答题

(1) 简述互联网、因特网、万维网三者之间的关系。

(2) 电子邮件系统有关协议有哪些？

(3) 简述电子邮件的工作原理。

(4) 域名如何分级？

(5) 简述域名是如何解析的。

(6) 简述 Web 工作原理。

第10章 数据库

CHAPTER 10

本章简要介绍数据库的应用领域,解释数据库在管理数据时相对于平面文件的优势,给出数据库管理系统的3层结构,重点讨论关系数据库模型及其运算并介绍结构化查询语言。要想使用好数据库,需要掌握数据库的设计步骤及方法,本章也将对这些内容进行讲解。大数据是近年来比较热门的研究领域,本章将概述大数据的基本概念、意义、技术及应用场景。

本章学习目标如下。
- 了解数据库在各行业的应用。
- 理解通过平面文件存储数据的弊端,进而理解数据库的优点。
- 理解数据抽象的内涵。
- 了解几种不同的数据库模型。
- 掌握关系型数据库的基本概念。
- 掌握结构化查询语言(SQL)的基本操作。
- 了解数据库设计的基本步骤。
- 掌握E-R图的画法。
- 掌握数据库设计时规范化的策略。
- 了解大数据的基本概念、意义、技术及应用场景。

10.1 数据库概述

数据库管理系统(Database Management System,DBMS)由互相关联的数据的集合和访问这些数据的程序组成,这个数据的集合称为数据库(Database)。DBMS的主要目标是提供一种可以方便、高效的存取数据库信息的途径。

设计数据库系统的目的是管理大量信息。对数据的管理既涉及信息存储结构的定义,又涉及信息操作机制的提供。此外,数据库系统还必须保证所存储信息的安全性,即使在系统崩溃或有人企图越权访问时也应保障信息的安全性。如果数据被多个用户共享,那么系统还必须设法避免可能产生的异常结果。

在大多数组织中信息是非常重要的。计算机科学家提出和开发了大量的用于有效管理数据的概念和技术。本章将简要介绍数据库系统的基本原理。

10.1.1 数据库系统的应用

1. 数据库的代表性应用领域

数据库的应用非常广泛,以下是一些具有代表性的应用领域。

1)企业信息管理领域

销售:用于存储客户、产品、销售等信息。

会计:用于存储付款、收据、账户余额、资产和其他会计信息。

人力资源:用于存储雇员、工资、所得税和津贴的信息,以及产生工资单。

生产制造:用于管理供应链,跟踪工厂中产品的生产情况、仓库和商店中产品的详细清单以及产品的订单。

联机零售:用于存储销售数据、跟踪实时订单、生成推荐品清单,以及维护实时产品评估。

2)银行和金融领域

银行业:用于存储客户信息、账户、贷款,以及银行的交易记录。

信用卡交易:用于记录信用卡消费情况和产生每月清单。

金融业:用于存储股票、债券等金融票据的持有、出售和买入的信息;也可用于存储实时的市场数据,以便客户能够进行联机交易,公司能够进行自动交易。

3)大学

用于存储学生信息、课程信息和成绩等。

4)航空业

用于存储订票和航班信息。航空业是最先跨地域以分布的方式使用数据库的行业之一。

5)电信业

用于存储通话记录,产生每月账单,维护预付电话卡的余额和存储通信网络的信息。

正如以上所列举的,数据库已经成为大多数企事业单位工作中不可或缺的组成部分。

2. 普通人与数据库

在计算机应用早期,虽然普通人很少直接和数据库系统打交道,但也间接使用了数据库系统。例如,通过打印的报表(如信用卡的对账单)或通过代理(如银行的出纳员和机票预订代理等)与数据库打交道。自动取款机的出现,使用户可以直接和数据库进行交互。

20 世纪 90 年代末,随着互联网革命,用户对数据库的直接访问急剧增加。很多组织的数据库可以通过 Web 界面访问,并提供了大量的在线服务和信息。例如,当你访问一家在线书店,浏览一本书或一个音乐集时,其实你正在访问存储在某个数据库中的数据;当你确认了一个网上订单,你的订单也就保存在某个数据库中;当你访问一个银行网站,检索你的账户余额和交易信息时,这些信息也是从银行的数据库中取出来的;当你访问一个网站时,你的账号、密码等信息可能会从某个数据库中取出。此外,关于你访问网络的数据也可能会存储在一个数据库中。

因此,尽管用户界面隐藏了访问数据库的细节,大多数人甚至没有意识到他们正在和数据库打交道,然而访问数据库已经成为当今几乎每个人生活的组成部分。

也可以从另一个角度评判数据库系统的重要性。如今,数据库系统厂商 Oracle 是世界上最大的软件公司之一,对于微软和 IBM 等这些有多样化产品的公司,数据库系统也是其产品线的一个重要组成部分。

10.1.2 数据库系统的产生

1. 应用促使数据库系统的产生

数据库系统是由于商业数据需要计算机化管理的需求而产生的。作为典型的实例之一,我们考虑大学应用场景。大学里除其他数据外,还需要保存关于所有教师、学生、科系和开设课程的信息。在计算机中保存这些信息的一种方法是将它们存放在传统文件系统(有时称为平面文件)中。为了使用户能对信息进行操作,系统中应有一些对文件进行操作的应用程序,这些操作包括:

- 增加新的学生、教师和课程;
- 根据选修课程的学生产生班级花名册;
- 为学生填写成绩,计算绩点,产生成绩单。

这些应用程序是由程序员根据大学的需求编写的。

随着需求的增长,新的应用程序被加入到系统中。例如,某大学决定创建一个新的专业,那么这个大学就要建立一个新的系并创建新的文件(或在现有文件中添加信息)来记录这个系中所有教师、学生、开设的课程、学位条件等信息,进而就有可能需要编写新的应用程序来处理这个新专业的特殊规则,也可能需要编写新的应用程序来处理大学中的新规则。因此,随着时间的推移,越来越多的文件和应用程序会加入到系统中。

以上所描述的典型的文件处理系统是传统的操作系统所支持的。数据被存储在多个不同的文件中,人们编写不同的应用程序将数据从有关文件中取出或加入到适当的文件中。在数据库管理系统(DBMS)出现以前,各个组织通常都采用这样的系统来存储信息。

2. 文件系统管理数据的弊端

在文件处理系统中存储组织信息有很多弊端。

1) 数据冗余或不一致

由于文件和程序可能在较长的时期内由不同的程序员创建,不同文件可能有不同的结构,不同程序可能采用不同的程序设计语言写成。此外,相同的信息可能在几个地方(文件)重复存储。例如,某学生有两个专业(如计算机和管理学),该学生的地址和电话号码就可能既出现在包含计算机系学生记录的文件中,又出现在包含管理系学生记录的文件中。这种冗余除了导致存储和访问开销增大外,还可能导致数据不一致,即同一数据的不同副本不一致。若学生地址更改了,可能在计算机系的记录中进行了修改,而在系统的其他地方却没有。

2) 数据访问困难

假设大学的某个办事员需要找出居住在某个特定地区的所有学生的姓名,于是他要求数据处理部门生成这样一个列表。由于原始系统的设计者并未预料到会有这样的需求,因此没有现成的应用程序去满足这个需求。不过,系统中有一个产生所有学生列表的应用程序。这时该办事员有两种选择:一种是取得所有学生的列表并从中手工提取所需信息;另一种是要求数据处理部门编写相应的应用程序。

这两种方案显然都不太令人满意。假设编写了相应的程序,几天以后这个办事员可能又需要将该列表减少到只列出二年级的学生。可以预见,产生这样一个列表的程序又不存在,这个办事员就再次面临前面那两种都不尽如人意的选择。

这里需要指出的是,传统的文件处理环境不支持以一种方便而高效的方式去获取所需数据。我们需要开发通用的、能对变化的需求做出更快反应的数据检索系统。

3) 数据孤立

由于数据分散在不同文件中,这些文件又可能具有不同的格式,因此编写新的应用程序来检索适当数据是很困难的。

4) 完整性问题

数据库中所存储数据的值必须满足某些特定的一致性约束。假设大学为每个系维护一个账户,并且记录各个账户的余额,我们还假设大学要求每个系的账户余额永远不能低于零。开发者通过在各种不同应用程序中加入适当的代码来强制系统中的这些约束。然而,当新的约束加入时,很难通过修改程序体现这些新的约束。尤其是当约束涉及不同文件中的多个数据项时,问题就变得更加复杂了。

5) 原子性问题

与任何别的设备一样,计算机系统也会故障发生。一旦发生故障,数据就应被恢复到故障发生以前的状态,对很多应用来说,这样的保证至关重要。例如,系统中有这样一个程序,其功能是把 A 部门账户中的 50000 元转到 B 部门的账户中。假设在程序的执行过程中发生了系统故障,很可能 A 部门账户中减去的 50000 元还没来得及存入 B 部门账户,这就造成了数据库状态的不一致。显然,为了保证数据库的一致性,这里的借和贷两个操作必须是要么都发生,要么都不发生。也就是说,转账这个操作必须是原子的——它要么全部发生,要么根本不发生。在传统的文件处理系统中,保持原子性是很难做到的。

6) 并发访问异常

为了提高系统的总体性能以及加快响应速度,许多系统允许多个用户同时更新数据。实际上,如今最大的互联网零售商每天都可能有来自购买者对其数据的数百万次访问。在这样的环境中,并发的更新操作可能相互影响,有可能导致数据的不一致。假设 A 部门账户中有 10000 元,有两人几乎同时从部门的账户中取款(如分别取出 2000 元和 1000 元),这样的并发执行就可能使账户处于一种错误的(或不一致的)状态。假设每个取款操作对应执行的程序是读取原始账户余额,在其上减去取款的金额,然后将结果写回。如果两次取款的程序并发执行,可能它们读到的账户余额都是 10000 元,取钱后,两个程序分别往账户写回 8000 元和 9000 元。A 部门的账户余额中到底剩下 8000 元还是 9000 元由哪个程序后写回而定,而实际上正确的值应该是 7000 元。为了消除这种情况发生的可能性,系统对数据必须进行某种形式的统一管理。但是,由于数据可能被多个不同的应用程序访问,这些程序相互间事先又没有协调,因此统一管理很难进行。

另外一个例子,假设为确保选修一门课程的学生人数不超过 50,注册程序维护一个注册了该门课程的学生数。当一个学生注册时,该程序读入这门课程的当前计数值,核实该计数还没有达到上限,给计数值加 1,将计数存回数据库。假设两个学生同时注册,而此时的计数值是 49,尽管两个学生都成功地注册了这门课程,计数值应该是 51,然而由于两个程序同时执行,可能读到的当前值都是 49,然后都写回值 50,导致只增加了一个注册人数,而且两个学生都成功注册,这违反了注册上限为 50 的规定。

7) 安全性问题

并非数据库系统的所有用户都可以访问所有数据。例如，在大学中，工资发放人员只需要看到数据库中关于财务信息的那部分，他们不需要访问关于教材记录的信息。对于文件处理系统而言，这样的安全性约束难以实现。

为了解决文件处理系统存在的上述问题以及其他一些问题，人们提出了很多概念和算法，促进了数据库系统的发展。

10.2　数据抽象

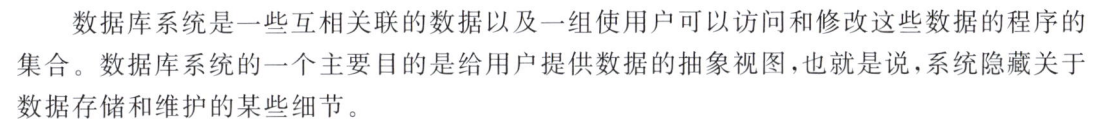

数据库系统是一些互相关联的数据以及一组用户可以访问和修改这些数据的程序的集合。数据库系统的一个主要目的是给用户提供数据的抽象视图，也就是说，系统隐藏关于数据存储和维护的某些细节。

一个可用的系统必须能高效地检索数据，这种高效性的需求促使设计者在数据库中使用复杂的数据结构来表示数据。由于许多数据库系统的用户并未受过计算机专业训练，系统开发人员通过如下几个层次上的抽象来对用户屏蔽复杂性，以简化用户与系统的交互。

（1）物理层。最低层次的抽象，描述数据实际上是怎样存储的底层数据结构。

（2）逻辑层。比物理层层次稍高的抽象，描述数据库中存储什么数据及这些数据间存在什么关系。这样，逻辑层通过少量相对简单的结构描述了整个数据库。虽然逻辑层简单结构的实现可能涉及复杂的物理层结构，但逻辑层的用户看不到也不必知道这种复杂性，这称为物理数据独立性。数据库管理员使用抽象的逻辑层，他必须确定数据库中应该保存哪些信息。

（3）视图层。最高层次的抽象，只描述整个数据库的某个部分。尽管在逻辑层使用了比较简单的结构，但由于一个大型数据库中所存信息的多样性，仍存在一定程度的复杂性。数据库系统的很多用户并不关心所有的信息，而只需要访问数据库的一部分。视图层正是为了使这样的用户与系统的交互更简单。系统可以为同一数据库提供多个视图。

数据抽象的 3 个层次如图 10-1 所示。

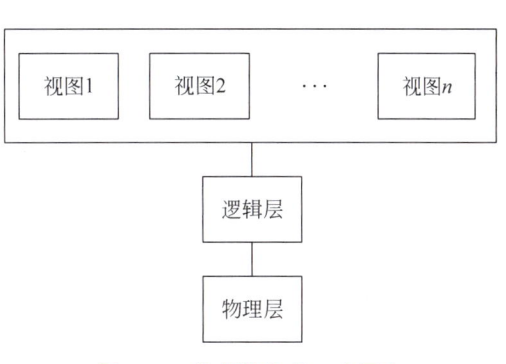

图 10-1　数据抽象的 3 个层次

10.3　数据库模型

10.3.1　层次数据库

层次数据库使用树形结构描述关系，如图 10-2 所示。由于"树"的限制，只能定义一对一或一对多的关系，无法定义多对多关系。常见的层次数据库是 Windows 的注册表。层次数据库现今已很少使用。

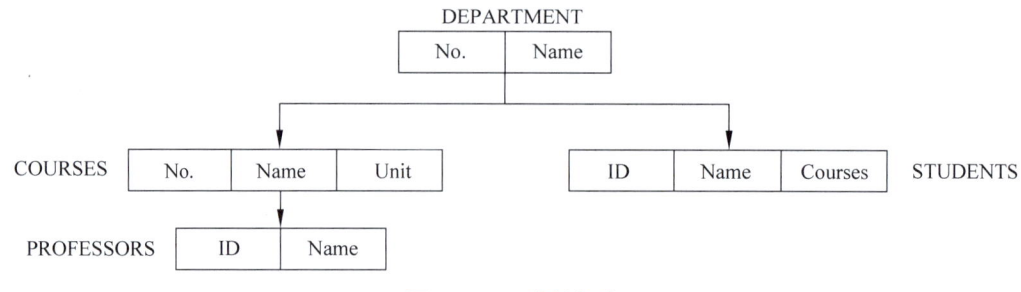

图 10-2　层次数据库

10.3.2　网状数据库

网状数据库在树的基础上扩展成了网状结构,从而可以表现多对多关系,如图 10-3 所示。目前除了域名服务系统(DNS)等专用系统或应用还在使用网状数据库,其他网状数据库都已被关系数据库或对象数据库取代。

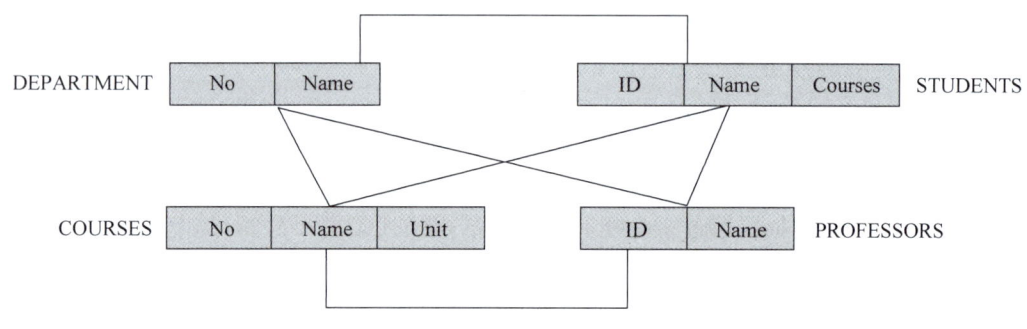

图 10-3　网状数据库

10.3.3　关系数据库

关系数据库是目前最常使用到的数据库,它将数据存储在一张张表格中。每个表格代表一个实体,表格中每行代表一个记录,每列代表一个字段。而关系是通过将不同表中的相同字段联系起来而指定的。

图 10-4 展示了一个关系数据库的例子,该数据库包含 4 张表,分别是系、教授、课程和学生。系表有两列(字段),分别是系编号(No)和系名称(Name);教授表有 4 列,分别是教师编号(ID)、教授姓名(Name)、所在系编号(Dept-No)和所教课程编号(Courses);课程表有 4 列,分别是课程编号(No)、课程名称(Name)、课程描述(Desc)以及学分(Credit);学生表有 3 列,分别是学号(No)、姓名(Name)以及所选课程编号(Courses)。这些表相互之间是有联系的,在图中用虚线表示出来了。例如,教授所在系编号(Dept-No)与系表中的系编号(No)有联系,即教授表中的 Dept-No 内容取自系表中的 No 的内容。

如今,关系数据库是数据库中最常见的模型。关系数据库可以分为两类:一类是桌面数据库,如 Access、FoxPro 和 dBase 等;另一类是客户/服务器数据库,如 SQL Server、Oracle、MySQL 和 Sybase 等。一般而言,桌面数据库用于小型的、单机的应用程序,它不需要网络和服务器,实现起来比较方便。客户/服务器数据库主要适用于大型的、多用户的数据库管理系统,应用程序包括两部分:一部分驻留在客户机上,用于向用户显示信息及实现

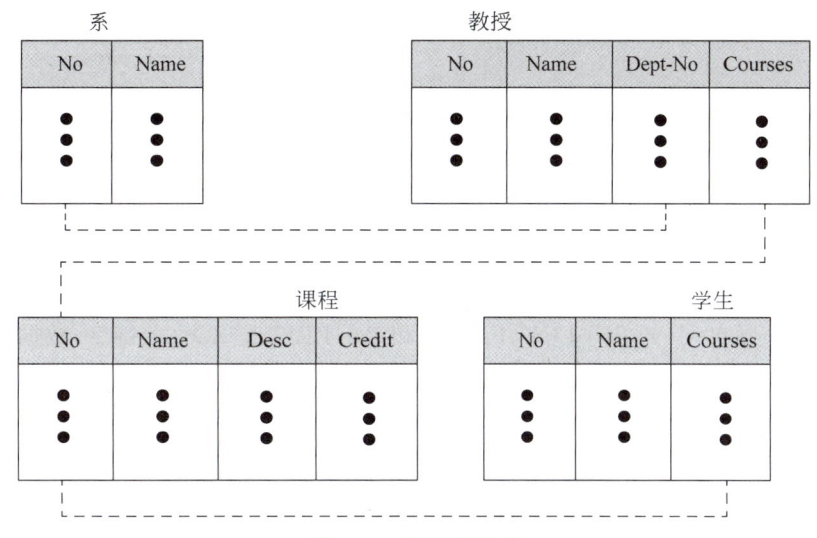

图 10-4　关系数据库

与用户的交互；另一部分驻留在服务器中，主要用来实现对数据库的操作和对数据的计算处理。

10.4　关系数据库详解

10.4.1　关系数据库模型

在关系数据库管理系统（RDBMS）中，数据通过关系（表）的集合来表示。

从表面上看，关系就是二维表，是一种按行与列排列的具有相关信息的逻辑组，它类似于 Excel 工作表。在关系数据库管理系统中，数据的外部视图就是关系或表的集合。

关系数据库管理系统中的关系有下列特征。

（1）名称：在关系数据库中，每一种关系具有唯一的名称。

（2）属性：也称为字段或列。关系中的每一列都称为属性，属性在表中是列的头。每一个属性表示了存储在该列下的数据的含义。表中的每一列在关系范围内有唯一的名称。

（3）元组：也称为记录或行。元组定义了一组属性值。

（4）主码：也称为主键或主关键字，是关系中用于唯一确定一个元组的数据。主键用来确保表中记录的唯一性，可以是一个字段或多个字段，常用作一个表的索引字段。每条记录的主键都是不同的，因而可以唯一地标识一个记录。

图 10-5 给出了一个关系的例子。该关系的名称是"课程"，有 3 个属性（字段），有 4 个元组（记录），主码是"No"。

No	Course-Name	Unit
CIS15	Intro to C	5
CIS17	Intro to Java	5
CIS19	UNIX	4
CIS51	Networking	5

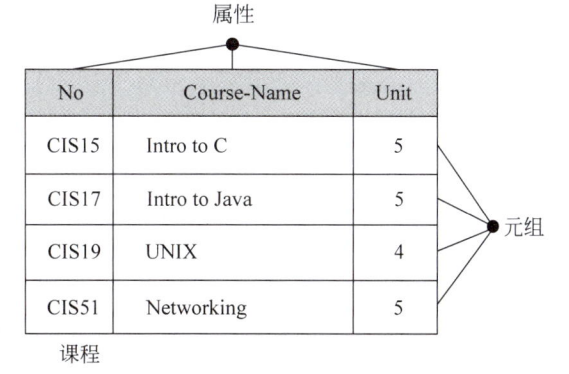

图 10-5　关系示例

10.4.2 结构化查询语言

※读者可观看本书配套视频 15：SQL 语句。

结构化查询语言(Structural Query Language,SQL)是用于关系数据库上的标准化语言，这是一种描述性(不是过程化)的语言。

SQL 语句很像英文句子，如 SELECT Name FROM Student WHERE Sid='1001'就是一个最简单的 SQL 语句，它命令数据库从 Student 表中找到学号为 1001 的学生，并返回其姓名。其中的大写单词(如 SELECT、FROM 和 WHERE)是 SQL 关键字，数据库通过识别关键字来判断指令的类型，并执行对应操作。SQL 语句对关键字大小写不敏感，例如，SELECT 等同于 select。

SQL 操作包括插入、删除、更新、选择、连接、并、交等，下面通过具体例子说明这些操作。

1. 插入

插入操作(insert into)用于向表中插入单条记录。插入操作语句使用如下格式：

```
insert into 表名称 values (值1, 值2, …)
```

例如，在 Persons 表中插入一条记录，插入前的 Persons 表如图 10-6 所示。

Name	Age	Address	City
Thomas	25	Chang'an Street	Beijing

图 10-6 插入前的 Persons 表

执行 SQL 语句：

```
insert into Persons values ('Gates',30,'Xuanwumen 10', 'Beijing')
```

插入后的 Persons 表如图 10-7 所示。

Name	Age	Address	City
Thomas	25	Chang'an Street	Beijing
Gates	30	Xuanwumen 10	Beijing

图 10-7 插入后的 Persons 表

2. 删除

删除操作(delete)根据条件删除表中一条或多条记录。删除操作语句使用如下格式：

```
delete from 表名称   where  条件
```

下面显示了如何从表 COURSES 中删除一条记录，注意条件是 No='CS17'。

删除前的 COURSES 表如图 10-8 所示。

No	Course-Name	Unit
CS15	Intro to C	5
CS17	Intro to Java	4
CS19	Data Structure	1

图 10-8　删除前的 COURSES 表

执行 SQL 语句：

```
delete from COURSES where No = 'CS17'
```

删除后的 COURSES 表如图 10-9 所示。

No	Course-Name	Unit
CS15	Intro to C	5
CS19	Data Structure	1

图 10-9　删除后的 COURSES 表

3．更新

更新操作(update)用来更新表中已存在记录的部分属性值。更新操作语句使用如下格式：

```
update 表名称 set 列名称 = 新值 where 列名称 = 某值
```

要改变的属性定义在 set 子句中，更新的条件定义在 where 子句中。

更新前的 COURSES 表如图 10-10 所示。

No	Course-Name	Unit
CS15	Intro to C	6
CS19	Data Structure	1
CS51	Networking	6

图 10-10　更新前的 COURSES 表

执行 SQL 语句：

```
update COURSES set Unit = 5 where No = 'CS15'
```

更新后的 COURSES 表如图 10-11 所示。

4．选择

选择操作(select)用于从表中根据条件选取数据，结果存储在一个结果表中(称为结果集)。结果表中的记录是原表记录的子集。选择操作语句可以使用如下两种格式：

No	Course-Name	Unit
CS15	Intro to C	5
CS19	Data Structure	1
CS51	Networking	6

图 10-11　更新后的 COURSES 表

```
select 列名称 from 表名称 where 条件
```

以及

```
select * from 表名称 where 条件
```

where 字句可以不要,表示选择范围是整个表。*表示所有的属性都被选择。选择前的 COURSES 表如图 10-12 所示。

No	Course-Name	Unit
CS15	Intro to C	6
CS19	Data Structure	1
CS51	Networking	6

图 10-12　选择前的 COURSES 表

执行 SQL 语句:

```
select * from COURSES where Unit = 6
```

选择后的结果表如图 10-13 所示。

No	Course-Name	Unit
CS15	Intro to C	6
CS51	Networking	6

图 10-13　选择后的结果表

5. 连接

连接操作(join)基于共有的属性将两个表的 select 结果结合起来。连接操作有几种不同的用法,简单的一种语句使用如下格式:

```
select 列名称 from 表1 join 表2 on 条件
```

连接后的表是两个输入表的属性组合,条件定义了具有相同值的属性。下面给出了 COURSES 表和 TAUGHT-BY 表的连接,生成了一个信息更加全面的结果表,包括了教授的名字。这里,共有的属性是课程号(No)。连接前的两个表如图 10-14 所示。

No	Course-Name	Unit
CS15	Intro to C	6
CS19	Data Structure	1
CS51	Networking	6

(a) COURSES表

No	Professor
CS15	刘神
CS19	吴妈
CS51	老赵

(b) TAUGHT-BY表

图 10-14　连接前的两个表

执行 SQL 语句：

```
select COURSES.No, COURSES.Course-name, COURSES.Unit, TAUGHT-BY.Professor
from COURSES
join TAUGHT-BY
on COURSES.No = TAUGHT-BY.No
```

连接后的结果表如图 10-15 所示。

No	Course-Name	Unit	Professor
CS15	Intro to C	6	刘神
CS19	Data Structure	1	吴妈
CS51	Networking	6	老赵

图 10-15　连接后的结果表

6. 并

并操作(union)用于将两个表 select 的结果合并。不过这里对两个表有一个限制，即它们必须有相同的属性。并操作类似于集合论中并集的定义，新表中的每一条记录或者在两个表其中之一，或者在两个表中皆有。并操作语句可以使用如下格式：

```
select * from 表1 union select * from 表2
```

这里的 * 仍然表示所有的属性被选择。例如，下面给出了两个表 CS01 和 CS02，如图 10-16 所示。

ID	Name
20180101	王浩
20180102	刘浩
20180103	李何

(a) CS01表

ID	Name
20180101	王浩
20180105	刘波
20180109	张飞

(b) CS02表

图 10-16　并前的两个表

执行 SQL 语句：

```
select * from CS01 union select * from CS02
```

并后的结果表中列出了 CS01 和 CS02 的所有学生，如图 10-17 所示。

7. 交

交操作(intersect)和并操作一样，进行操作的两个表必须有相同的属性。交操作类似于集合论中交集的定义，结果表中的每一条记录必须是两个原表中共有的成员。交操作语句使用如下格式：

```
select * from 表 1 intersect select * from 表 2
```

这里的 * 仍然表示所有的属性被选择。

执行 SQL 语句：

```
select * from CS01 intersect select * from CS02
```

这里的两个输入表 CS01 和 CS02 的内容与上面并操作的一样。经过交操作后，给出了既在 CS01 又在 CS02 中的学生。

交后的结果表如图 10-18 所示。

ID	Name
20180101	王浩
20180102	刘浩
20180103	李何
20180105	刘波
20180109	张飞

图 10-17　并后的结果表

ID	Name
20180101	王浩

图 10-18　交后的结果表

8. 语句的组合

SQL 语言允许组合使用前面介绍的语句，从数据库中抽取出更复杂的信息。

10.5 数据库设计

数据库设计是指根据用户的需求，在某一具体的数据库管理系统上，设计数据库的结构和建立数据库的过程。例如，编程微课是在线编程教育项目，该项目涉及课程、学生、老师、学习资料等数据，这些数据都要被存储下来，并且能够方便地增加、修改、删除和查询。这就需要规划课程、学生、老师、学习资料等数据构成以及相互之间的关系。因此，规划数据构成及数据间关系，并应用某一具体的数据库管理系统（如 MySQL）构建数据库的过程就是数据库设计。

由于项目需求的易变性和数据的复杂性，数据库设计不可能一蹴而就，而只能是一种

"反复探寻，逐步求精"的过程。数据库设计步骤如图 10-19 所示。

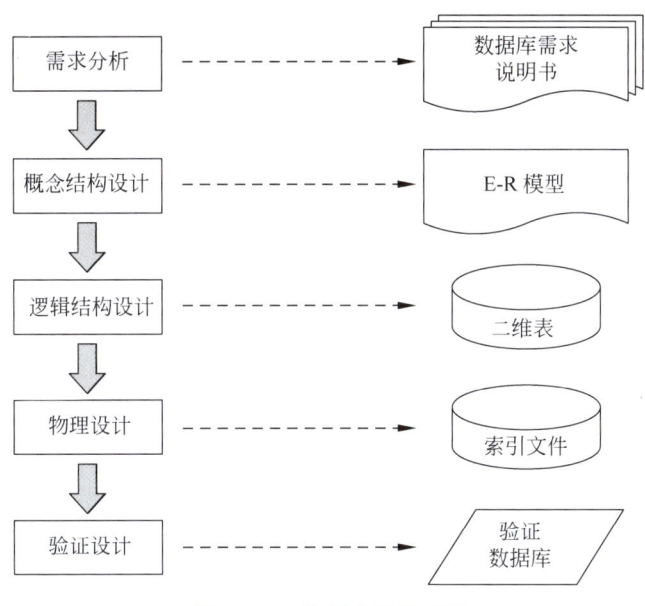

图 10-19　数据库设计步骤

需求分析阶段通常需要与数据库用户交流，收集需要存储的信息以及存取需求。

概念结构设计阶段要建立一个实体—联系（E-R）模型，这种模型定义了信息需要维护的实体、实体的属性以及实体间的联系。

逻辑结构设计阶段建立基于 E-R 模型的关系并规范化这些关系，也就是建立二维表结构。

物理设计阶段是在计算机的物理设备上确定应采取的数据存储结构和存取方法，以及如何分配存储空间等问题。关系数据库物理设计的主要工作是由系统自动完成的，数据库设计者只要关心索引文件的创建即可。

验证设计阶段是在上述设计的基础上，收集数据并建立数据库，运行应用任务验证数据库的正确性和合理性，当发现设计问题时，可能需要对数据库设计进行修改。

10.5.1　实体—联系模型的基本概念

实体联系模型（E-R 模型）是概念设计阶段的主要描述工具。

1. 实体

实体（Entity）是现实世界中客观存在并且可以互相区分的事物。例如，大学中的每个学生都是一个实体。

2. 实体集

具有相同属性的实体的集合称为实体集（Entity Set）。例如，所有的学生实体组成学生实体集，所有的课程实体组成课程实体集，所有的老师实体组成老师实体集。

3. 属性

属性是实体集中每个成员所拥有的描述性性质。一个实体可以由若干属性描述。为某实体集指定一个属性表明数据库为该实体集中每个实体存储相似的信息，但每个实体在每个属性上都有各自的值。例如,学生实体集可以由学生学号、姓名、性别、年龄等属性组成。每个实体的每个属性都有一个值。例如,学生实体集中的其中一个学生实体的属性为学号的值是"20180101",姓名的值为"王浩",年龄的值为"23",性别为"男"。

唯一标识实体的属性或属性组称为实体的关键字。例如,学生学号在学生实体集中是唯一的,该属性就是学生实体集的关键字。

4. 联系

联系(Relationship)是指多个实体间的相互关联。例如,可以定义学生"王浩"和课程"计算机导论"这两个实体之间存在的联系是"选修"。

5. 联系集

联系集(Relationship Set)是相同类型联系的集合。

对于实体集 A 和 B 之间的二元联系集 R 来说,可以分为以下 4 类。

(1) 一对一(1:1)。A 中的一个实体至多与 B 中的一个实体相关联,并且 B 中的一个实体至多与 A 中的一个实体相关联。

(2) 一对多(1:n)。A 中的一个实体可以与 B 中任意数目(零个或多个)实体相关联,而 B 中的一个实体至多与 A 中的一个实体相关联。

(3) 多对一(n:1)。A 中的一个实体至多与 B 中的一个实体相关联,而 B 中的一个实体可以与 A 中任意数目(零个或多个)实体相关联。

(4) 多对多(m:n)。A 中的一个实体可以与 B 中任意数目(零个或多个)实体相关联,B 中的一个实体也可以与 A 中任意数目(零个或多个)实体相关联。

例如,一个老师可以主持多个项目,而一个项目只能由一名老师主持,老师与项目的联系就是一对多的。

再比如,如果一个老师只能创建一门课程,则老师和课程的联系就是一对一的。如果一个老师可以创建多门课程,则老师和课程的联系就是一对多的。在进行问题分析时,要根据实际情况来确定。

10.5.2 实体—联系图的基本图素

实体—联系图(E-R 图)使用的基本图素包括:
- 矩形,表示实体集;
- 椭圆形,表示属性;
- 菱形,表示联系集;
- 直线,用来连接属性和实体,也用来连接实体集和联系集。

图 10-20 显示了一个非常简单的 E-R 图,其中有 3 个实体集(COURSE,STUDENT,PROFESSOR)和两个联系集(takes,teaches)。

在图 10-20 中 STUDENT 集和 COURSE 集间的联系是多对多的联系,在图中用 m、n 来显示,这意味着 STUDENT 集里的一个学生可以选修(takes)COURSE 集里的多门课程,COURSE 集里的一门课程也可以被 STUDENT 集里的多个学生选修。PROFESSOR 集与 COURSE 集间的联系是一对多的联系。

图 10-20 中每个集都有被看作该集合的关键字的属性。为了使讨论简明,这里的联系集并没有显示属性。

图 10-20　E-R 图

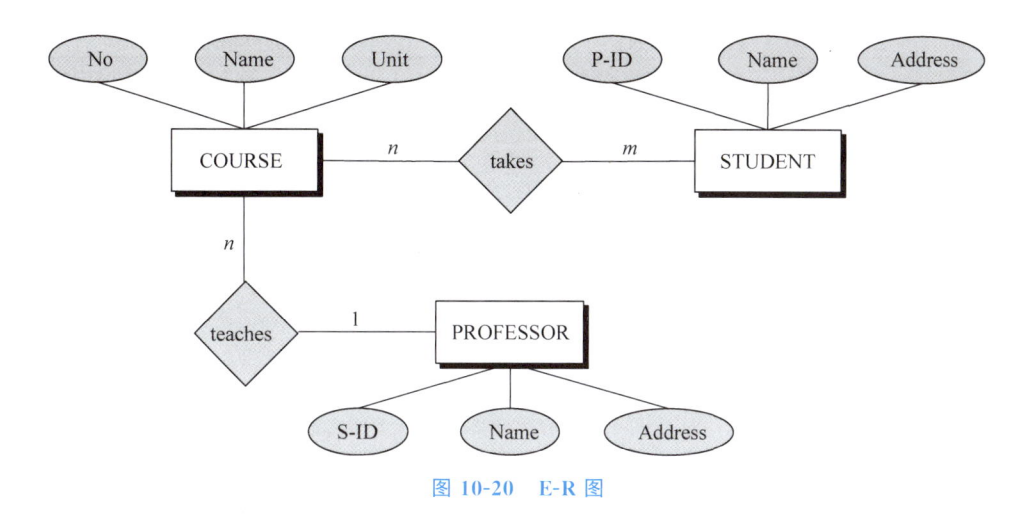

10.5.3　从 E-R 图到关系

E-R 图完成后,关系数据库中的关系就能建立了。

1. 实体集上的关系

对于 E-R 图中的每个实体集,我们都创建一个关系(表)。一个实体集如果有 n 个属性,则创建的表有 n 列。

根据图 10-20 的实体集,可以建立对应的 3 个表,如图 10-21 所示。

COURSE

No	Name	Unit
⋮	⋮	⋮

STUDENT

S-ID	Name	Address
⋮	⋮	⋮

PROFESSOR

P-ID	Name	Address
⋮	⋮	⋮

图 10-21　根据图 10-20 的实体集建立的 3 个表

2. 联系集上的关系

E-R 图中的每个联系集都创建一个关系(表),其中有一列对应于这个联系所涉及的每个实体集的关键字,如果联系有属性的话(本例中没有),这个表还可以有联系本身的属性对应的列。

图 10-20 中有两个联系集 teaches 和 takes,分别连接两个实体集。这些由联系集创建的表被加到先前的实体集创建的表中,如图 10-22 所示。

3. 规范化

规范化是一种多步处理过程,通过此过程可以将一组关系(表)转化成一组具有更好结构的新关系(表),目的是消除数据冗余(重复),消除插入、更新和删除等操作带来的异常,减少当新数据类型加入时对数据库重建的需要。

规范化过程定义了一组层次范式,包括 1NF、2NF、3NF、BCNF、4NF、PJNF 和 5NF 等。这些范式的完整论述涉及函数依赖,超出了本书的范围,这里只简单地讨论其中的一些。有一点要知道,那就是这些范式形成了一个层次结构,换言之,如果一个数据库中的关系是 3NF,那它首先应该是 2NF。

图 10-22 根据图 10-20 的实体集和联系集建立的 5 个表

1）第一范式

如果每个属性值都是不可再分的最小数据单位,则关系为第一范式(1NF)。第一范式不允许多值属性、复合属性及其组合。这是对关系模式的最起码要求,不满足第一范式的关系,不能称为关系型数据库。

当我们把实体或联系转换成表格式的关系时,可能关系的某行的其中一列有多个值。例如,在图 10-22 的一组关系中,其中有两个关系 teaches 和 takes 就不是第一范式。一个教师可以讲授多门课程,一个学生也可以选修多门课程。这两个关系可以通过重复有问题的行来进行规范化。图 10-23 显示了关系 teaches 是如何由非 1NF 规范化成 1NF 的。

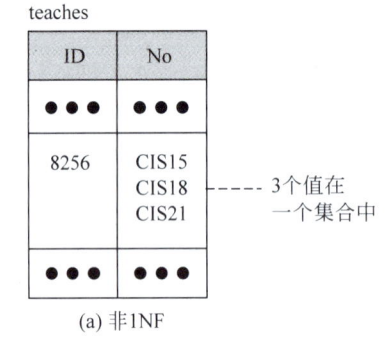

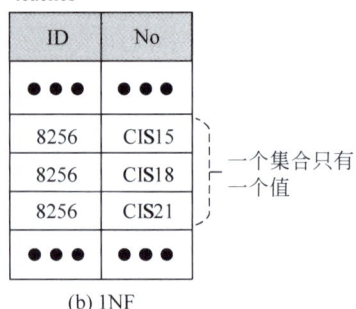

图 10-23 非 1NF 规范化成 1NF

一个不是第一范式的关系（图 10-23(a)）可能会遇到许多问题。例如,如果 ID 为 8256 的教师不再讲授课程 CIS15,那我们需要在关系 teaches 中删除这个教师记录的一部分,在数据库系统中,我们总是删除一整条记录。而不是一条记录的一部分,这样就会把这位教师以及 3 门课程一起删掉。

2）第二范式

在关系中,如果每一个非关键字属性（列值）都依赖于关键字（主键）,则该关系符合第二范式（2NF）。如果有些属性只依赖于复合关键字的一部分,那这个关系就不是第二范式的。

作为一个简单的例子,假设有一个关系有 4 个属性（Student ID, Course No, Grade, Student Name）,其中前两个组成一个复合关键字。学生的成绩是依赖于整个关键字的,但姓名只依赖于关键字的一部分。我们可以通过处理,把关系分成都是 2NF 的两部分,如图 10-24 所示。

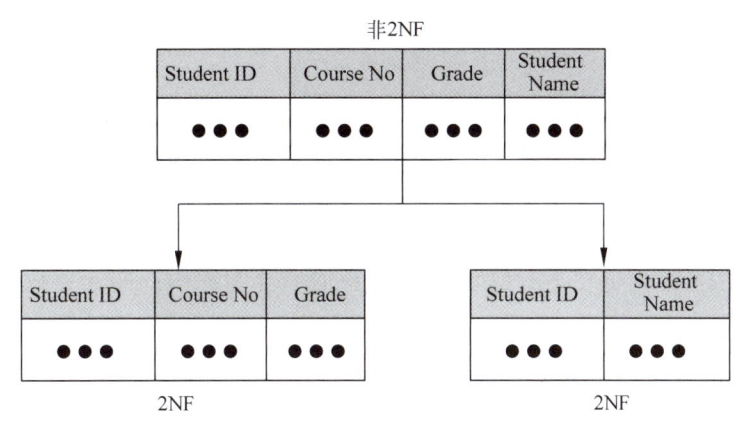

图 10-24 非 2NF 规范化成 2NF

一个不是第二范式的关系也可能遇到问题。例如,在图 10-24 上面的关系中,如果学生连一门课的成绩都没有,那就不能加到数据库中。但如果我们有两个关系,学生可以加到第二个关系中,当学生修完一门课时,这个学生的成绩就可以加到第一个关系中。

3) 其他范式

其他范式使用属性间更复杂的依赖关系,这方面的知识留给专门介绍数据库的书籍。

总之,数据库设计时,关系(表)应满足如下性质。

(1) 表中每一列的取值范围都是相同的,也就是数据类型相同。

(2) 不同列的取值范围可以相同,但列名称不能相同。

(3) 表中列的次序可以变换,不影响关系的实际意义。

(4) 同一个表中,不允许存在两个完全相同的记录(行),这是集合的一个基本性质,保证了关系中记录的唯一性。

(5) 行的次序可以任意交换。

(6) 关系中的任何一个属性值都必须是不可分的元素。

10.6 大数据简介

10.6.1 大数据的概念与意义

1. 大数据的概念

"大数据"(Big Data)这一概念的形成,有如下 3 个标志性事件。

2008 年 9 月,美国《自然》(*Nature*)杂志专刊 *The Next Google* 第一次正式提出"大数据"概念。

2011 年 2 月,《科学》(*Science*)杂志专刊 *Dealing with Data* 通过社会调查的方式,第一次综合分析了大数据对人们生活造成的影响,详细描述了人类面临的"数据困境"。

2011 年 5 月,麦肯锡研究院发布报告 *Big Data: The Next Frontier for Innovation, Competition, and Productivity*,第一次对大数据做出相对清晰的定义:"大数据是指其大小超出了常规数据库工具获取、储存、管理和分析能力的数据集"。

2. 大数据的4V特征

(1) 容量大(Volume)

从2013年至2020年,人类的数据规模会扩大50倍,每年产生的数据量将增长到44万亿吉比特,相当于美国国家图书馆数据量的数百万倍,且每18个月翻一番。

(2) 种类多(Variety)

大数据与传统数据相比,数据来源广、维度多、类型杂,各种机器仪表在自动产生数据的同时,人自身的生活行为也在不断创造数据,不仅有企业组织内部的业务数据,还有相关的海量外部数据。

(3) 速度快(Velocity)

随着现代遥测、互联网、计算机技术的发展,数据生成、储存、分析、处理的速度远远超出人们的想象力,这是大数据区别于传统数据或小数据的显著特征。

(4) 价值密度低(Value)

大数据有巨大的潜在价值,但同其呈几何指数爆发式增长相比,某一对象或模块数据的价值密度较低,这无疑给我们开发海量数据增加了难度和成本。

3. 大数据的技术支撑

从技术上看,大数据与云计算的关系就像一枚硬币的正反面一样密不可分。大数据必然无法用单台计算机进行处理,必须采用分布式架构。大数据的特色在于对海量数据进行分布式数据挖掘,但它必须依托云计算的分布式处理、分布式数据库和云存储、虚拟化技术。

(1) 存储:存储成本的下降

在云计算出现之前,数据存储的成本是非常高的。例如,公司要建设网站,需要购置和部署服务器,安排技术人员维护服务器,保证数据存储的安全性和数据传输的畅通,还要定期清理数据,腾出空间以便存储新的数据,机房整体的人力和管理成本都很高。

云计算出现后,数据存储服务衍生出了新的商业模式,数据中心的出现降低了公司的计算和存储成本。例如,公司现在要建设网站,不需要去购买服务器,不需要去雇用技术人员维护服务器,可以通过租用硬件设备的方式解决问题。

(2) 计算:运算速度越来越快

海量数据从原始数据源到产生价值,期间会经过存储、清洗、挖掘、分析等多个环节,如果计算速度不够快,很多事情是无法实现的。所以,在大数据的发展过程中,计算速度是非常关键的因素。

分布式系统基础架构Hadoop的出现,为大数据带来了新的曙光。Hadoop分布式文件系统(Hadoop Distributed File System,HDFS)为海量的数据提供了存储。MapReduce则为海量的数据提供了并行计算,从而大大提高了计算效率。Spark、Storm、Impala等各种各样的技术也进入人们的视野。

(3) 智能:机器拥有理解数据的能力

大数据带来的最大价值就是"智慧",大数据让机器变得有智慧,同时人工智能进一步提升了处理和理解数据的能力。

4. 大数据的意义

(1) 有数据可说

在大数据时代,"万物皆数,量化一切,一切都将被数据化"。人类生活在一个海量、动态、多样的数据世界中,数据无处不在、无时不有、无人不用,数据就像阳光、空气、水一样常见。

(2) 说数据可靠

大数据中的"数据"真实可靠,它实质上是表征事物现象的一种符号语言和逻辑关系,其可靠性的数理哲学基础是世界同构原理。世界具有物质统一性,统一的世界中的一切事物都存在着时空一致性的同构关系。这意味着任何事物的属性和规律,只要通过适当编码,均可以通过统一的数字信号表达出来。

因此,"用数据说话,让数据发声",已成为人类认知世界的一种全新方法。在大数据背景下,因海量无限、包罗万象的数据存在,让许多看似毫不相干的现象之间发生一定的关联,使人们能够更简捷、更清晰地认知事物和把握局势。大数据的巨大潜能与作用现在难以估量,但揭示事物的相互关系无疑是其真正的价值所在。

10.6.2 大数据的来源

1. 按产生数据的主体划分

(1) 少量企业应用产生的数据,如关系型数据库中的数据和数据仓库中的数据等。

(2) 大量人产生的数据,如微信、微博、通信软件、移动通信数据、电子商务在线交易日志数据、企业应用的相关评论数据等。互联网每天产生的全部数据可以刻满6.4亿张DVD光盘。

(3) 巨量机器产生的数据,如应用服务器日志、各类传感器数据、图像和视频监控数据、二维码和条形码扫描数据等。

2. 按数据存储的形式划分

大数据不仅体现在数据量大,还体现在数据类型多。如此海量的数据中,仅有20%左右属于结构化的数据,其他属于广泛存在于社交网络、物联网、电子商务等领域的非结构化数据。

(1) 结构化数据。简单来说,结构化数据就是数据库里的数据,如企业资源管理计划(Enterprise Resource Planning,ERP)、财务系统、医院信息系统(Hospital Information System,HIS)数据库、教育一卡通、政府行政审批、其他核心数据库等数据。

(2) 非结构化数据。非结构化数据包括所有格式的办公文档、文本、图片、可扩展标记语言(Extensible Markup Language,XML)、HTML、各类报表、图像和音频、视频信息等数据。

10.6.3 大数据的应用场景

大数据可以应用在零售、金融、医疗、教育、农业、环境、智慧城市等行业。

1. 零售

零售行业大数据应用有两个层面,一个层面是零售行业可以了解客户的消费喜好和趋势,进行商品的精准营销,降低营销成本;另一个层面是依据客户购买的产品,为客户推荐可能购买的其他产品,扩大销售额,也属于精准营销范畴。

未来考验零售企业的是如何挖掘消费者需求,以及高效整合供应链满足其需求的能力,因此,信息技术水平的高低成为获得竞争优势的关键要素。

2. 金融

1）银行数据应用场景

利用数据挖掘分析出一些交易数据背后的商业价值。

2）保险数据应用场景

用数据提升保险产品的精算水平，提高利润水平和投资收益。

3）证券数据应用场景

分析对客户交易习惯和行为可以帮助证券公司获得更多的收益。

3. 医疗

医疗行业拥有大量的病例、病理报告、治愈案例、药物报告等，通过对这些数据进行整理和分析将会极大地辅助医生提出治疗方案，帮助病人早日康复。可以构建大数据平台，收集不同病例和治疗方案，以及病人的基本特征，建立针对疾病特点的数据库，帮助医生进行疾病诊断。

医疗行业的大数据应用一直在进行，但是数据并没有完全打通，基本都是孤岛数据，没办法进行大规模的应用。未来可以将这些数据统一采集起来，纳入统一的大数据平台，为人类健康造福。

4. 教育

信息技术已在教育领域有了越来越广泛的应用，教学、考试、师生互动、校园安全、家校关系等，只要技术达到的地方，各个环节都被数据包裹。

通过大数据的分析优化教育机制，也可以做出更科学的决策，这将带来潜在的教育革命。在不久的将来，个性化学习终端将会更多地融入学习资源云平台，根据每个学生的不同兴趣爱好和特长，推送相关领域的前沿技术、信息、资源乃至未来职业发展方向。

5. 农业

借助大数据提供的消费能力和趋势报告，政府可为农业生产进行合理引导，依据需求进行生产，避免产能过剩造成不必要的资源和社会财富浪费。

通过大数据的分析将会更精确地预测天气，帮助农民做好自然灾害的预防工作，帮助政府实现农业的精细化管理和科学决策。

6. 环境

借助大数据技术，天气预报的准确性和时效性将会大大提高，同时对于重大自然灾害（如龙卷风），通过大数据计算平台，人们将更加精确地了解其运动轨迹和危害等级，有利于帮助人们提高应对自然灾害的能力。

7. 智慧城市

运用大数据技术可以了解经济发展情况、各产业发展情况、消费支出和产品销售情况等，依据分析结果，科学地制定宏观政策，平衡各产业发展，避免产能过剩，有效利用自然资源和社会资源，提高社会生产效率。大数据技术也能帮助政府进行支出管理，透明合理的财政支出将有利于提高公信力和监督财政支出。

10.6.4 大数据的处理方法

大数据正带来一场信息社会的变革。大量的结构化数据和非结构化数据的广泛应用，促使人们需要重新思考已有的信息技术模式。与此同时，大数据将推动进行又一次基于信息革命的业务转型,使社会能够借助大数据获取更多的社会效益和发展机会。庞大的数据需要我们进行剥离、整理、归类、建模、分析等操作,通过这些动作,我们开始建立数据分析的维度,通过对不同维度的数据进行分析,最终才能得到想要的数据和信息。

因此,如何进行大数据的采集、导入/预处理、统计与分析和数据挖掘,是"做"好大数据的关键基础。

1. 大数据的采集

大数据的采集通常采用多个数据库接收终端数据,包括智能硬件端、多种传感器端、网页端、移动 App 应用端等,并且可以使用数据库进行简单的处理工作。

2. 导入/预处理

虽然采集端本身有很多数据库,但是如果要对这些海量数据进行有效的分析,还是应该将这些数据导入到一个集中的大型分布式数据库或分布式存储集群当中,同时,在导入的基础上完成数据清洗和预处理工作。

现实世界中的数据大都是不完整、不一致的"脏"数据,无法直接进行数据挖掘,或挖掘结果不理想。为了提高数据挖掘的质量,产生了数据预处理技术。

3. 统计与分析

统计与分析主要是利用分布式数据库或分布式计算集群对存储于其内的海量数据进行普通的分析和分类汇总,以满足大多数常见的分析需求。在大数据的统计与分析过程中,主要面对的挑战是分析涉及的数据量太大,其对系统资源,特别是 I/O 会有极大的占用。

4. 数据挖掘

数据挖掘是创建数据挖掘模型的一组试探法和计算方法,通过对提供的数据进行分析,查找特定类型的模式和趋势,最终形成模型。

10.7 小结

数据库的使用非常广泛,它比直接用文件来管理数据有很多优点。数据库是逻辑上相关的数据的集合,数据库管理系统(DBMS)定义、创建和维护数据库。

数据库有 3 层数据抽象,其中物理层决定了数据在存储设备上的实际位置,逻辑层确定这些数据间存在的关系,视图层直接与用户交互。

数据库有 3 种数据模型,分别是层次数据库、网状数据库和关系数据库,关系数据库使用最为广泛。

在关系模型中,数据在一张称为关系的二维表中组织起来。关系有如下特性:名称、属性、元组和主码。

在一个关系数据库中,可以通过几种操作,根据现有的关系建立新的关系。结构化查询语言 SQL 提供了插入、删除、更新、选择、连接、并、交等操作。

数据库的设计是一个冗长且需要一步步完成的任务。第一步通常需要与数据库潜在用户面谈,去收集需要存储的信息和各个部门的存取需求;第二步是建立一个实体联系模型;接下来就是根据前面的工作建立关系。

规范化是一个处理过程,通过此过程将先前粗略的一组关系转化成一组具有更坚固结构的新关系。

大数据是指其大小超出了常规数据库工具获取、储存、管理和分析能力的数据集。存储能力的增强和计算能力的提高使得大数据在多个行业得到了广泛的应用。

10.8 习题

1. 选择题

(1) 在 3 层数据库管理系统体系结构中，直接与硬件交互的是＿＿＿＿层。
　　A. 逻辑　　　　　　B. 概念　　　　　　C. 视图　　　　　　D. 物理
(2) 在 3 层数据库管理系统体系结构中，＿＿＿＿层定义了数据的逻辑视图。
　　A. 逻辑　　　　　　B. 概念　　　　　　C. 视图　　　　　　D. 物理
(3) 在众多的数据库模型中，＿＿＿＿模型是当前流行的模型。
　　A. 层次　　　　　　B. 网络　　　　　　C. 关系　　　　　　D. 链表
(4) 关系的列称为＿＿＿＿。
　　A. 属性　　　　　　B. 元组　　　　　　C. 集合　　　　　　D. 状态
(5) 关系的行称为＿＿＿＿。
　　A. 属性　　　　　　B. 元组　　　　　　C. 集合　　　　　　D. 状态
(6) ＿＿＿＿操作产生的表比原表多一行。
　　A. 插入　　　　　　B. 删除　　　　　　C. 更新　　　　　　D. 选择
(7) 如果想改变一个元组中的一个属性值，可以用＿＿＿＿操作。
　　A. 删除　　　　　　B. 连接　　　　　　C. 更新　　　　　　D. 选择
(8) 可以将两个关系基于相同属性结合起来的是＿＿＿＿操作。
　　A. 连接　　　　　　B. 更新　　　　　　C. 并　　　　　　　D. 交
(9) ＿＿＿＿是用于关系数据库的描述性语言。
　　A. PDQ　　　　　　B. SQL　　　　　　C. LES　　　　　　D. PBJ

2. 名词解释

① 数据库　　② DBMS　　③ 关系　　④ 属性　　⑤ 字段
⑥ 元组　　　⑦ 主键　　⑧ SQL　　⑨ E-R 模型　　⑩ 实体
⑪ 大数据　　⑫ 结构化数据　　⑬ 非结构化数据

3. 问答题

(1) 文件处理系统中存储组织信息的主要弊端有哪些？
(2) 如何理解数据抽象的 3 个层次？
(3) 数据库有哪几种模型？哪种是目前流行的？
(4) 数据库设计有哪几个阶段？
(5) 两个实体之间有哪几种联系？
(6) 什么是大数据的 4V 特征？
(7) 简述大数据与云计算之间的关系。

4. 应用题

(1) 有如图 10-25 所示的关系 A、B、C。写出单独执行下列每句 SQL 语句后的结果。

A1	A2	A3
1	12	100
2	16	102
3	16	103
4	19	104

A

B1	B2
22	214
24	216
27	284
29	216

B

C1	C2	C3
31	401	1006
32	401	1025
33	405	1065

C

图 10-25　关系 A、B、C

```
select   *    from   A   where   A2 = 16
select   A1,A2 from   A   where   A2 = 16
select   A3   from   A
select   B1   from   B   where   B2 = 216
```

（2）下面的关系属于第一范式（1NF）吗？如果不是，修改该表使它符合 1NF 的标准。

A	B	C	D
1	70	65	14
2	25,32,71	24	12,18
3	32	6,11	18

第 11 章 软件工程

CHAPTER 11

本章由软件的特点及软件危机引出软件工程的概念,说明用于软件开发过程的两个模型:瀑布模型和增量模型,然后以软件生命周期为脉络,介绍软件开发过程的 4 个阶段。

本章学习目标如下。
- 理解软件的特点。
- 理解软件危机爆发的原因。
- 描述两种主要的软件开发过程模型:瀑布模型和增量模型。
- 理解软件工程中的软件生命周期的概念。
- 理解分析阶段两种独立的方法:面向过程分析和面向对象分析。
- 理解设计阶段两种独立的方法:面向过程设计和面向对象设计。
- 理解在实现阶段软件的质量问题。
- 描述白盒测试和黑盒测试。
- 了解软件项目管理的基本内容。
- 理解软件工程中文档的重要性。

11.1 软件工程概述

11.1.1 软件的特点

软件指的是计算机系统中与硬件相互依存的另一部分,包括程序、数据和相关文档。程序是软件开发人员根据用户需求开发的、用程序设计语言描述的、适合计算机执行的指令序列。数据是使程序能正常操纵信息的数据结构。文档是与程序的开发、维护和使用有关的图文资料。软件由两部分组成,其一是机器可执行的程序和数据;其二是与软件开发、运行、维护、使用等有关的文档。

软件有以下特点。
(1) 软件是逻辑实体,而不是物理实体,具有抽象性。
(2) 软件没有明显的制作过程,可进行大量的复制。
(3) 软件在使用期间不存在磨损、老化问题。
(4) 软件的开发、运行对计算机系统具有依赖性。
(5) 软件复杂度高,开发成本高。

(6) 软件开发涉及诸多社会因素。

一般来说，计算机软件被划分为系统软件和应用软件。其中系统软件为计算机提供最基本的功能，但是并不针对某一特定应用领域。而应用软件恰好相反，不同的应用软件根据用户和所服务的领域提供不同的功能。软件被应用于各个领域，对人们的生活和工作产生了深远的影响。

11.1.2 软件危机

软件危机(Software Crisis)是计算机软件在开发和维护过程中所遇到的一系列严重困难，概括地说，主要包含以下两方面问题。

(1) 如何开发软件，怎样满足对软件日益增长的需求。

(2) 如何维护数量不断膨胀的已有软件。

引起软件危机的原因与软件流程的整体复杂度以及软件工程领域的不成熟有关，表现如下。

(1) 软件的需求在开发初期不明确，后期不断改变和增加，导致矛盾在后期集中爆发，用户对最终的系统不够满意。

(2) 软件开发的进度和成本难以控制，经常会出现经费超预算、完成期限一再拖延的现象。

(3) 缺乏完整、规范的资料，软件测试不充分，从而造成软件运行中出现大量问题，可维护性差。

软件危机突出的案例是 IBM 公司于 1963—1966 年开发的应用于 IBM360 系列机的操作系统。该软件系统大约有 100 万行源程序，投入约 5000 人年的工作量(1 人年是一个人一年的工作量)，耗资数亿美元。尽管投入了这么多的人力和物力，项目还是延期交付，并且有大量的错误。

项目负责人 F. D. Brooks 在总结该项目时无比沉痛地说："正像一只逃亡的野兽落到泥潭中垂死挣扎，越是挣扎，陷得越深，最后无法逃脱灭顶的灾难，程序设计工作正像这样一个泥潭，一批批程序员被迫在泥潭中拼命挣扎，……，谁也没有料到问题竟会陷入这样的困境。"Brooks 根据这个项目的经验和教训，写了一本书《人月神话》，他承认在项目过程中犯了不少错误。

软件危机的出现，使得人们去寻找产生危机的内在原因，发现其原因可归纳为两方面，一方面是由于软件生产本身存在着复杂性，另一方面与软件开发所使用的方法和技术有关。

1. 产生软件危机的原因

(1) 软件本身的特点(如软件规模庞大)导致开发和维护困难。

(2) 软件开发的方法不正确。

(3) 开发人员与管理人员重视开发而轻视问题的定义和软件维护。

(4) 软件开发技术落后。

(5) 软件管理技术差。

2. 消除软件危机的途径

(1) 对计算机软件有一个正确的认识(软件≠程序)。

(2) 通过技术措施：推广使用在实践中总结出来的开发软件的成功技术和方法，开发和使用更好的软件工具等。

（3）通过管理措施：必须充分认识到软件开发不是某种个体劳动的神秘技巧，而应该是一种组织良好、管理严密、各类人员协同配合共同完成的工程项目。

软件工程正是为克服软件危机而提出的一个概念，并在实践中不断地探索其原理、技术和方法。在此过程中，人们研究和借鉴了工程学的某些原理和方法，形成了一门新的学科——软件工程学，软件工程学对改善软件质量有很大的贡献，但时至今日人们并没有完全克服软件危机。

11.1.3　软件工程的概念

1968年，北大西洋公约组织在德意志联邦共和国召开的学术会议上，首次提出了"软件工程"概念，引入了现代软件开发的方法，希望用工程化的开发方法来代替小作坊式的开发模式，从管理和技术两方面指导软件开发。

软件工程有不同的定义，综合起来，我们可以这样理解，软件工程是用科学知识和技术原理定义、开发、维护软件的一门工程学科；是一门涉及计算机科学、工程科学、管理科学、数学等领域的综合性的交叉学科。其主要思想是在软件生产中用工程化的方法代替传统手工方法。

软件工程包括3个要素：方法、工具和过程。

方法：为软件开发提供"如何做"的技术，它涵盖了项目计划、需求分析、系统设计、程序实现、测试与维护等一系列任务。

工具：支持软件的开发、管理和文档的生成。

过程：支持软件开发的各个环节的控制和管理。

软件工程主要有如下3个目标。

（1）合理的预算成本，降低开发费用，提高开发效率。

（2）控制开发进度，实现预期功能，满足用户需求。

（3）提高软件质量，使软件具有可靠性、可理解性、可重用性、可适应性、可移植性、可追踪性和可维护性。

软件工程的研究内容包括：软件开发模型、软件开发方法、软件支持过程以及软件管理过程。

11.2　软件开发模型

11.2.1　瀑布模型

软件开发过程的一种非常流行的模型是瀑布模型，如图11-1所示。在这种模型中，开发过程只向一个方向流动，这意味着前一阶段不结束，后一阶段就不能开始。例如，整个工程的分析阶段应该在设计阶段开始前完成，设计阶段应该在实现阶段开始前完成。各项活动按自上而下具有相互衔接的固定次序，如同瀑布逐级下落。

瀑布模型既有优点，也有缺点。优点之一就是在下个阶段开始前的每个阶段已经完成。例如，在设计阶段的小组能准确地知道他们要做什么，因为他们有分析阶段的完整结果。测

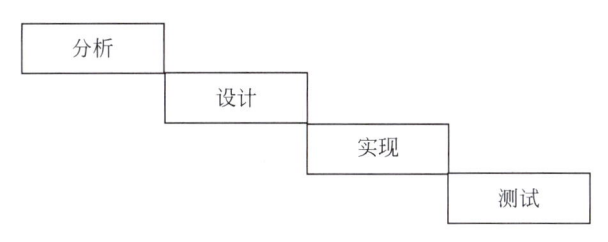

图 11-1　瀑布模型

试阶段能测试整个系统,因为整个项目已经完成。瀑布模型的缺点是难以定位问题,如果过程的一部分有问题,则必须检查整个过程。

11.2.2　增量模型

在增量模型中,软件的开发要经历一系列步骤,图 11-2 显示了增量模型的概念。开发者首先完成整个系统的简化版本,这个版本表示了整个系统,但不包括具体的细节。

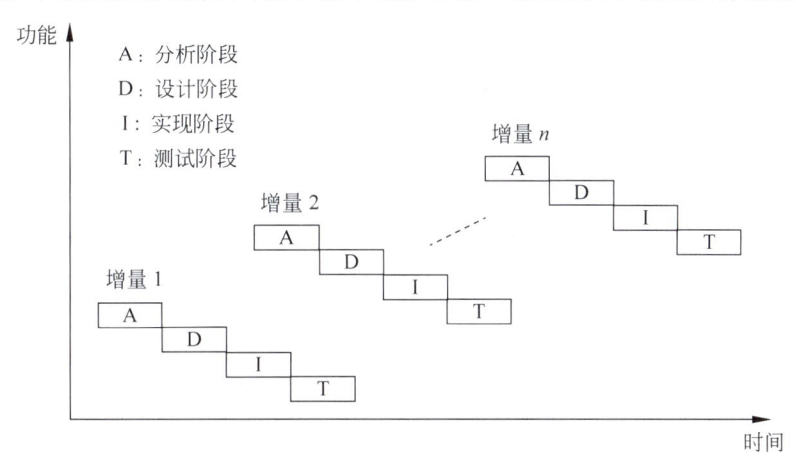

图 11-2　增量模型

在第二个版本中,更多的细节被加入,然后再次测试系统。如果这时发现有问题,开发者知道问题出自新功能,能有针对性地修改直到现有系统工作正确,然后再增加新的功能。这样的过程一直继续下去,直到要求的功能全部被加入进来。

11.3　软件生命周期

软件生命周期(Software Life Cycle)是从提出软件开发需求,启动可行性分析开始,经历软件开发过程,直到软件被开发出来投入使用,最终被淘汰为止的整个时间。

生命周期理论把整个生命周期划分为若干阶段,使得每个阶段有明确的任务,把规模大、活动多、管理复杂的软件开发活动变得容易控制和管理。

11.3.1　软件生命周期阶段划分

软件生命周期的各个阶段如图 11-3 所示,一般划分为定义时期、开发时期、运行与维护时期 3 个时期。定义时期可以进一步分为问题定义、可行性分析、需求分析 3 个阶段。开发时期可以分为设计阶段(包括概要设计、详细设计)、实现阶段(编码)以及测试阶段。软件交付用户以后,就进入了漫长的运行与维护时期,在软件被淘汰之前,要经历多次的纠错性、完善性和适应性维护活动。

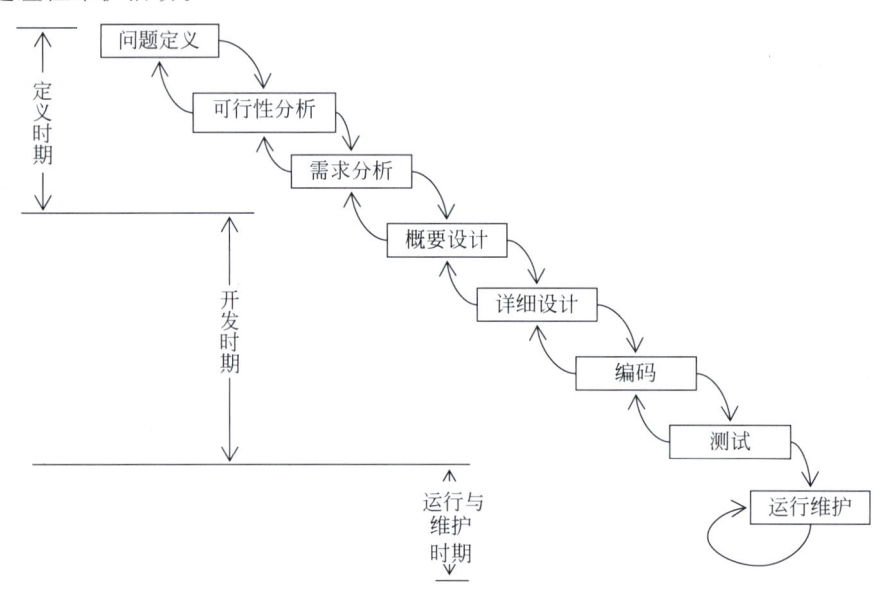

图 11-3　软件生命周期的各个阶段

11.3.2　生命周期理论对开发过程的指导意义

每个阶段的工作均以前一阶段的结果为依据,并作为下一阶段的前提。

每个阶段结束时,都要有技术审查和管理复审,从技术和管理两方面对阶段性开发成果进行检查,及时决定系统是往下继续进行,还是停工或返工。

每个阶段都进行复审,主要检查必备的文档资料的质量和有效性。前一阶段复审通过了,后一阶段才能开始。应避免到开发后期才发现前期工作中存在的严重错误,造成不可挽回的损失或浪费。

把软件生命周期划分为若干阶段,是实施软件生产工程化的基础。软件规模、种类、开发方式、开发环境以及开发使用的方法都会影响软件生存周期的阶段划分。分析师可以根据软件性质、用途及规模等因素,对软件过程中的阶段和活动进行适当的裁剪。

11.3.3　定义时期

1. 问题定义阶段

用户提出一个软件开发需求以后,分析师首先要明确软件的实现目标、规模及类型,如它是数据处理问题还是实时控制问题,是科学计算问题还是人工智能问题。

2. 可行性分析阶段

在清楚了项目的性质、目标、规模后,要对项目进行可行性分析,目的是探索这个问题是否值得去解决,是否有可行的解决方案,研究清楚后提交可行性分析报告。

可行性分析报告中应给出项目初步开发计划。根据项目的目标、功能、性能及规模,估计开发需要的资源。还要对软件开发费用、开发进度做出估计。等到需求分析结束,对项目有了进一步的认识之后,还要进行一次细化。

3. 需求分析阶段

软件是为用户开发的,软件的功能性和非功能性要求首先得由用户提出,需要用户配合软件技术人员按照用户的实际业务要求进行挖掘。

最终得到的软件产品能否满足用户的真实需求,是判断项目成败的关键要素。需求分析是详细获取并表述用户需求的活动。

需求分析的结果是后续设计与编程活动的依据。获取真实、完整的需求,并以适当工具准确地表述为需求分析模型是需求分析活动的关键。这一阶段的结果是软件需求规格说明书。

需求分析阶段可以使用两种独立的方法,它们依赖于实现阶段使用的是过程式编程语言,还是面向对象语言。本节简单地讨论这两种方法。

1) 面向过程分析

如果实现阶段使用过程式语言,那么分析阶段使用面向过程分析的方法(也称为结构化分析或经典分析)。这种情况下的规格说明可以使用多种建模工具,我们只讨论少数几个。

(1) 数据流图。

数据流图(Data Flow Diagram, DFD)以图形的方式描绘数据在系统中流动和处理的过程,由于它只反映系统必须完成的逻辑功能,所以它是一种功能模型。

数据流图使用 4 种符号。矩形表示数据源或数据目的;椭圆(或圆角矩形)表示过程(数据中的动作或操作);双横线(或末端开口的矩形)表示数据存储的地方,箭头表示数据流。

互联网还不发达时,某航空公司为给旅客乘机提供方便,需要开发一个机票预订系统。图 11-4 是该系统的数据流图,它反映的功能是旅行社把预订机票的旅客信息通过订票单输入机票预订系统;对于有效订票单,系统为旅客安排航班,打印出取票通知单(附有应交的账款);旅客从旅行社拿到取票通知单后,凭取票通知单交款,系统检验无误,输出机票给旅客。

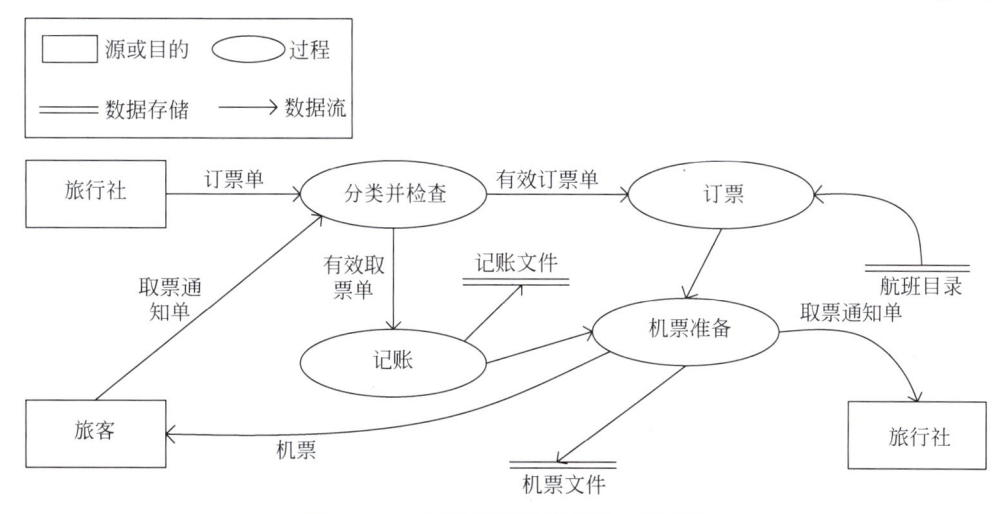

图 11-4 飞机机票预订系统的数据流图

(2) 实体联系图。

分析阶段使用的另一个建模工具是实体联系图,它也用于数据库的设计,该工具已经在第 10 章讨论过。

(3) 状态图。

状态图是一个有用的工具，它通常用于系统中的实体状态在响应事件时会改变的情况。图 11-5 显示了老式电梯的状态图。电梯可以是 3 种状态的一种：上行、下行或停止。当按了楼层按钮，电梯会按要求的方向移动，在到达目的地之前，不会响应其他任何请求。

每种状态在状态图中用圆角矩形表示。当电梯处在停止状态时，接收请求。如果请求的楼层(RF)与当前的楼层(CF)相同，请求被忽略，电梯保持停止状态；如果请求的楼层高于当前楼层(RF>CF)，电梯开始上行；如果请求的楼层低于当前楼层(RF<CF)，电梯开始下行。电梯一旦开始移动，将一直保持移动状态，直至到达请求的楼层。

2) 面向对象分析

如果软件实现使用面向对象语言，那么分析过程使用面向对象分析。这种情况下的规格说明文档可以使用多种工具，下面只讨论少数几种。

(1) 用例图。

用例图给出了系统的用户视图，它显示了用户与系统的交互。用例图使用 4 种组件，分别是系统、用例、参与者和关系。系统(用矩形表示)执行功能，系统中的行动由用例显示，用圆角矩形表示。参与者是使用系统的某人或某事。虽然参与者用线条小人来表示，但它并不一定就表示人类。

图 11-6 是老式电梯的用例图。这个图中的系统是电梯，唯一的参与者是电梯的使用者。这里有两个用例：按电梯按钮(在每层的电梯口)和在电梯内按楼层按钮。电梯在每层的电梯口只有一个按钮，按下后，向电梯发出移到该层的信号。

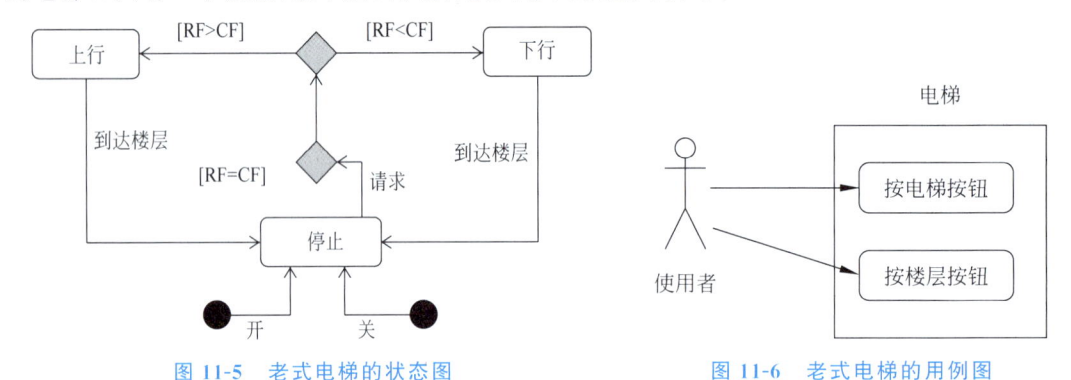

图 11-5　老式电梯的状态图

图 11-6　老式电梯的用例图

(2) 类图。

类图显示了模型的静态结构，特别是模型中存在的类、类的内部结构以及它们与其他类的关系等。

类图由许多说明性的模型元素组成，如类、包和它们之间的关系，这些元素和其内容互相连接。类图最常用的是 UML 图，它能显示类、接口以及相互之间的静态结构和关系，用于系统的结构化设计。图 11-7 为老式电梯的类图，其中有两个实体类：按钮和电梯。按钮有两种不同的类型，分别是在电梯口的电梯按钮和在电梯里的楼层按钮。这样就有一个按钮类和从该按钮类继承的两个类：电梯按钮类和楼层按钮类。

电梯系统的类图当然是可以扩展的，这个在软件工程这门课程里会进一步学习。

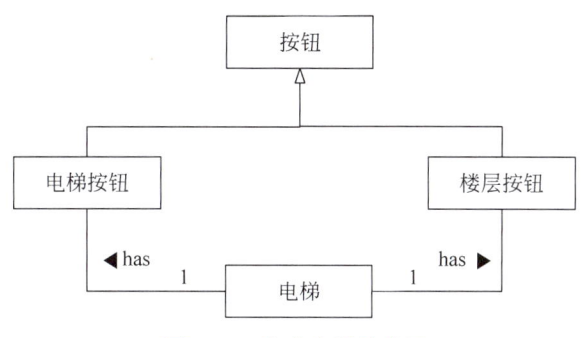

图 11-7　老式电梯的类图

11.3.4　设计阶段

概要设计阶段,开发人员根据软件需求规格说明书,构造目标系统的软件结构。这也被称为"总体设计",用于获得目标系统的宏观蓝图。

详细设计包括过程设计、数据结构设计等活动,主要是把概要设计的结果细化为可以用某种编程语言实现的设计方案。

结构化方法中,主要是程序流程设计和用户界面设计。面向对象的方法中,是对前期得到的类或对象模型进行细节设计,使之可以直接支持编程。

设计阶段定义系统如何完成在定义阶段所定义的需求。在设计阶段,系统所有的组成部分都会被表述出来。

1. 面向过程设计

在面向过程设计中,既要有设计过程,也要有设计数据,整个系统被分解成一组过程或模块。

1)结构图

在面向过程设计中,说明模块间关系的常用工具是结构图。例如,图 11-5 显示的老式电梯的状态图可以设计成一组模块,这些模块显示在图 11-8 所示的结构图中。

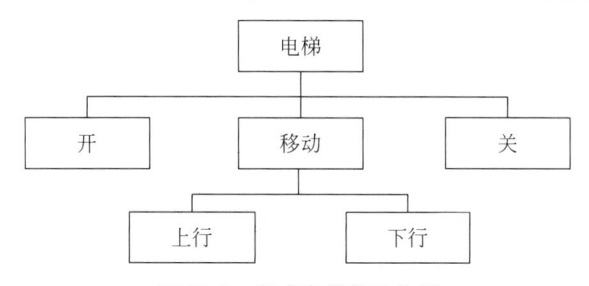

图 11-8　老式电梯的结构图

2)模块化

模块化意味着将大项目分解成较小的部分,以便理解和处理。换言之,模块化意味着将大程序分解成能互相传递数据的小程序。当系统被分解成模块时,主要关心耦合和内聚。

耦合是对两个模块互相绑定的紧密程度的度量。越紧耦合的模块,它们的独立性越差。既然目标是为了让模块尽可能独立,那么就需要让它们松散耦合。软件系统中模块间的耦合应该最小化,原因如下:

(1) 松散耦合的模块更可能被重用。

(2) 松散耦合的模块不容易在相关模块中产生错误。

(3) 当系统需要修改时,松散耦合的模块允许我们只修改需要改变的模块,而不会影响到不需要改变的模块。

内聚是对一个模块内部各个元素彼此结合的紧密程度的度量。所谓高内聚是指一个软件模块由相关性很强的代码组成,只负责一项任务,也就是我们常说的单一责任原则。我们需要尽可能使软件系统模块的内聚最大化。

2. 面向对象设计

在面向对象设计中,设计阶段详细描述类的细节。类由一组变量(属性)和一组方法组成,面向对象设计阶段列出这些属性和方法的细节。图 11-9 显示了老式电梯设计使用的 4 个类的细节。

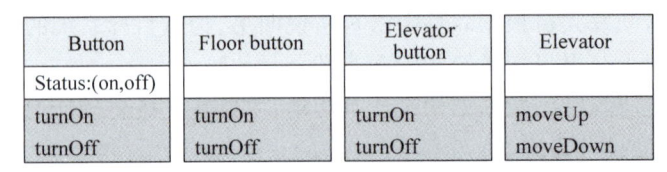

Button	Floor button	Elevator button	Elevator
Status:(on,off)			
turnOn	turnOn	turnOn	moveUp
turnOff	turnOff	turnOff	moveDown

图 11-9　老式电梯设计使用的 4 个类

11.3.5　实现阶段

在瀑布模型中,设计阶段完成之后,实现阶段就可以开始了。在这个阶段,程序员为面向过程设计的模块编写程序,或者实现面向对象设计中的类。在这两种情况下,都有一些需要提及的问题。

1. 语言的选择

在面向过程开发中,团队需要从面向过程的语言中选择一种或一组语言。不同的编程语言有着不同的优势,要根据实际项目的特性去选择编程语言,有的项目可能同时用到多种编程语言。虽然有些语言(如 C++)被看成既是面向过程的,又是面向对象的语言,但在面向过程开发中通常使用纯过程语言(如 C 语言)。在面向对象的情况下,C++ 和 Java 的使用都很普遍。

2. 软件质量

在实现阶段的软件质量是一个非常重要的问题。高质量的软件系统能满足用户需求,符合组织操作标准,并能高速运行在为其开发的硬件上。如果我们想开发出高质量的软件系统,就必须定义软件质量的一些属性。

软件质量可以有 3 个广义的度量:可操作性、可维护性和可迁移性,如图 11-10 所示,还可以进一步展开。

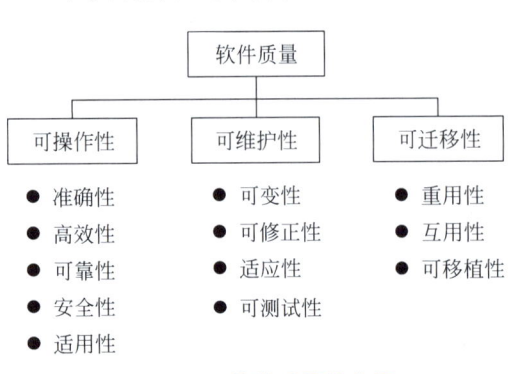

```
            软件质量
    ┌──────────┼──────────┐
  可操作性    可维护性    可迁移性
  ● 准确性    ● 可变性    ● 重用性
  ● 高效性    ● 可修正性  ● 互用性
  ● 可靠性    ● 适应性    ● 可移植性
  ● 安全性    ● 可测试性
  ● 适用性
```

图 11-10　软件质量的度量

1) 可操作性

可操作性涉及系统的基本操作。就如图 11-10 中显示的,可操作性有多种度量方法,包括准确性、高效性、可靠性、安全性和适用性。

（1）不准确的系统比没有系统更糟糕。任何开发的系统都必须经过测试工程师和用户的检测。准确性能够通过诸如每千行代码错误数、用户请求变更数等测量指标度量。

（2）高效性大体上是个主观的术语，但有些情况下，用户会指定性能指标。例如，指定实时响应必须在 1s 之内接收到，成功率在 95% 以上。这样明确规定后，就是可测量的。

（3）可靠性指系统能够连续正常提供服务的能力，可以用平均无故障时间度量。

（4）一个系统的安全是以未经授权的人得到系统数据的难易程度为参照的。尽管这有点主观，但仍然有可检查的清单帮助评估系统的安全性。例如，系统有没有设定需要密码来验证用户。

（5）适用性是一个很主观的指标。适用性的度量方法是观察用户，看他们是如何使用这个系统的。用户访谈常常能够发现系统适用性方面的问题。

2）可维护性

可维护性以保持系统正常运行并及时更新为参照。很多系统需要经常修改，这不是因为它们不能很好地运行，而是因为外部因素的改变。例如，一个公司的工资单系统就不得不经常修改以满足政府法律和规则的改变。

（1）可变性是个主观因素。但是，一个有经验的项目领导可以估计出多长时间会发生一次改变请求。有些系统需要花较长的时间才能改变，老系统常常如此。目前在这个领域有很多软件度量工具来评估程序的复杂性和结构。

（2）可修正性用来度量当程序发生故障后使程序恢复运行所花费的时间。目前还没有办法能预测从故障中改正程序需要花多长时间。

（3）用户经常要求系统进行变动。适应性是个定性的属性，试图度量进行这些变动的难易程度。如果一个系统需要完全重写程序才能改变，那它就没有适应性。

（4）读者可能会认为可测试性是个很主观的指标，但测试工程师有包含各种因素的检测清单来评估系统的可测试性。

3）可迁移性

可迁移性是指把数据和（或）系统从一个平台移动到另一个平台并能正常工作的能力。

（1）如果编写的模块可以在其他系统中使用，那么它就具有很好的重用性。好的程序员会建立函数库，以便在解决类似的问题时能够重用这些函数。

（2）互用性是发送数据给其他系统的能力。在当今高度集成的系统中，这是非常需要的属性。例如，微软的文字处理软件和电子数据表软件之间能够传递数据。

（3）可移植性是一种把软件从一个硬件平台转移到另一个硬件平台的能力。

11.3.6　测试阶段

※读者可观看本书配套视频 16：软件测试。

测试阶段的目标是发现错误，良好的测试策略能发现更多错误。有两种测试方法，分别是白盒测试和黑盒测试，如图 11-11 所示。

1. 白盒测试

白盒测试（也称为玻璃盒测试）是基于知道软件内部结构的一种测试方法。测试的目

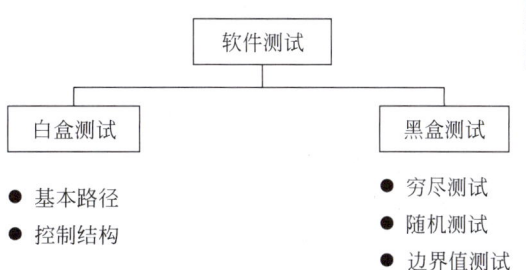

图 11-11　软件测试的两种方法

标是检查软件所有的部分是否全部设计出来了。白盒测试假定测试者知道有关软件的一切，在这种情况下，程序就像玻璃盒子，其中的每件事都是可见的。白盒测试由软件工程师或专门的团队完成。使用白盒测试需要保证至少满足下面 4 条标准。

(1) 每个模块中的所有独立的路径至少被测试一次。

(2) 对所有的逻辑值均需要测试真、假两个分支。

(3) 每个循环都要测试。

(4) 所有数据结构都要测试。

根据测试程序是否运行，白盒测试分为静态白盒测试和动态白盒测试两种。

静态白盒测试也称为结构分析，是指在不执行程序的情况下审查软件设计、体系结构和代码，从而找出软件缺陷的过程。静态白盒测试方法包括代码走查法、代码审查法、控制流分析法、数据流分析法等。

动态白盒测试是通过输入一组预先按照一定的测试准则构造的实例数据动态运行程序，而发现程序错误的过程。

动态白盒测试包括逻辑驱动测试法(语句覆盖、分支覆盖、条件覆盖、判定/条件覆盖、条件组合覆盖)和基本路径测试法(路径覆盖)。下面只讨论基本路径测试法。

基本路径测试法创建一组测试用例，这些用例将软件中的语句每条执行至少一次。

基本路径测试法使用图论和图复杂性找到必须走过的独立路径，从而保证每条语句至少被执行一次。

例如，为了给出基本路径测试的理念和找到部分程序中的独立路径，假定系统只由一个程序构成，程序只有一个单循环，如图 11-12 所示。

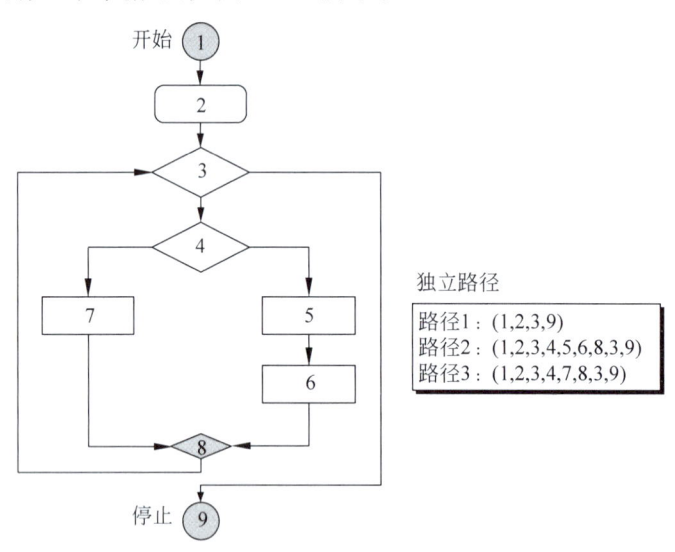

图 11-12 基本路径测试的一个例子

独立路径如下：

- 路径 1：(1,2,3,9)
- 路径 2：(1,2,3,4,5,6,8,3,9)
- 路径 3：(1,2,3,4,7,8,3,9)

在这个简单的程序中,有 3 条独立路径。第一条是循环被跳过的情况;第二条是通过判断结构的右分支,循环被执行一次;第三条是通过判断结构的左分支,循环被执行一次。设计测试用例的理念就是覆盖基本路径集中的所有 3 条路径,这样所有语句至少被执行一次。

2. 黑盒测试

黑盒测试(也称为功能测试)是将被测程序(软件)看作一个打不开的黑盒子,测试人员并不知道程序的内部结构,只是根据规格说明文档了解程序的功能,根据功能需求设计测试用例,进行测试。

常用的黑盒测试方法有等价类测试法、边界值测试法、因果图测试法等。

1) 等价类测试法

等价类测试法是把所有可能的输入数据划分成若干部分,从每一部分中选取少数有代表性的数据作为测试用例。等价类测试法适用于测试各种合法输入和非法输入是否能产生正确的输出结果。

2) 边界值测试法

通过长期的测试工作经验可以得到一个结论:大量缺陷发生在输入域或输出域的边界(即极值)上,而非输入或输出域的内部,例如,$x \geqslant 100$ 被写成 $x > 100$。因此,边界值测试法重点关注边界附近的数据测试。

3) 因果图测试法

程序规范的描述中,"原因"往往是输入条件或输入条件的等价类,"结果"是输出条件。因果图测试法是一种利用图解法分析输入的各种组合情况,从而设计测试用例的测试方法,它适用于检查程序输入条件的各种组合情况。

11.3.7 软件文档

软件的正确使用与有效维护离不开文档,文档是一个持续的过程。

软件文档编制贯穿于软件产品开发的各个阶段,是提高软件产品开发效率、规范软件产品开发过程、保证软件产品质量的关键。软件通常有 3 种独立的文档:用户文档、系统文档和技术文档。

1. 用户文档

为了能够正确使用软件,用户文档对用户来说是必不可少的,它告诉用户如何一步一步地使用软件系统。用户文档通常包含一个教程,用来指导用户熟悉软件系统的各项特性。

2. 系统文档

系统文档定义软件本身。撰写系统文档的目的是让原始开发人员之外的人能够维护和修改软件系统。系统文档在系统开发的所有阶段都应该存在。

3. 技术文档

技术文档描述了软件系统的安装和服务,包括安装文档和服务文档。

安装文档描述系统软件如何安装在每台计算机上;服务文档则描述系统应该如何维护和更新。

11.4 软件项目管理

软件项目管理是为了使软件项目能够按照预定的成本、进度、质量顺利地完成并且对人员、产品、过程和项目进行分析和管理的活动。

11.4.1 软件项目管理概况

1. 软件项目管理的内容

软件项目管理的主要内容包括人员组织与管理、软件度量、计划管理、风险管理、软件质量保证、软件过程能力评估、软件配置管理等。这几个方面贯穿、交织于整个软件开发过程中。

(1) 人员的组织与管理把注意力集中在项目组人员的构成和优化上。

(2) 软件度量是用量化的方法评测软件开发中的费用、生产率、进度和产品质量等要素是否符合期望值。

(3) 软件项目计划主要包括工作量、成本、开发时间的估计。

(4) 风险管理预测未来可能出现的危害到软件产品质量的各种潜在因素。

(5) 软件质量保证是保证产品和服务充分满足消费者的要求而进行的有计划、有组织的活动。

(6) 软件过程能力评估是对软件开发能力的高低进行衡量。

(7) 软件配置管理是针对开发过程中人员和工具的配置、使用等的管理策略。

2. 软件项目管理的原则

在进行软件项目管理时,应该遵循以下 7 条原则。

(1) 用分阶段的生命周期计划严格管理。

(2) 坚持进行阶段评审。

(3) 实行严格的产品控制。

(4) 采用现代程序设计技术。

(5) 结果应能够清楚地审查。

(6) 开发小组的人员应该少而精。

(7) 承认不断改进软件工程实践的必要性。

3. 人员组织与管理

软件开发过程中的开发人员是最大的资源,对人员的配置、调度安排贯穿于整个软件开发过程。人员的组织管理是否得当,是影响软件项目质量的决定性因素。

(1) 在软件开发的开始,要合理地配置人员,根据项目的工作量以及所需要的专业技能,再参考各个人员的能力、性格、经验,组织一个高效、和谐的开发小组。

(2) 在选择人员的问题上,要结合实际情况决定是否选某人进入开发组。

(3) 在决定一个开发组的开发人员数量时,除了考虑候选人素质以外,还要综合考虑项目规模、工期、预算、开发环境等因素的影响。

4. 计划管理

软件项目计划是一个软件项目进入系统实施的启动阶段,主要进行的工作包括:确定详细的项目实施范围,定义递交的工作成果,评估实施过程中主要的风险,制订项目实施的时间计划、成本和预算计划、人力资源计划等。

软件项目管理过程的第一项活动就是估算,估算项目周期、项目的工作量以及人力资源计划。此外,还必须估算项目所需要的其他资源(如硬件和软件)和可能涉及的各种风险。

对于项目管理者,他的目标是定义所有的项目任务,识别出关键任务,跟踪关键任务的进展情况,以保证能够及时发现拖延进度的情况。为此,项目管理者必须制定一个足够详细的进度表,以便监督项目进度并控制整个项目。

11.4.2 软件过程能力评估

1. ISO9000 与 CMM

软件过程能力描述了一个企业开发高质量软件产品的能力。

ISO9000 系列标准是国际标准化组织(ISO)1987 年颁布的在全世界范围内通用的关于质量管理和质量保证方面的系列标准。ISO9001 是软件企业开展质量体系认证依据的标准。

能力成熟度模型(Capability Maturity Model,CMM)是美国卡内基·梅隆大学软件工程研究所于 1987 年提出的评估和指导软件研发项目管理的一系列方法,用 5 个不断进化的层次描述软件过程能力。

ISO9000 系列国际标准是在总结了英国的国家标准基础之上产生的,因此,欧洲通过 ISO9000 系列认证的企业数量最多,约占全世界的一半以上。受此影响,相当多的欧洲软件企业选择了 ISO9001 认证。

美国的软件企业更多选择取得 CMM 等级证书。在形式上,CMM 分为 5 个等级(第 1 级级别最低,第 5 级级别最高),与 ISO9000 审核后只有"通过"和"不通过"两个结论相比,CMM 是一个动态的过程,企业在取得低级别证书后,可根据高级别的要求确定下一步改进的方向。在基本原理方面,ISO9001 和 CMM 都十分关注软件产品质量和过程改进,尤其是 ISO9000:2000 版标准增加持续改进、质量目标的量化等方面的要求后,在基本思路上和 CMM 更加接近。下面重点介绍 CMM。

2. CMM 基本思想

因为问题是由管理软件过程的方法引起的,所以新软件技术的运用不会自动提高生产率和利润率。CMM 有助于组织建立一个有规律的、成熟的软件过程。改进的过程将会生产出质量更好的软件,使更多的软件项目免受时间和费用超支之苦。

软件过程包括各种活动、技术和用来生产软件的工具。因此,它实际上包括了软件生产的技术方面和管理方面。CMM 策略力图改进软件过程的管理,而在技术上的改进是其必然的结果。

必须牢记,软件过程的改善不可能在一夜之间完成,CMM 是以增量方式逐步引入变化的。CMM 明确地定义了 5 个不同的"成熟度"等级,一个组织可按一系列小的改良性步骤向更高的成熟度等级前进。

整个企业应该把重点放在对过程的不断优化上,采取主动的措施找出过程的弱点与长处,以达到预防缺陷的目的。同时,分析各有关过程的有效性资料,做出对新技术的成本与效益的分析,并提出对过程进行修改的建议。达到该级的公司可自发地不断改进,防止同类缺陷二次出现。

CMM为软件的过程能力提供了一个阶梯式的改进框架，它基于以往软件工程的经验教训，提供了一个基于过程改进的框架图，指出一个软件组织在软件开发方面需要哪些主要工作，这些工作之间的关系，以及开展工作的先后顺序，一步一步做好这些工作而使软件组织走向成熟。CMM的思想来源于已有多年历史的项目管理和质量管理，自产生以来几经修订，成为软件业具有广泛影响的模型，并对以后项目管理成熟度模型的建立产生了重要的影响。尽管已有个人或团体提出了各种各样的成熟度模型，但还没有一个能挑战CMM的权威标准地位。

3. CMM等级

1）第一级：初始级（最低级）

特点：软件工程管理制度缺乏，过程缺乏定义，混乱无序；成功依靠的是个人的才能和经验，经常由于缺乏管理和计划导致时间、费用超支；管理方式属于反应式，主要用来应付危机；过程不可预测，难以重复。

2）第二级：可重复级

特点：基于类似项目中的经验，建立了基本的项目管理制度，采取了一定的措施控制费用和时间；管理人员可及时发现问题，采取措施；一定程度上可重复类似项目的软件开发。

关键过程：需求管理、项目计划、项目跟踪和监控、软件子合同管理、软件配置管理和软件质量保障。

3）第三级：已定义级

特点：已将软件过程文档化、标准化，可按需要改进开发过程，采用评审方法保证软件质量；可借助CASE工具提高质量和效率。

关键过程：组织过程定义、组织过程焦点、培训大纲、软件集成管理、软件产品工程、组织协调和专家审评。

4）第四级：已管理级

特点：针对性地制定质量、效率目标，并收集、测量相应指标；利用统计工具分析并采取改进措施；对软件过程和产品质量有定量的理解和控制。

关键过程：定量的软件过程管理和产品质量管理。

5）第五级：优化级（最高级）

特点：基于统计质量和过程控制工具，持续改进软件过程，质量和效率稳步改进。

关键过程：缺陷预防、过程变更管理和技术变更管理。

11.5 小结

软件是计算机系统的重要组成部分，其开发和维护有自身的特点。在软件危机爆发后，人们为了提高软件质量，提出了"软件工程"的概念。

本章讨论了两种最通用的软件开发模型：瀑布模型和增量模型。

软件生命周期是软件工程中的基本概念，包括4个核心阶段：分析、设计、实现和测试。这些阶段都有一些相关的模型被使用。

整个开发过程开始于分析阶段。这个阶段产生了规格说明文档，说明软件要做什么，而没有说明如何去做。分析阶段可以使用两种方法：面向过程分析和面向对象分析。

设计阶段定义了系统如何完成在分析阶段所定义的功能。在面向过程设计中，整个过程被分解成一组过程或模块。在面向对象设计中，设计阶段详细列出类中的细节。模块化是将大程序分解成能理解和容易处理的小程序。当系统被分解成模块时，模块间必须内聚最大化，耦合最小化。

在实现阶段，程序员为面向过程程序设计中的模块编写代码，或编写程序单元实现面向对象设计的类。软件质量非常重要。软件质量划分成 3 个广义的度量：可操作性、可维护性和可迁移性。

测试阶段的目标就是发现错误，有两类测试：白盒测试和黑盒测试。白盒测试基于软件的内部结构已知；黑盒测试是在不知道软件内部结构的情况下进行测试。

软件过程能力描述了一个企业开发高质量软件产品的能力，现行的国际标准主要有两个：ISO9000 和 CMM。CMM 分为 5 个等级，级别越高，表明软件开发过程越规范。

11.6　习题

1. 名词解释
① 软件工程　　② 耦合　　③ 内聚　　④ 白盒测试
⑤ 黑盒测试　　⑥ ISO9000　⑦ CMM

2. 问答题
（1）软件有哪些特点？
（2）简述软件危机产生的原因及解决途径。
（3）简述软件工程的三要素。
（4）什么是瀑布模型？
（5）什么是增量模型？
（6）软件生命周期分为哪几个阶段？各阶段主要做什么工作？
（7）软件质量可以从哪几个方面来度量？
（8）白盒测试有哪几种重要的方法？
（9）常用的黑盒测试方法有哪些？
（10）软件项目管理的内容主要包括哪几方面？
（11）CMM 分为哪几个等级？各自有什么特点？

第 12 章 信息安全

CHAPTER 12

我们生活在信息爆炸的时代,信息作为一种有价值的资产,其安全性至关重要。对信息安全的威胁来自方方面面,保护信息安全的技术有多种。

本章学习目标如下。
- 理解3种安全目标(机密性、完整性和可用性)和威胁这些目标的攻击。
- 说明预防攻击的5种安全服务:数据机密性、数据完整性、可验证性、不可否认性和访问控制。
- 理解对称密钥密码技术和非对称密钥密码技术。
- 理解数字签名的思想以及它如何能提供消息完整性、消息验证和不可否认性。
- 掌握实体验证和证据的分类。
- 了解防火墙技术。
- 了解病毒的基本工作原理和预防病毒的措施。

12.1 信息安全概述

12.1.1 信息安全的必要性

随着信息技术的发展,人们的日常生活已与信息化分不开。手机短信、电话、电子邮件、网上银行、网上购物、网上求职、上网聊天等,我们几乎每天都在使用。在工作中的信息化也很常见,如电子商务、网上交易、电子政务等。

几乎每年都爆出大量个人隐私数据被泄露、保密数据被泄露、重要的数据库被管理员误删除、黑客入侵、病毒爆发等消息。例如,2017年5月12日爆发的勒索病毒,在24小时内感染全球150个国家的30万名用户,造成直接损失达80亿美元。人们对信息技术的极度依赖、因特网本身的不安全以及多种威胁的存在都需要信息安全。

从最高层次来讲,信息安全关系到国家的安全;对组织机构来说,信息安全关系到组织的正常运作和持续发展;就个人而言,信息安全是保护个人隐私和财产的必然要求。无论是个人、组织还是国家,保证关键的信息资产的安全性都是非常重要的。

12.1.2 信息安全的定义及属性

随着信息技术的发展,信息安全得到越来越多的重视。信息系统在社会发展中的重要地位促使学术界对信息安全概念的理解和认识越来越深入和丰富。严格来说,对信息安全并没有一致的定义,不同组织从不同角度阐述信息安全的概念。

1. 信息安全的不同定义

定义 1　维护信息的机密性、完整性和可用性。此外,还可能涉及其他属性,如真实性、可核查性、不可否认性和可靠性。

定义 2　保护信息和信息系统免受未经授权的访问、使用、披露、中断、修改或破坏,以提供机密性、完整性和可用性。

定义 3　信息安全是指对信息系统的硬件、软件、系统中的数据及依托其开展的业务进行保护,使得它们不会由于偶然的或恶意的原因而遭到未经授权的访问、泄露、破坏、修改、审阅、检查、记录或销毁,保证信息系统连续可靠地正常运行。信息安全具有真实性、机密性、完整性、不可否认性、可用性、可核查性和可控性等 7 个主要属性。

2. 信息安全的属性

信息安全的不同定义都认可信息安全旨在确保信息的机密性(Confidentiality)、完整性(Integrity)和可用性(Availability),简称为 CIA。

1) 机密性

机密性是指不向未经授权的个人、实体或计算机进程提供或披露信息。这一点或许是信息安全中最常见的问题,我们需要保护机密信息,以防那些威胁到信息机密性的恶意行为。在军事领域,主要关心的是敏感信息的隐藏;在工业领域,向竞争对手隐藏信息对组织的运营非常关键;在银行业,客户账户信息需要保密。

2) 完整性

在数据的整个生命周期中维护和确保数据的准确性和完整性,不能以未经授权或未检测到的方式修改数据。

3) 可用性

信息系统必须对那些被授予访问权限的人在需要时能提供信息。这意味着用于存储和处理信息的计算机系统、用于保护信息的安全控制以及用于访问信息的通信通道必须正常工作。高可用性系统的目标是始终可用,防止因断电、硬件故障和系统升级而导致的服务中断。确保可用性还涉及防止拒绝服务攻击或系统设计不佳,致使当系统遭遇巨量访问时,无法及时提供信息,甚至被迫关闭。

以日常生活中保护自己的钱财为例,来说明上述 3 项安全目标。

(1) 首先,我们不希望别人知道自己有多少钱,因为这是隐私,这是保密性。

(2) 其次,我们不希望在不知情的情况下钱被别人拿走,原来有多少钱,现在还有多少钱,这是完整性。

(3) 我们肯定希望自己能随心所欲地用这笔钱,这是可用性。

不同的信息系统承担着不同类型的业务,因此,除了上面的 3 个基本特性以外,可能会有下面列出的其他具体需求。

4) 不可抵赖性

发送信息方不能否认发送过信息,信息的接收方不能否认接收过信息。建立有效的责任机制,防止用户否认其行为,这一点在电子商务中是极其重要的。

5) 可控性

对信息的传播及内容具有控制能力的特性,防范危害的不断扩大,起到风险控制最小化的作用。

6）可核查性

出现安全问题时能提供追查的依据和手段。

12.1.3 安全威胁

信息安全的机密性、完整性和可用性等会受到威胁。安全威胁是一种对系统、组织及其资产构成潜在破坏能力的可能性因素或事件。安全威胁是提出安全需求的重要依据。

1. 安全威胁的来源

1）物理安全

由于断电、水灾、火灾、地震、雷电、静电、电磁干扰等环境条件和自然灾害，或是由于软件故障、硬件故障、通信线路故障造成信息丢失或不可用。

2）系统漏洞

操作系统、数据库、应用系统等软件在设计上不可能无缺陷，难免会有漏洞，甚至人为地留有"后门"，这给黑客攻击提供了方便。另外，网络协议开放性的特点也带来了一定的安全问题。

3）人为因素

人为因素可以分为3种情况。

（1）无恶意内部人员。由于缺乏责任心、不关心和不专注，或者没有遵循规章制度和操作流程而导致计算机系统受到威胁的内部人员；由于缺乏培训、专业技能不足、不具备岗位技能要求而导致计算机系统受到威胁的内部人员。

（2）恶意内部人员。不满或有预谋的内部人员对计算机系统进行恶意破坏；采用自主的或内外勾结的方式盗窃机密信息或进行篡改，以获取利益。

（3）外部人员。外部人员利用计算机系统的脆弱性，对网络和系统的机密性、完整性和可用性进行破坏，以获取利益或炫耀能力，使用计算机病毒、蠕虫、木马以及拒绝服务攻击等手段。

图 12-1 总结了大多数安全威胁的来源。

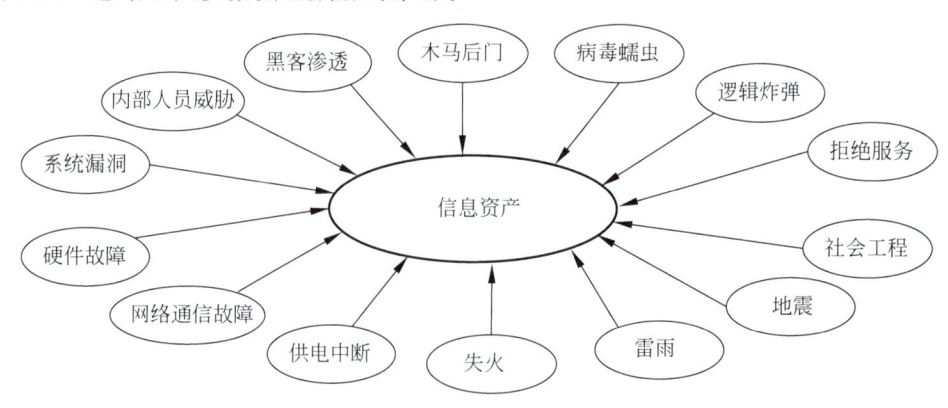

图 12-1 安全威胁来源

2. 安全威胁的表现

安全威胁可以分为暴露（Disclosure）、欺骗（Deception）、打扰（Disruption）和占用

（Usurpation）4类。

1）暴露

暴露指对信息进行未授权访问，威胁信息的机密性。此类攻击通常使用嗅探（Snooping）和流量分析这两种方式。嗅探是指对数据的非授权访问和侦听。例如，通过因特网传输的文件可能含有机密信息，非授权的人可能侦听传输信号，并为他们自己的利益使用其中的内容。为了防止嗅探，可以使用加密技术使侦听者无法理解数据。流量分析是入侵者通过在线流量监控，收集其他类型的信息。例如，他们能找到发送者或接收者的电子邮件地址，收集多对请求和响应，以猜测交易的性质等。

2）欺骗

欺骗指信息系统被误导接收到错误的数据甚至做出错误的判断，包括来自篡改、重放、假冒、否认等威胁。

篡改是指攻击者修改信息，使得信息对他们有利。例如，一个客户可能向银行发送了一条消息去完成一笔交易，攻击者侦听到消息，为了自己的利益修改了交易的类型。

当攻击者冒充其他人时，假冒或哄骗就发生了。例如，一个攻击者可能盗窃银行客户的银行卡和个人识别码而假装是这个客户。

重放是指攻击者得到用户发送的消息的副本，然后设法回放它。例如，一位客户向银行发送了一条给第三方付款的请求，第三方侦听到这条消息，再次发送这条消息，想从银行再得到一次付款。

否认是指信息的发送者后来否认发送过信息，或信息的接收者后来否认接收过信息。发送者否认的例子是一个银行客户要求银行给第三方付款，但后来他否认有过这样的请求。接收者否认的例子是某人向一个制造商购买了产品，并已经电子付款，但制造商否认已经收到付款而要求再付。

3）打扰

打扰指干扰或中断信息系统的执行，主要包括来自网络与系统攻击、灾害、故障与人为破坏的威胁。攻击者可以使用几种策略取得这样的效果。他们可能使系统变得非常忙碌而崩溃，或在一个方向上侦听消息的发送，使得发送系统以为通信的一方丢失了信息，需要再次发送这些消息。

4）占用

占用指未授权使用信息资源或系统，如通过木马程序控制其他计算机，使用该计算机的资源。

有些信息安全威胁，如病毒和其他恶意代码，可能带来上述多种危害。

12.1.4 安全技术

1. 安全服务

为了达到安全目标和防止安全攻击，人们定义了安全服务的标准。5个常用的安全服务标准是数据机密性、数据完整性、验证、不可否认以及访问控制。

数据机密性用来保护数据，防止嗅探和流量分析。数据完整性用来保护数据，防止攻击者修改、插入、删除和回复，它可以保护整个信息或部分信息。验证提供了在连接建立时发送者和接收者的身份验证，也对数据源提供验证。不可否认防止数据的发送者或接收者的否认。在带有原始证据的不可否认中,数据的接收者能证明发送者的身份。在带有证据递送的不可否认中,数据的发送者能证明数据已经递送给目标接收者。访问控制保护数据,防止非授权访问,访问的含义很广泛,它涉及读、写、修改、执行程序等。

2. 密码技术

可以使用密码技术实现保密。密码系统是用于对消息进行加密和解密的系统,可以用以下的一个五元组来表示。

(1) 明文:未加密的原始信息。
(2) 密文:明文被加密后的结果。
(3) 密钥:参与密码变换的参数。
(4) 加密算法:明文加密时采用的一组规则。
(5) 解密算法:密文解密时采用的一组规则。

密码技术可分为两大类:对称密钥和非对称密钥。

12.2 对称密钥密码

图 12-2 显示了对称密钥的基本原理。张三要发给李四的原始消息称为明文,张三使用了一种加密算法和一个共享的密钥将明文变成密文,并通过一个不安全的信道将密文发送给李四。如果王五在信道上偷听,他不能理解消息的内容,因为他偷听到的是密文。李四使用解密算法和一个相同的密钥,将密文恢复出明文。

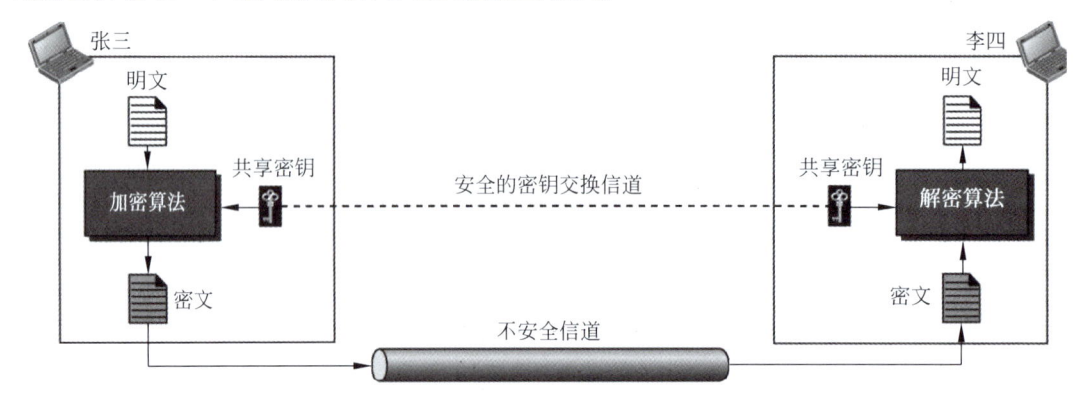

图 12-2 对称密钥的基本原理

加密可以被看作把消息锁进箱子,而解密可以被看作打开箱子。在对称密钥中,用相同的密钥来上锁和打开"箱子"。

Kerckhoffs 准则认为,系统的安全性不应该建立在它的算法对于对手来说是保密的这种假设上,而应该建立在它所选择的密钥对于对手来说是保密的。所以假设偷听者知道算法,需要保密的唯一的东西就是密钥。这意味着张三和李四需要另外一个(安全的)信道来交换密钥。张三和李四可能会面,亲自交换密钥,这里的安全信道就是面对面交换密钥。他们也可以相信第三方给他们的相同的密钥,或者可以使用非对称加密技术(后面会谈到)来建立临时的密钥。本节中,我们假定张三和李四都已经得到了密钥。

在对称密钥中,从另一个方向(李四到张三)使用相同的密钥进行通信。这就是为什么这种方法称为对称的。

在对称密钥技术中,还要关注密钥的数目。张三需要另外一个密钥与不同的人(如赵六)通信。如果在一个组中有 n 个人需要互相通信,需要多少密钥呢?因为每个人都需要 $n-1$ 个密钥与组中其他的人进行通信,而 A 和 B 间的密钥可以用在两个方向上,所以答案是 $n\times(n-1)/2$。后面会谈到这个问题是如何处理的。

可以把对称密钥技术分成两大类:传统对称密钥和现代对称密钥。

12.2.1 传统对称密钥密码

传统对称密钥密码属于过时的技术,基本已无实用价值,然而,还是有必要进行简单的讨论,因为它被认为是现代密码技术的基础。传统对称密钥技术可以分为两类:替代密码(Substitution Cyphers)和置换密码(Transposition Cyphers)。

1. 替代密码

替代密码是用一个符号替换另一个符号。如果明文中的符号是字母表的字符,我们用另一个字符来代替。例如,我们可以用字母 D 代替字母 A,用字母 Z 代替字母 T。

最简单的替代密码是移位密码。加密算法可以解释成"向下移位 key 个字符",而解密算法可以解释成"向上移位 key 个字符"。例如,如果 key=15,加密算法就是把每个字符向下移位 15 个字符(英文 26 个字母向字母表末尾的方向),而解密算法就是向上移位 15 个字符(向字母表开始的方向)。当遇到字母表的结尾或开头时,采用环绕方式。

古罗马共和时期,凯撒与他的军官就是使用这种移位密码进行通信的,正是由于这个原因,移位密码有时也称为凯撒密码。例如,使用密钥为 15 的替代密码,对消息"hello"进行加密,也就是分别将每个字符按对应的英文字母表顺序,用它后面 15 位的字母代替,得到的密文为"wtaad"。

注意,这样的处理并不安全。在这种情况下,密钥 key 的值只能是 0~25,因此一个入侵者在截获密文后,可以简单地使用蛮力攻击,尝试所有可能的密钥,就会找到一个有意义的明文。如果文本比较长,另外一种攻击就是利用潜在语言中字符的频率,称为频率攻击。本例中的消息是英语,入侵者知道在英语中字符"e"出现的频率比任何其他字符都高,他们找到在文本中哪个字符用得最多,然后,用字符"e"来代替这个字符,这样就发现了密钥。

2. 置换密码

置换密码不是用一个符号代替另一个符号,而是改变符号的位置。例如,明文第一个位置上的符号可能出现在密文的第十个位置上,明文第八个位置上的符号可能出现在密文的第一个位置上。换言之,置换密码就是符号的重新排序(置换)。

例如,张三需要向李四发送消息"enemy attacks tonight"。张三和李四已经约定好:先把文本分成 5 个字符一组,然后在每组中重排顺序,最后一个分组(第四组)的最后添加一个虚假的字符(z),这样使得最后一组与其他组具有相同的长度。用来加密和解密的密钥是一个置换密钥,它显示字符是如何置换的。对于这条消息,我们假定张三和李四使用如下的密钥:

加密↓   3 1 4 5 2   ↑解密
            1 2 3 4 5

明文中的第三个字符成为密文中的第一个字符,明文中的第一个字符成为密文中的第二个字符,等等。置换输出为:eemyn taact tkons hitzg。

这样张三发给李四的密文就是"eemyntaacttkonshitzg"。李四收到密文后,将 5 个字符分成一组,反方向使用密钥,就得到明文。

这种密码也不安全,有许多针对这种密码的攻击方法,前一个例子中提到的频率攻击在这里也可以使用,因为置换密码没有改变字符的频率。

12.2.2 现代对称密钥密码

现代对称密钥密码可以分为两大类:流密码(Stream Cyphers)和块密码(Block Cyphers)。

在流密码中,加密和解密一次针对一个符号(如字符或位)来做。现在有一个明文流 P、密文流 C 和密钥流 K,则加密过程如下所示。

$P = P_1 P_2 P_3 \cdots$ $C = C_1 C_2 C_3 \cdots$ $K = K_1 K_2 K_3 \cdots$

$C_1 = E_{K_1}(P_1)$ $C_2 = E_{K_2}(P_2)$ $C_3 = E_{K_3}(P_3) \cdots$

块密码是将明文按一定的位长分组,明文组经过加密运算得到密文组,密文组经过解密运算(加密运算的逆运算),还原成明文组。

前面研究的传统对称密钥密码是面向字符的密码技术。随着计算机的出现,我们需要面向位的加密技术。这是因为要加密的信息不仅仅是文本,还包括数字、图形、音频和视频数据。将这些类型的数据以位流加密,加密后发送加密流也很方便。此外,在位级别处理文本时,每个字符将替换为 8 位(或 16 位),这意味着符号的数量将变为 8(或 16)倍,混合更多的符号可提高安全性。现代密码技术可以采用块密码,也可以采用流密码。

现代对称密钥块密码技术是对一个 n 位明文块进行加密,或解密一个 n 位的密文块,加密或解密算法使用 k 位密钥。解密算法必须是加密算法的逆运算,并且这两个操作都必须使用相同的密钥。图 12-3 显示了现代对称密钥块密码技术的基本原理。

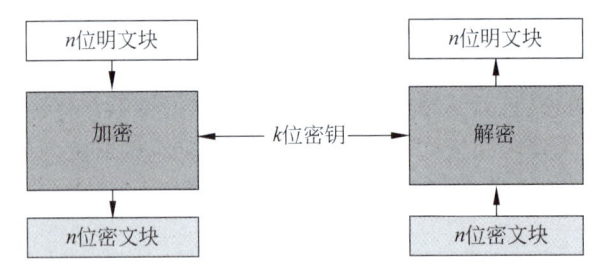

图 12-3 现代对称密钥块密码技术的基本原理

除了现代块密码,我们还可以使用现代流密码。最简单、最安全的同步流密码被称为一次性密码本(One-Time Pad),如图 12-4 所示。

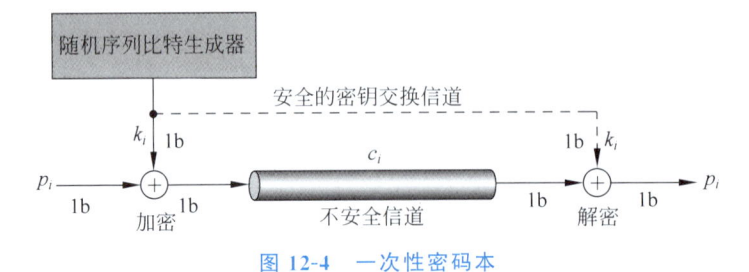

图 12-4 一次性密码本

1. DES 简介

DES(Data Encryption Standard)是由 IBM 公司研制的一种对称密钥块密码算法,美国国家标准技术研究院(National Institute of Standard and Technology,NIST)于 1977 年公布将它作为非机要部门使用的数据加密标准。40 多年来,它一直活跃在国际保密通信的舞台上,扮演了十分重要的角色。

典型的 DES 以 64 位为分组对数据加密和解密,密钥是长度为 56 位的任意一个数。加密和解密密码是替换和重复了 10 次的移位单元的复杂组合。其中有极少数被认为是易破解的弱密钥,但是很容易避开它们不用,所以 DES 的保密性依赖于密钥。

2. AES 简介

AES(Advanced Encryption Standard)是美国国家标准技术研究院于 2001 年发布的一种对称密钥块密码技术,在密码学中又称为 Rijndael 加密法。它的目的是克服 DES 密钥长度太短等缺点。AES 加密和解密的块的大小为 128 位,有 3 种不同的密钥长度——128、192 和 256 位,推荐的加密轮数分别是 10、12 和 14 轮,每轮都会执行字节替换和行位移加等操作。

12.3 非对称密钥密码

图 12-5 显示了非对称密钥密码技术的基本原理。该技术有两个不同的密钥:私钥(Private Key)和公钥(Public Key)。如果把加密和解密想象成是带有钥匙的挂锁的锁上和打开,那么用公钥锁上的挂锁只能被相应的私钥打开。图中显示张三用李四的公钥锁上挂锁,那么只有李四的私钥才能打开。

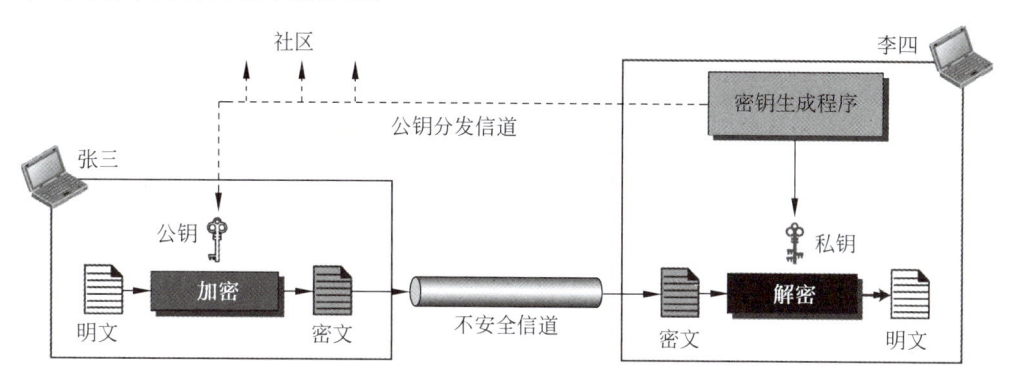

图 12-5 非对称密钥密码的基本原理

该种密码技术强调了密码系统的非对称性质。安全性的重担主要落在接收者的肩上,这里是李四。李四需要创建两个密钥:一个私钥和一个公钥。他负责把公钥分发给社区,这可以通过公钥分发信道来完成。虽然此信道不需要保证安全,但它必须提供身份验证和数据完整性。其他人(王五)不能把自己的公钥假装为李四的公钥而公布给社区。

非对称密钥密码技术意味着李四和张三在双向通信中不能使用同一组密钥。在通信中的每个个体应该创建自己的私钥和公钥。图 12-5 显示了张三如何使用李四的公钥,发送加密信息给李四。如果李四需要回应,那么张三就需要建立他自己的私钥和公钥。

非对称密钥密码技术意味着李四只需要一个私钥就能从社区中的任何人那里接收信

息。但张三需要 n 个公钥与团体中的 n 个人进行通信,一人一个公钥。换句话说,张三需要一个公钥环。

对称密钥和非对称密钥的概念差异基于系统如何保密。在对称密钥加密中,必须在两个人之间共享密钥。在不对称密钥加密中,秘密是个人的(非共享);每个人都创造并保守自己的秘密。在一个由 n 个人组成的社区中,对称密钥加密需要 $n\times(n-1)/2$ 个共享密钥;不对称密钥加密技术需要 n 个个人密钥。

1. 明文/密文

与对称密钥密码不同,在非对称密钥密码中,明文和密文被当作整数来对待。在加密之前,消息必须被编码成一个长整数(或一组长整数),在解密之后整数(或一组整数)必须被译码成信息。非对称密钥密码技术通常用来加密或译码少量的信息。

2. RSA 密码系统

有几种不对称密钥密码系统,其中 RSA 密码系统是最常用的一种,它以其发明者(Rivest、Shamir、Adleman)命名。RSA 加密、解密及密钥生成如图 12-6 所示。李四选择两个素数 p 和 q,创建了模 $n=p\times q$,用一种方法(超出本书范围)计算出两个指数 e 和 d,要求 e 和 $(p-1)\times(q-1)$ 互质,要求 $(e\times d)\bmod((p-1)\times(q-1))=1$,而且 n 和 d 也要互质。这样得到的 e 是公钥,d 是私钥。假设 P 是明文,C 是密文,张三使用 $C=P^e \bmod n$ 从明文 P 创建密文 C;李四使用 $P=C^d \bmod n$ 来解密张三发送的密文。

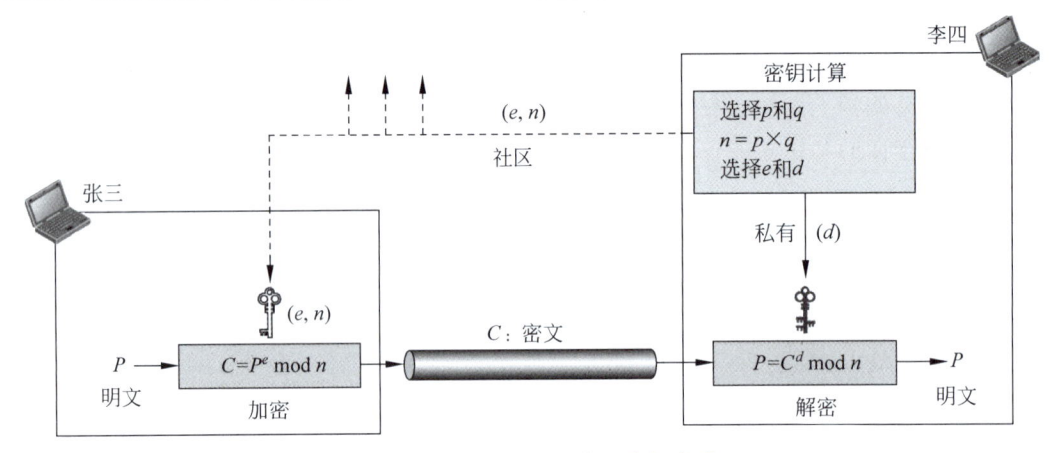

图 12-6 RSA 加密、解密及密钥生成

下面举例说明 RSA 加密。为了演示方便,假设李四选择了 $p=7,q=11$,那么 $n=7\times 11=77,(7-1)\times(11-1)=60$。假如选择 $e=13$,那么可以取 $d=37$,这样能满足 $(e\times d)\bmod 60=1$,且 d 与 n 互质。如果张三想把明文 5 发给李四,加密和解密过程如下。

张三加密:$P=5,C=5^{13} \bmod 77=26$。

李四解密:$C=26,P=26^{37} \bmod 77 =5$。

上述例子只是个演示,由于 p 和 q 很小,因此系统不安全。实际的 RSA 公钥和私钥都是两个大素数(大于 100 个十进制位)。RSA 的安全性依赖于大数分解,到目前为止,没有找到大数分解的快速算法。

3. RSA 应用

尽管 RSA 可用于加密和解密实际消息,但由于进行的都是大数计算,使得 RSA 速度很慢，因此只能用于少量数据加密。RSA 可用于数字签名和其他密码系统，这些系统通常要对小消息进行加密，无须访问对称密钥。RSA 也用于身份验证，我们将在本章后面看到这种应用。

12.4 数字签名

上一节讲的密码系统提供了机密性，本节将展示信息安全的其他属性。

有些场合，我们可能不需要信息保密，却需要信息的完整性。例如，张三写了一份遗嘱，说明在他死后如何分配他的财产。遗嘱不需要被加密，他死之后，任何人都可以看，但是遗嘱的完整性却需要保证，张三不希望遗嘱的内容在他不知道的情况下被修改。

12.4.1 数字签名系统

我们都熟悉签名这个概念。一个人在文档上签名就表示他同意该文档的内容。签名对接收者来说是文档来自正确方的证据。例如，当客户签了一张支票，银行就需要确认支票是客户签署的，而不是其他人。换言之，文档上的签名是身份验证的标记，验证通过，文档就可信。

当张三向李四发送消息时，李四需要检查发送者的身份，他需要确信消息来自张三而不是王五。李四可以要求张三对消息进行电子签名，来证明作为消息发送者张三的身份。我们把这种签名称为数字签名。

1. 数字签名过程

图 12-7 显示了数字签名的过程。发送者使用签名算法签署信息，消息和签名被发送给接收者。接收者收到消息和签名，使用验证算法验证，如果结果为真，消息被接收，否则消息被拒绝。

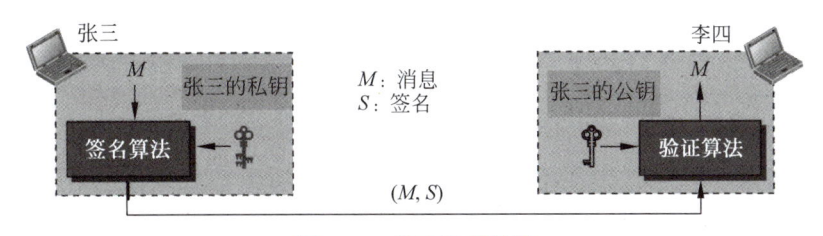

图 12-7 数字签名过程

对于数字签名，签署者使用他的私钥（作用于一个签名算法）签署文档。验证者使用签署者的公钥（作用于验证算法）验证文档。注意当一个文档被签署时，任何人（包括李四）都能验证它，因为任何人都能访问张三的公钥。

数字签名与为了机密而开发的密码系统不同，我们需要区分。密码系统处理过程中使用接收者的公钥和私钥，其中发送者使用接收者的公钥进行加密，接收者使用自己的私钥进行解密。数字签名处理过程中使用发送者的私钥和公钥，发送者使用自己的私钥，而接收者使用发送者的公钥。

2. 消息摘要签名

在数字签名系统中，消息通常很长，但我们必须使用非对称密钥方案。解决办法是对消息摘要进行签名，摘要比消息本身短很多。可以使用加密哈希函数将任意长度的消息转换成一个长度固定且值唯一的字符串，称为消息摘要。值唯一的意思是不同的消息转换出来的消息摘要是不同的，并且能够确保唯一。该过程不可逆，即不能通过消息摘要反向推出消息。

发送方可以对消息摘要进行签名，接收方可以验证消息摘要，效果是一样的。图12-8显示了在数字签名系统中消息摘要签名原理示意图。

图 12-8　消息摘要签名原理示意图

12.4.2　数字签名提供的安全服务

数字签名提供前面5种安全服务中的3种：消息验证、消息完整性和不可否认性。

1. 消息验证

一个安全的数字签名模式就像一个安全的常规签名（一个不容易被复制的签名）能提供消息验证，也称为数据起源验证。李四能验证张三发送过来的消息是因为在验证过程中使用了张三的公钥。张三的公钥不能验证王五私钥的签名。

2. 消息完整性

即使只对消息摘要来签名，消息的完整性也能得到保护。因为如果消息改变了，就不可能得到相同的签名。前面讲了，数字签名模式在签署和验证算法中使用了哈希函数，这样更好地保护了消息的完整性。

3. 不可否认性

如果张三签署了一个消息，然后否认它，李四能否证明张三实际上签署了该消息呢？例如，如果张三向银行（李四）发送消息，要求从他的账户转10000元到王五的账户，张三后来能否认他发送过这样的消息吗？

一个解决方法就是大家一起建立一个可信中心。在这种模式下，张三将他的消息（S_A）通过私钥创建一个签名，发送他的消息、他的标识以及李四的标识到可信中心。可信中心通过张三的公钥就能验证出来消息来自张三。

然后可信中心把带有发送者标识、接收者标识和时间戳的消息保存在档案中。可信中心使用它的私钥从消息建立另一个签名（S_T），然后可信中心把消息、新的签名、张三的标识和李四的标识发送给李四。李四使用可信中心的公钥验证消息。图12-9展示了使用数字签名的不可否认性。

如果在将来的某个时候，张三想否认他发送的消息，可信中心就可以展示保存的消息副本，这样，张三想赖也赖不掉。

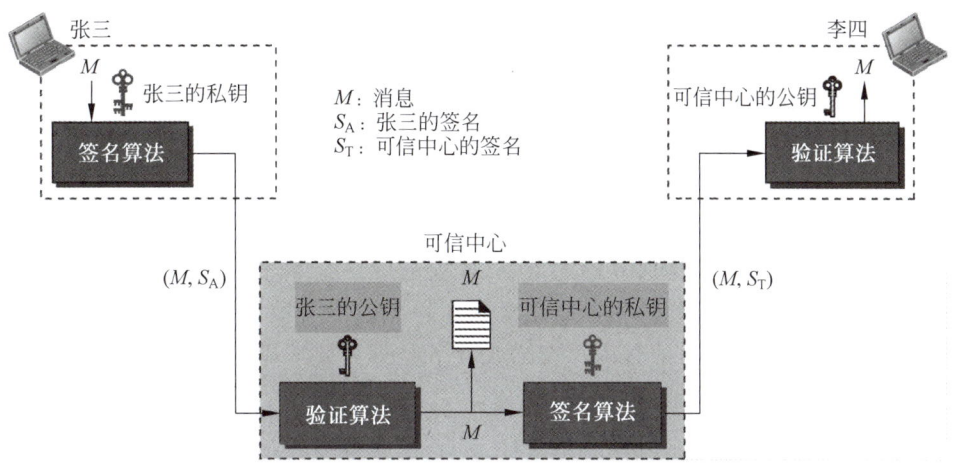

图 12-9　使用数字签名的不可否认性

12.5　认证

认证（Authentication）就是确认实体或消息是它所声明的。认证是最重要的安全服务之一，认证服务提供了关于某个实体身份的保证，所有其他的安全服务都依赖于该服务。认证可以对抗假冒攻击的危险。

认证包括消息认证和身份认证两种情形。消息认证能鉴定某个指定的数据是否来源于某个特定的实体，用于保证信息的完整性和不可否认性。数字签名可以实现消息认证，前面已经讲过了。身份认证（实体认证）是某一实体证明该实体身份的一种技术。一个实体可以是人、过程、客户端或服务器。身份认证可以是用户与机器之间的认证，也可以是机器与机器之间的认证。

常用的身份认证方式如下。

出示证件的一方，称为示证者 P（Prover），又称为声称者（Claimant）。另一方为验证者（Verifier），检验示证者拿出的证件的正确性和合法性。

示证者可以使用下面 3 种证据中的一种。

（1）你所知道的（what you know）：根据你所知道的信息来证明你的身份。

（2）你所拥有的（what you have）：根据你所拥有的东西来证明你的身份。

（3）你所固有的（who you are）：直接根据独一无二的身体特征来证明你的身份。

为了达到更高的身份认证安全性，某些场景会在上面 3 种证据中挑选两种混合使用，即所谓的双因素认证。

1. 你所知道的

静态密码方式是指以用户名及密码认证的方式，是最简单最常用的身份认证方法。用户的密码是由用户自己设定的，在登录时输入正确的密码，计算机就认为操作者是合法用户。实际上，许多用户为了防止忘记密码，经常采用生日、电话号码等容易被猜测的字符串作为密码，或者把密码抄在纸上，放在一个自认为安全的地方，这样很容易造成密码泄露。如果密码是静态的数据，在验证过程中，在计算机内存和传输过程中可能会被木马程序或网络截获。因此，虽然静态密码机制无论是使用还是部署都非常简单，但从安全性上讲，用户名/密码方式是一种不安全的身份认证方式。

2. 你所拥有的

1）智能卡

智能卡是一种内置集成电路的芯片，芯片中存有与用户身份相关的数据，智能卡由专门的厂商通过专门的设备生产，是不可复制的硬件。智能卡由合法用户随身携带，登录时必须将智能卡插入专用的读卡器读取其中的信息，以验证用户的身份。

智能卡认证通过智能卡硬件不可复制保证用户身份不会被仿冒。然而，由于每次从智能卡中读取的数据是静态的，通过内存扫描或网络监听等技术还是很容易截取到用户的身份验证信息，因此也存在安全隐患。

2）短信密码

短信密码以手机短信形式请求包含6位随机数的动态密码，身份认证系统以短信形式发送随机的6位密码到客户的手机上。客户在登录或交易认证时输入此动态密码，从而确保系统身份认证的安全性。

短信密码具有安全性、普及性、易收费、易维护等优点。

3）动态口令牌

动态口令牌是动态生成密码的终端设备。该方式是目前最安全的身份认证方式。

主流动态口令牌基于时间同步方式，每60s变换一次动态口令，口令一次有效，它产生6位动态数字进行一次一密的方式认证。由于使用起来非常便捷，85%以上的世界500强企业运用它保护登录安全，广泛应用在虚拟专用网络(Virtual Private Network，VPN)、网上银行、电子政务、电子商务等领域。

4）USB Key

基于USB Key的身份认证方式是近几年发展起来的一种方便、安全的身份认证技术。它采用软硬件相结合、一次一密的强双因子认证模式，很好地解决了安全性与易用性之间的矛盾。USB Key是一种USB接口的硬件设备，内置单片机或智能卡芯片，可以存储用户的密钥或数字证书，利用USB Key内置的密码算法实现对用户身份的认证。

3. 你所固有的

这种方式主要是生物识别技术，它通过人的生物特征进行身份认证。生物特征是指唯一的可测量或可自动识别和验证的生理特征或行为方式。生物特征分为身体特征和行为特征两类。

身体特征包括指纹、掌形、视网膜、虹膜、人体气味、脸形、手的血管和DNA等。行为特征包括签名、语音、行走步态等。

目前部分学者将视网膜识别、虹膜识别和指纹识别等归为高级生物识别技术，将掌形识别、脸形识别、语音识别和签名识别等归为次级生物识别技术，将血管纹理识别、人体气味识别、DNA识别等归为"深奥的"生物识别技术。

指纹识别和人脸识别技术目前应用广泛，使用领域包括门禁系统、移动支付、安防等。

4. 双因素身份认证

所谓双因素就是将两种认证方法结合起来，进一步加强认证的安全性。目前使用最为广泛的双因素认证有：动态口令牌+静态密码；USB Key+静态密码；两层静态密码，等等。

12.6　防火墙

所谓防火墙(Firewall)是一个由软件和硬件设备组合而成,在内部网和外部网之间、专用网与公共网之间的边界上构造的保护屏障,是一种获取安全性方法的形象说法。它能允许"同意"的人和数据进入你的网络,同时将"不同意"的人和数据拒之门外,最大限度地阻止黑客访问你的网络。图12-10展示了防火墙的基本原理。防火墙主要由服务访问规则、验证工具、包过滤和应用网关4部分组成。计算机流入流出的所有网络通信和数据包均要经过防火墙。

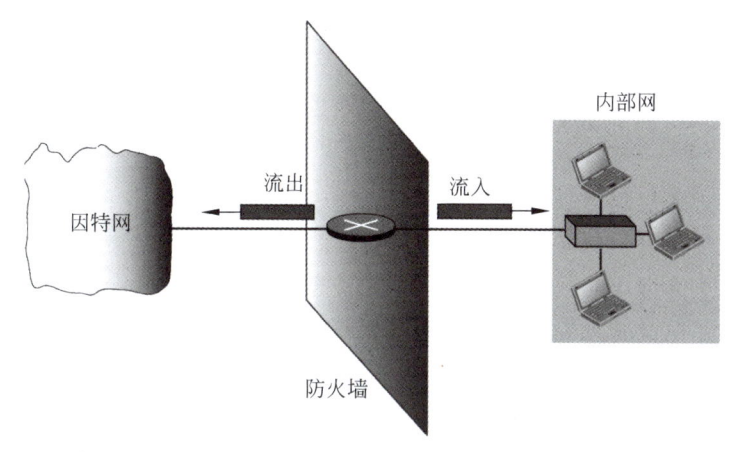

图 12-10　防火墙的基本原理

12.6.1　包过滤防火墙

包过滤是最早使用的一种防火墙技术,它的第一代模型是"静态包过滤",工作在 OSI 模型中的网络层上,后来发展更新的"动态包过滤"增加了传输层的监控。

包过滤防火墙将网络层和传输层作为数据监控的对象,通过检查数据流中每一个数据包的源 IP 地址、目的 IP 地址、源端口号、目的端口号、协议类型(TCP 或 UDP)等因素或它们的组合来确定是否允许该数据包通过,如图12-11所示。数据包过滤一般使用过滤路由器来实现。

包过滤设备配置有一系列的数据过滤规则,定义了什么包可以通过防火墙,什么包必须丢弃。这些规则称为数据包过滤访问控制列表。包过滤既可作用在入方向,也可作用在出方向。

访问控制列表的配置有两种方式。

(1) 严策略：接受信任的 IP 包,拒绝其他所有的 IP 包。

(2) 宽策略：拒绝不受信任的 IP 包,接受其他所有的 IP 包。

图12-11所示的防火墙设置了4条规则,都采用宽策略,*号表示任意。从1到2(因特网访问内网)设置了3条规则,第一条规则表示从131.34.0.0这个网络发往内网的信息都拒绝通过；第二条规则表示拒绝任何因特网(外网)机器远程登录内网机器(Telnet 的端口是23)；第三条规则表示拒绝外网访问内网的 194.78.20.8 主机,这台主机只在内部使用。

从 2 到 1（内网访问因特网）设置了一条规则，表示内网禁止访问任何因特网上 HTTP 服务器（端口为 80），目的是禁止员工浏览网页。

接口	源IP地址	源端口号	目的IP地址	目的端口号
1	131.34.0.0	*	*	*
1	*	*	*	23
1	*	*	194.78.20.8	*
2	*	*	*	80

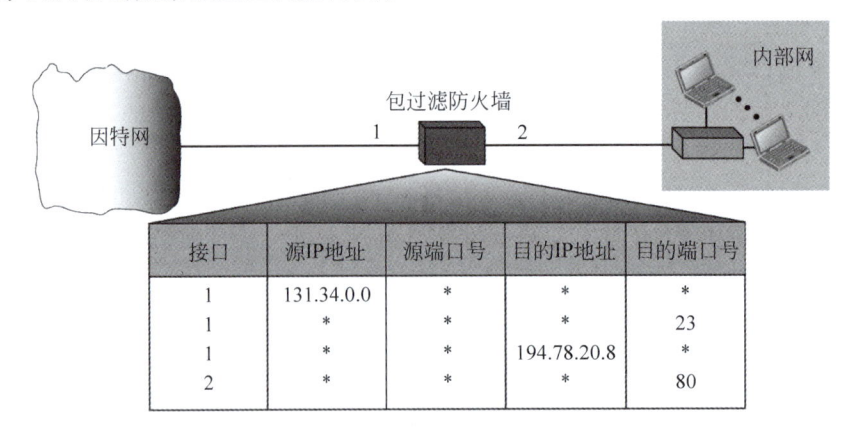

图 12-11　包过滤防火墙

适当地设置过滤规则可以让防火墙工作得更安全有效，但是这种静态包过滤技术只能根据预设的过滤规则进行判断，一旦出现了过滤遗漏问题，就可能会被入侵。后来，人们对包过滤技术进行了改进，这种改进的技术称为"动态包过滤"。

动态包过滤在保持原有静态包过滤技术和过滤规则的基础上，会对已经成功与计算机连接的报文传输进行跟踪，并且判断该连接发送的数据包是否会对系统构成威胁，一旦触发其判断机制，防火墙就会自动产生新的临时过滤规则或修改已经存在的过滤规则，从而阻止该有害数据的继续传输。但是由于动态包过滤需要消耗额外的资源和时间提取数据包内容进行判断处理，所以与静态包过滤相比，它会降低运行效率。当前，动态包过滤防火墙使用较多。

基于包过滤技术的防火墙，其缺点是很明显的。它得以正常工作的一切依据都在于过滤规则的实施，但是又不能满足建立精细规则的要求（规则数量越多，防火墙性能越低），而且它只能工作于网络层和传输层，并不能判断高级协议里的数据是否有害。虽然有上述缺点，但由于它廉价，容易实现，因此依然应用于多种网络环境，在技术人员频繁的设置下工作着。

12.6.2　代理防火墙

由于包过滤技术无法提供完善的数据保护措施，而且对于一些特殊的报文攻击仅使用过滤的方法并不能消除其危害，因此人们需要一种更全面的防火墙保护技术，在这样的需求背景下，采用代理技术的防火墙诞生了。

代理服务器作为一个为用户保密或突破访问限制的数据转发通道，在网络上应用广泛。一个完整的代理设备包含服务端和客户端，服务端接收来自用户的请求，调用自身的客户端模拟一个基于用户请求的连接，再把目标服务器返回的数据转发给用户，完成一次代理工作过程。如果在一台代理设备的服务端和客户端之间连接一个过滤措施呢？这种想法造就了代理防火墙。这种防火墙实际上就是一台小型的带有数据检测过滤功能的透明代理服务器，但是它并不是单纯地在一个代理设备中嵌入包过滤技术，而是使用一种称为"应用协议分析"的新技术。

"应用协议分析"技术工作在 OSI 模型的最高层——应用层上,在这一层能接触到的所有数据都是最终形式,也就是说,防火墙"看到"的数据和我们看到的是一样的,而不是一个个带着地址端口协议等原始内容的数据包,因而它可以实现更高级的数据检测。整个代理防火墙把自身映射为一条透明线路,在用户方面和外界线路看来,它们之间的连接并没有任何阻碍,但是这个连接的数据收发实际上是经过了代理防火墙转向的。当外界数据进入代理防火墙的客户端时,"应用协议分析"模块便根据应用层协议处理这个数据,通过预置的处理规则查询这个数据是否有危害。由于这一层面对的已经不再是组合有限的报文协议,而是可以识别的内容,所以防火墙不仅能根据数据层提供的信息判断数据,更能像管理员分析服务器日志那样"看"内容辨危害。而且由于工作在应用层,防火墙还可以实现双向限制,在过滤外部网络有害数据的同时也监控着内部网络的信息。管理员可以配置防火墙实现一个身份验证和连接时限的功能,进一步防止内部网络信息泄露的隐患。

由于代理防火墙采取代理机制进行工作,内外部网络之间的通信都须先经过代理服务器审核,通过后再由代理服务器连接,根本没有给分隔在内外部网络两边的计算机直接会话的机会,可以避免入侵者使用"数据驱动"攻击方式(一种能通过包过滤技术防火墙规则的数据报文,但是当它进入计算机处理后,却变成能够修改系统设置和用户数据的恶意代码)渗透内部网络,可以说,"应用代理"是比包过滤技术更完善的防火墙技术。

代理防火墙的结构特征也正是它的最大缺点。由于它是基于代理技术的,通过防火墙的每个连接都必须建立在为之创建的代理进程上,而代理进程自身是要消耗一定时间的,更何况代理进程里还有一套复杂的协议分析机制在同时工作,于是,数据在通过代理防火墙时就不可避免地发生数据迟滞现象。换个形象的说法,每个数据连接在经过代理防火墙时,都像人通过关卡,会先被请进保安室搜身检查才能放行,而保安的工作速度并不能很快。

代理防火墙是以牺牲速度为代价换取比包过滤防火墙更高的安全性能,在网络吞吐量不是很大的情况下,也许用户不会察觉到,然而到了数据交换频繁的时刻,代理防火墙就成了整个网络的瓶颈,而且一旦防火墙的硬件配置支撑不住高强度的数据流量而发生罢工,整个网络可能就会因此瘫痪。

12.6.3 状态监测防火墙

这是继包过滤技术和代理技术后发展出来的防火墙技术,这种防火墙技术通过一种称为"状态监测"的模块,在不影响网络安全正常工作的前提下采用抽取相关数据的方法对网络通信的各个层次实行监测,并根据各种过滤规则做出安全决策。

"状态监测"技术在保留了对每个数据包的头部、协议、地址、端口、类型等信息进行分析的基础上,进一步发展了"会话过滤"功能,在每个连接建立时,防火墙会为这个连接构造一个会话状态,里面包含了这个连接数据包的所有信息,以后这个连接都基于这个状态信息进行。这种检测的高明之处是能对每个数据包的内容进行监视,一旦建立了一个会话状态,此后的数据传输都要以此会话状态作为依据。例如,一个连接的数据包源端口号是 8000,那么在以后的数据传输过程中防火墙都会审核这个包的源端口号还是不是 8000,如果不是,这个数据包就会被拦截。而且,会话状态的保留是有时间限制的,在超时的范围内如果没有再进行数据传输,这个会话状态就会被丢弃。状态监测可以对包内容进行分析,从而摆脱了传统防火墙仅局限于几个包头部信息的检测弱点,而且这种防火墙不必开放过多端口,进一步杜绝了可能因为开放端口过多而带来的安全隐患。

由于状态监测技术相当于结合了包过滤技术和代理技术,因此它是很先进的。但是由于实现技术复杂,在实际应用中还不能做到真正的完全有效的数据安全检测。

12.6.4　防火墙技术展望

防火墙作为维护网络安全的关键设备,在目前采用的网络安全的防范体系中,占据着举足轻重的位置。伴随计算机技术的发展和网络应用的普及,越来越多的企业与个体都遭遇到不同程度的安全难题,因此市场对防火墙的设备需求和技术要求都在不断提升。越来越严峻的网络安全问题也要求防火墙技术有更快的提高,否则将会在面对新一轮入侵手法时束手无策。

多功能、高安全性的防火墙可以让用户网络更加无忧,但前提是要确保网络的运行效率。

12.7　计算机病毒

※读者可观看本书配套视频17:计算机病毒。

12.7.1　计算机病毒的概念

计算机病毒(Computer Virus),是指破坏计算机功能或破坏数据,影响计算机使用并且能够自我复制的一组计算机指令或程序代码。

计算机病毒与医学上的"病毒"不同,计算机病毒不是天然存在的,是人利用计算机软件和硬件所固有的脆弱性编制的一组指令集或程序代码。它能潜伏在计算机的存储介质(或程序)里,条件满足时即被激活,通过修改其他程序将自己放入其中,从而感染其他程序,对计算机资源进行破坏。

病毒必须满足自我执行和自我复制两个条件。此外,病毒往往还具有很强的感染性、一定的潜伏性、特定的触发性和很大的破坏性等。

12.7.2　计算机病毒的分类

计算机病毒种类繁多而复杂,可以有多种不同的分类方式,同时,根据不同的分类方式,同一种计算机病毒也可以属于不同的计算机病毒种类。下面的分类兼顾了简洁与实用。

首先可以把计算机病毒分为两类:传统单机病毒和现代网络病毒。

1. 传统单机病毒

传统单机病毒按寄生方式可分为3种。

(1) 引导型病毒:感染启动扇区(Boot)和硬盘的系统主引导扇区(Master Boot Record,MBR),当系统启动时,病毒程序随之启动运行。

(2) 文件型病毒:感染计算机中的文件(如COM、EXE、DOC等),当寄生文件运行时,病毒随之运行。

(3) 混合型病毒:感染文件和引导扇区两种目标,这样的病毒通常都具有复杂的算法,它们使用非常规的办法入侵系统,同时使用了加密和变形算法。

单机型病毒在个人计算机出现不久后就出现了。当时机器之间交换信息主要靠移动存储设备(软盘等),一台机器感染病毒后,当有存储设备插入,存储设备就可能感染病毒。该存储设备在其他机器上使用时就会把病毒携带到该机器上,病毒就这样扩散下去。由于单机型病毒机制比较简单,传播速度慢,容易被杀毒软件查杀,所以目前单机型病毒已经很少见了。

2. 现代网络病毒

1)蠕虫

蠕虫(Worm)可以算是病毒中的一种,但是它与普通病毒之间还是有区别的。一般认为蠕虫是一种通过网络传播的恶性病毒,它具有病毒的一些共性,如传播性、隐蔽性、破坏性等,同时也具有自己的一些特征,如不利用文件寄生(有的只存在于内存中)、对网络造成拒绝服务,以及和黑客技术相结合等。

普通病毒需要通过传播受感染的驻留文件进行复制,而蠕虫不使用驻留文件即可在系统之间进行自我复制。普通病毒主要是针对计算机内的文件系统,而蠕虫病毒的传染目标是互联网内的所有计算机。它能控制计算机上可以传输文件或信息的功能,一旦你的系统感染蠕虫,蠕虫即可自行传播,将自身从一台计算机复制到另一台计算机。更危险的是,它还可大量复制,因而在产生的破坏性上,蠕虫病毒不是普通病毒所能比拟的。网络的发展使得蠕虫可以在短短的时间内蔓延整个网络,造成网络瘫痪。局域网条件下的共享文件夹、电子邮件、网络中的恶意网页、大量存在着漏洞的服务器等,都成为蠕虫传播的良好途径,蠕虫病毒可以在几个小时内蔓延全球,而且蠕虫的主动攻击性和突然爆发性常常让人手足无措。

此外,蠕虫会消耗内存或网络带宽,从而可能导致计算机崩溃。而且它的传播不必通过"宿主"程序或文件,因此可潜入你的系统并允许其他人远程控制你的计算机,这也使它的危害远大于普通病毒。典型的蠕虫病毒有尼姆达(Nimda)、震荡波(Shockwave)、熊猫烧香等。

2)木马

木马(Trojan Horse)是由希腊神话"特洛伊木马"得名的。希腊人在一只假装人祭礼的巨大木马中藏匿了许多希腊士兵并引诱特洛伊人将它运进城内,等到夜里,木马腹内的士兵与城外士兵里应外合,一举攻破了特洛伊城。所谓的木马正是指那些表面上是有用的软件,实际目的却是危害计算机安全并导致严重破坏的计算机程序。它是具有欺骗性的文件(宣称是良性的,但事实上是恶意的),是一种基于远程控制的黑客工具,具有隐蔽性和非授权性的特点。所谓隐蔽性是指木马的设计者为了防止木马被发现,会采用多种手段隐藏木马,这样服务端即使发现感染了木马,也难以确定其具体位置;所谓非授权性是指一旦控制端与服务端连接后,控制端将窃取到服务端的很多操作权限,如修改文件、修改注册表、控制鼠标键盘、窃取信息等。一旦中了木马,你的系统可能就会门户大开,毫无秘密可言。典型的木马有灰鸽子、网银大盗等。

木马病毒与普通病毒的重大区别是木马不具传染性,它并不能像病毒那样复制自身,也并不"刻意"地去感染其他文件,它主要通过将自身伪装起来,吸引用户下载执行。例如,将木马作为电子邮件附件或将木马捆绑在软件中放到网络吸引人下载执行等。

木马可以根据其功能分为远程控制型和窃取密码型。

(1)远程控制型木马。

这是现今最广泛的木马,目前流行的大多数木马程序都是基于这个目的而编写的。其工作原理非常简单,就是一种简单的客户/服务器程序。只要被控制主机连入网络,并与控制端客户程序建立网络连接,控制者就能任意访问被控制的计算机。这种被黑客暗中控制的计算机称为僵尸或肉鸡。

拒绝服务攻击(Denial of Service,DoS)指以极大的通信量冲击网络,使得可用网络资源都被消耗殆尽,最后导致合法的用户请求无法通过。黑客可以利用其掌控的肉鸡发动 DoS 攻击,有时这种攻击平台由互联网上数百台到数十万台计算机构成。利用这样的攻击平台,攻击者可以实施各种各样的破坏行为,而且这些破坏行为不易追踪。

(2) 窃取密码型木马。

这种木马是专门为了盗取目标计算机上的各类密码而编写的。木马一旦被执行,就会自动搜索内存、缓存、临时文件夹以及各种秘密文件,并且在受害者不知道的情况下把它们发送到指定的信箱。

有些此类木马能记录用户的键盘敲击,并将关键的键盘敲击记录(尤其是密码)发送给控制者。最常见的就是针对 QQ 和网游的盗号木马。

也有一些木马兼有远程控制和窃取密码的双重功能。

12.7.3 计算机病毒的防御

计算机病毒的防御措施需要从以下多方面进行。

(1) 安装杀毒软件或安全套件并及时更新升级,开启病毒实时监控。
(2) 及时下载最新系统安全漏洞补丁,从根源上杜绝黑客利用系统漏洞攻击用户计算机。
(3) 定期做好重要资料的备份,以免造成重大损失。
(4) 不要随便打开来源不明的 Excel 或 Word 文档。
(5) 不要随便打开不明来历的邮件附件。
(6) 网上下载的软件要注意判别,用杀毒软件查杀。
(7) 在上网过程中要注意加强自我保护,避免访问非法网站,这些网站可能嵌入了恶意代码,一旦用户打开其页面,就可能会被植入病毒。

12.8 信息安全管理措施

应该运用管理的、物理的和技术的控制手段来实施信息安全体系建设。信息安全防护的目的是维持信息的价值,保持信息的各种安全属性,让有图谋的人进不来、拿不走、改不了、看不懂、跑不了。

可以通过多种手段来保持信息安全。

1. 管理手段

管理手段包括风险管理、策略、标准规程、培训。

2. 技术手段

可以通过以下技术手段保证信息安全。

(1) 系统安全:操作系统及数据库系统的安全性。
(2) 网络安全:网络隔离、访问控制、VPN、入侵检测、扫描评估。
(3) 应用安全:E-mail 安全、Web 访问安全、内容过滤、应用系统安全。
(4) 数据加密:硬件和软件加密,实现身份认证和数据信息的 CIA 特性。

(5) 认证授权：口令认证、单点登录认证、证书认证等。
(6) 访问控制：防火墙、访问控制列表等。
(7) 审计跟踪：入侵检测、日志审计、辨析取证。
(8) 防杀病毒：单机防病毒技术逐渐发展成整体防病毒体系。

3. 物理手段

通过设备保护、安全防护、监控、环境控制、灾备恢复等手段保护信息安全。

12.9 小结

信息安全旨在确保信息的机密性、完整性和可用性等属性。信息安全的威胁包括物理安全、系统漏洞以及人为因素。

对称密钥密码使用同一个密钥进行加密和解密。传统对称密钥密码是面向字符的，使用替代和置换两种技术隐藏信息。现代对称密钥密码是面向二进制位的，使用非常复杂的算法加密和解密二进制位块。

非对称密钥密码使用两个不同的密钥：私钥和公钥。公钥用来加密，私钥用来解密。

完整性就是保护信息免受修改。为了保持消息的完整性，消息要经过一个称为密码哈希函数的算法的处理，这个函数创建了消息的压缩映像，称为消息摘要。

数字签名是电子签署文档的过程。私钥用于签名，公钥用于验签。数字签名提供了消息完整性、消息验证和不可否认性。

实体验证是一种用来让一方证明另一方身份的技术。实体验证使用3类证据验证：你所知道的、你所拥有的和你所固有的。

防火墙指的是一个由软件和硬件设备组合而成，保护内部网络安全的屏障。其技术包括包过滤防火墙、代理防火墙和状态监测防火墙。

计算机病毒危害很大，现代网络病毒主要有蠕虫和木马。可以使用多种措施防御计算机病毒。

信息安全需要综合运用管理的、技术的和物理的手段来保证。

12.10 习题

1. 名词解释

① 信息安全　　② 消息完整性　　③ 公钥　　④ 私钥
⑤ 数字签名　　⑥ 防火墙

2. 多项选择题

(1) 在对称密钥加密中，有_____密钥。

　　A. 一个　　　　　　　　　　B. 一个私钥和一个公钥
　　C. 或A或B　　　　　　　　 D. A和B都是

(2) 在非对称密钥加密中，有_____密钥。

　　A. 一个　　　　　　　　　　B. 一个私钥和一个公钥
　　C. 或A或B　　　　　　　　 D. A和B

(3) 通过加密/解密,可以实现_____。
　　A. 身份验证　　　　　　　　　　B. 完整性
　　C. 机密性　　　　　　　　　　　D. 不可否认
(4) 在对称密钥加密中,_____拥有密钥。
　　A. 只有发送者　　　　　　　　　B. 只有接收者
　　C. 发送者和接收者　　　　　　　D. 以上都不是
(5) 创建文档的摘要,可以用_____。
　　A. 对称密钥密码　　　　　　　　B. 非对称密钥密码
　　C. 密码哈希函数　　　　　　　　D. 以上都不是
(6) 在数字签名方法中,发送者使用他们的_____密钥签署信息或摘要。
　　A. 公开　　　　　　　　　　　　B. 私有
　　C. 秘密　　　　　　　　　　　　D. 以上都不是
(7) 在数字签名方法中,接收者使用发送者的_____密钥验证信息。
　　A. 公开　　　　　　　　　　　　B. 私有
　　C. 秘密　　　　　　　　　　　　D. 以上都不是
(8) 在包含摘要的数字签名中,_____需要哈希函数。
　　A. 只有接收者　　　　　　　　　B. 只有发送者
　　C. 发送者和接收者　　　　　　　D. 以上都不是
(9) 数字签名方法不提供_____。
　　A. 机密性　　　　　　　　　　　B. 验证
　　C. 完整性　　　　　　　　　　　D. 不可否认
(10) 嗅探是一种威胁_____的攻击。
　　A. 机密性　　　　　　　　　　　B. 完整性
　　C. 可用性　　　　　　　　　　　D. 以上都不是
(11) 假冒是一种威胁_____的攻击。
　　A. 机密性　　　　　　　　　　　B. 完整性
　　C. 可用性　　　　　　　　　　　D. 以上都不是
(12) 拒绝服务是一种威胁_____的攻击。
　　A. 机密性　　　　　　　　　　　B. 完整性
　　C. 可用性　　　　　　　　　　　D. 以上都不是
(13) 否认是一种威胁_____的攻击。
　　A. 机密性　　　　　　　　　　　B. 完整性
　　C. 可用性　　　　　　　　　　　D. 以上都不是
(14) DES 是现代_____的例子。
　　A. 对称密钥密码　　　　　　　　B. 非时称密钥密码
　　C. 密码哈希函数　　　　　　　　D. 以上都不是
(15) AES 是现代_____的例子。
　　A. 对称密钥密码　　　　　　　　B. 非对称密钥密码
　　C. 密码哈希函数　　　　　　　　D. 以上都不是

(16) 在实体验证中,密码是_____。
　　A. 你所知道的　　　　　　　　B. 你所固有的
　　C. 你所拥有的　　　　　　　　D. 以上都不是
(17) 在实体验证中,护照是_____。
　　A. 你所知道的　　　　　　　　B. 你所固有的
　　C. 你所拥有的　　　　　　　　D. 以上都不是
(18) 在实体验证中,笔迹是_____。
　　A. 你所知道的　　　　　　　　B. 你所固有的
　　C. 你所拥有的　　　　　　　　D. 以上都不是

3. 问答题

(1) 信息安全主要有哪3个属性?分别是什么含义?
(2) 安全威胁的来源有哪些?
(3) 安全威胁的表现有哪些?
(4) 什么是对称密钥密码技术?
(5) 传统对称密钥密码是如何加密的?
(6) 现代对称密钥密码主要有哪两种?
(7) 什么是非对称密钥密码技术?
(8) 常用的身份认证方式有哪些?
(9) 防火墙主要有哪3种?简述它们的工作机制。
(10) 计算机病毒有哪些类型?
(11) 简述计算机病毒防御策略。
(12) 安全管理手段有哪些?

第 13 章 人工智能

CHAPTER 13

人工智能（Artificial Intelligence，AI）是计算机科学的一个重要领域，其核心目标是设法建造不需要人为干预就能完成复杂任务的机器。这个目标要求计算机能够感知和推理，虽然这两种能力属于常识行为，人脑与生俱来，但对于机器却是困难重重。人工智能的发展激动人心，但实质性的工作往往极具挑战性。本章就来探讨这个广阔领域的一些主题。

本章学习目标如下。
- 解释图灵测试。
- 描述人工智能的发展历程。
- 描述人工智能的 3 个流派的基本思想。
- 定义知识表示的意义，并说明在语义网中如何表示知识。
- 解释专家系统的处理过程。
- 解释机器学习的基本概念。
- 了解机器学习的几种典型算法的核心思想。
- 解释人工神经网络的工作原理。
- 了解深度学习的基本概念及应用。

13.1 概论

人工智能涵盖的学科和技术非常广泛，人们对人工智能有不同的定义。本书给出的定义是：人工智能是研究、设计、应用智能机器和智能系统，模仿人类智能活动能力的科学。

这里说的智能机器，可以是一个虚拟的或物理的机器人。与人类几千年来创造出来的各种工具和机器不同的是，智能机器有自主的感知、认知、决策、学习、执行和社会协作能力。

13.1.1 图灵测试

1950 年，英国数学家艾伦·图灵（Alan Turing）发表了一篇具有里程碑性质的论文，其中提出了一个问题：机器能思考吗？在慎重地定义了术语"智能"和"思维"之后，最终他得出的结论是我们能够创造出可以思考的计算机。但他又提出了另一个问题：如何才能知道成功地创造了这样一台机器呢？他给出的答案称为图灵测试。

虽然多年来出现了各种图灵测试的变体，但这里还是强调基本的图灵测试。一位提问者坐在一个房间中，用计算机终端与另外两个回答者 A 和 B 交流；提问者知道一位回答者是人，另一位回答者是计算机，但是不知道究竟哪个是人，哪个是计算机。

分别与 A 和 B 交谈之后，提问者要判断出哪个回答者是计算机。这一过程将由多个人反复执行，如果计算机能瞒过足够多的人，那么就可以把它看作是智能的。

有些人认为图灵测试很适合测试计算机的智能，因为它要求计算机处理各种各样的知识，还要具有处理交谈中的变化所必需的灵活性。要瞒过提问人，计算机需要掌握的不仅是事实知识，还要注意人的行为和情绪。

另一些人则认为图灵测试并不能说明计算机理解了交谈的语言，而这一点对真正的智能来说是必需的。他们提出，程序能够模拟语言的内涵，可能足够使计算机通过图灵测试，但仅凭这一点并不能说计算机智能化了。

通过图灵测试的计算机具有弱等价性，即两个系统（人和计算机）在结果（输出）上是等价的，但实现这种结果的方式不同。强等价性说明两个系统使用相同的内部过程生成结果。有些 AI 研究员断言，只有实现了强等价性（即创造出了能像人一样处理信息的机器），才可能存在真正的人工智能。

目前有一些图灵测试的竞赛，还处于打字聊天阶段。2014 年 6 月 7 日是图灵逝世 60 周年纪念日，这一天，英国皇家学会宣布在其举行的 2014 图灵测试大会上，聊天程序"尤金·古斯特曼"（Eugene Goostman）首次"通过"了图灵测试。由于该程序冒充的是一个来自乌克兰、英语非母语的 13 岁小孩，这实际上不完全公平，所以这个所谓通过图灵测试的结果有很大的争议。

目前已经开发了各种程序来执行这种人机交互，它们通常叫作聊天机器人。如果这些程序设计得足够好，它们就可以执行合理的对话。不过，大多数情况下，用户用不了多久就能发现对话中的怪异之处。

13.1.2 人工智能的发展历程

1. 人工智能的诞生

1956 年，在美国达特茅斯学院，举行了关于"如何用机器模拟人的智能"的学术研讨会，会议由麦卡锡、明斯基、香农等发起，西蒙、塞缪尔、纽厄尔等参加，会上第一次正式采用"人工智能"这个术语。这次具有历史意义的学术会议，标志着"人工智能"新学科的诞生。2006 年，参加达特茅斯会议的部分当事人重聚，拍了一张照片，如图 13-1 所示，左起分别是摩尔、麦卡锡、明斯基、塞弗里奇、所罗门诺夫。

2. 发展历程

※ 读者可观看本书配套视频 18：人工智能发展历程。

人工智能从诞生至今，经历了几次繁荣与低谷，其发展历程大体上可以分为推理期、知识期和学习期。

1）推理期

1956 年达特茅斯会议之后，研究者对人工智能的热情高涨，之后的十几年是人工智能发展的黄金时期。大部分早期研究者都通过人类的经验，基于逻辑或事实归纳出来一些规则，然后通过编写程序让计算机完成一个任务。这一时期，研究者开发了一系列智能系统，如跳棋程序、几何定理证明器、语言翻译器等。这些初步的研究成果也使得研究者们对开发

图 13-1　2006 年达特茅斯会议部分当事人重聚

出具有人类智能的机器过于乐观,低估了实现人工智能的难度。有些研究者甚至认为"20 年内,机器将能完成人能做到的一切工作""在 3~8 年的时间里可以研发出一台具有人类平均智能的机器"。但随着研究的深入,研究者意识到这些推理规则过于简单,他们对项目难度评估不足,原来的乐观预期受到严重打击。人工智能的研究开始陷入低谷,很多人工智能项目的研究经费也被削减。

2) 知识期

到了 20 世纪 70 年代,研究者意识到知识对于人工智能系统的重要性。特别是对于一些复杂的任务,需要专家来构建知识库。在这一时期,出现了各种各样的专家系统(Expert System),并在特定的专业领域取得了很多成果。专家系统可以简单理解为"知识库+推理机",是一类具有专门知识和经验的计算机智能程序系统。专家系统一般采用知识表示和知识推理等技术来完成通常由领域专家才能解决的复杂问题,因此,专家系统也被称为基于知识的系统。一个专家系统必须具备 3 个要素:①领域专家级知识;②模拟专家思维;③达到专家级的水平。在这一时期,Prolog 语言是主要的开发工具,用来建造专家系统、自然语言理解、智能知识库等。

3) 学习期

对于人类的很多智能行为(如语言理解、图像理解等),我们很难知道其中的原理,也无法描述这些智能行为背后的"知识"。因此,我们也很难通过知识和推理的方式实现这些行为的智能系统。为了解决这类问题,研究者开始将研究重点转向让计算机从数据中自己学习。事实上,"学习"本身也是一种智能行为。从人工智能的萌芽时期开始,就有一些研究者尝试让机器自动学习。机器学习的主要目的是设计和分析一些学习算法,让计算机从数据中自动分析获得规律,并利用规律对未知数据进行预测,从而可以帮助人们解决一些特定任务,提高效率。机器学习的研究内容十分广泛,涉及概率论、统计学、逼近论、凸分析、计算复杂性理论等多门学科。对于人工智能来说,机器学习从一开始就是一个重要的研究方向。但直到 1980 年以后,机器学习因其在很多领域的出色表现,才逐渐成为热门学科。

2006 年,杰弗里·辛顿(Geoffrey Hinton)提出了深度学习方法,在图像识别、语音识别、自然语言理解和机器视觉等领域取得了突破性的成功,人工智能迎来第三次高潮。

有两个因素促成了深度学习的成功。

(1) 计算能力的提高。遵从摩尔定律,计算机硬件越来越便宜,计算能力越来越强。

(2) 大数据。智能系统需要一个学习的过程,大数据为人工智能提供了大量的训练数据。反过来,人工智能为大数据提供了智能分析能力。

图 13-2 给出了人工智能发展史上的重要事件。在发展了 60 多年后,人工智能虽然可以在某些方面超越人类,但想让机器具备真正意义上的人类智能,这个目标看上去仍然遥遥无期。

图 13-2 人工智能发展史

13.1.3 人工智能流派及发展

目前,人工智能主要分为三大流派:符号主义、连接主义和行为主义。三大流派对智能有不同的理解,延伸出了不同的发展轨迹。

1. 符号主义

符号主义(Symbolism)是一种基于逻辑推理的智能模拟方法,又称为逻辑主义(Logicism),其原理主要为物理符号系统假设和有限合理性原理,其代表人物是哈伯特·西蒙(Herbert A. Simon)、艾伦·纽厄尔(Allen Newell)等。

早期的人工智能研究者绝大多数属于此类。符号主义流派认为:人类认知和思维的基本单元是符号,而认知过程就是在符号表示上的一种运算。它认为人是一个物理符号系统,计算机也是一个物理符号系统,因此,我们就能够用计算机模拟人的智能行为,即用计算机的符号操作来模拟人的认知过程,从而实现人工智能。可以把符号主义的思想简单地归结为"认知即计算"。

从符号主义的观点来看,知识是信息的一种形式,是构成智能的基础,知识表示、知识推理、知识运用是人工智能的核心。知识可用符号表示,认知就是符号的处理过程,推理就是采用启发式知识及启发式搜索对问题求解的过程,而推理过程又可以用某种形式化的语言来描述,因而有可能建立起基于知识的人类智能和机器智能的同一理论体系。

符号主义流派认为人工智能源于数学逻辑。数学逻辑从 19 世纪末起就获得迅速发展,到 20 世纪 30 年代开始用于描述智能行为。计算机出现后,又在计算机上实现了逻辑演绎系统。

符号主义的代表成果是 1957 年纽厄尔和西蒙等人研制的被称为"逻辑理论家"的数学定理证明程序 LT。LT 的成功说明了可以用计算机研究人的思维过程,模拟人的智能活动。之后,符号主义走过了一条"启发式算法—专家系统—知识工程"的发展道路,尤其是专家系统的成功开发与应用,使人工智能研究取得了突破性的进展。

符号主义主张用逻辑方法建立人工智能的统一理论体系,却遇到了"常识"问题的障碍,以及不确知事物的知识表示和问题求解等难题。例如,人类能比较准确地分辨不同的人,但要确切地描述不同人的差别是相当困难的。因为在这类问题上难以突破,符号主义受到其他学派的批评与否定。

2. 连接主义

连接主义(Connectionism)又称为仿生学派(Bionicsism)或生理学派(Physiologism),是一种基于神经网络及网络间的连接机制与学习算法的智能模拟方法。这一流派认为人工智能源于仿生学,特别是人脑模型的研究。

这一方法从神经生理学和认知科学的研究成果出发,把人的智能归结为人脑高层活动的结果。人工神经网络(简称神经网络)就是其典型代表性技术,因此,我们可以把连接主义的思想简单地称为"神经计算"。

连接主义认为神经元不仅是大脑神经系统的基本单元,而且是行为反应的基本单元。思维过程是神经元的连接活动过程,而不是符号运算过程,对物理符号系统假设持反对意见。

连接主义的开山之作是 1943 年由麦克洛奇和皮兹提出的形式化神经元模型,他们总结了神经元的一些基本生理特性,提出神经元形式化的数学描述和网络的结构方法,从此开创了神经计算的时代。

1957 年,神经网络的研究取得了一个重要突破。康奈尔大学的实验心理学家弗兰克·罗森布拉特(Frank Rosenblatt)模拟实现了一种他发明的叫作"感知机"(Perception)的神经网络模型,可以完成一些简单的视觉处理任务,在当时引起了轰动。神经网络与支持向量机都源自感知机。

1983 年,加州理工学院的物理学家约翰·霍普菲尔德(John Hopfield)提出了一种用于联想记忆和优化计算的神经网络,称为 Hopfield 网络。Hopfield 网络在旅行商问题上获得了当时的最好结果,并引起了轰动。

1986 年,大卫·鲁梅尔哈特(David Rumelhart)和詹姆斯·麦克莱兰(James McClelland)全面分析了连接主义在计算机模拟神经活动中的应用,并重新发明了反向传播算法。辛顿等人将反向传播算法引入到多层感知器,解决了多层感知器的学习问题,人工神经网络才重新引起人们的注意,并开始成为新的研究热点。随后,杨立昆(Yann Lecun)将反向传播算法引入了卷积神经网络,并在手写体数字识别上取得了很大的成功。反向传播算法是迄今最为成功的神经网络学习算法,不仅用于多层前馈神经网络,还用于其他类型神经网络的训练。

虽然神经网络可以很容易地增加层数及神经元数量,从而构建复杂的网络,但其计算复杂性也会随之增长。当时的计算机性能和数据规模不足以支持训练大规模的神经网络。20 世纪 90 年代中期,统计学习理论和以支持向量机为代表的机器学习模型开始兴起。相比之下,神经网络的理论基础不清晰、优化困难、可解释性差等缺点更加凸显,神经网络的研究又一次陷入低潮。

2006 年,辛顿发现多层前馈神经网络可以先通过逐层预训练,再用反向传播算法进行精调的方式进行有效学习,该研究成果带动以深度神经网络为基础的"深度学习"迅速崛起。在计算能力和数据规模的支持下,计算机已经可以训练大规模的人工神经网络,各大科技公司都投入巨资研究和应用深度学习。目前,深度学习成为人工智能的主流。

3. 行为主义

行为主义(Actionism)又称为进化主义(Evolutionism)或控制论流派(Cyberneticsism),是一种基于"感知—行动"的行为智能模拟方法。这一方法认为,智能取决于感知和行为,取决于对外界复杂环境的适应,而不是表示和推理,不同的行为表现出不同的功能和控制结构。这一学派认为人工智能源于控制论。

控制论思想早在二十世纪四五十年代就成为时代思潮的重要部分,影响了早期的人工智能工作者。维纳和麦洛克等人提出的控制论和自组织系统以及钱学森等人提出的工程控制论和生物控制论,影响了许多领域。行为主义早期的研究工作重点是模拟人在控制过程中的智能行为和作用,对自寻优、自适应、自校正、自镇定、自组织和自学习等控制论系统进行研究,并进行"控制动物"的研制。到二十世纪六七十年代,上述控制论系统的研究取得了一定进展,播下了智能控制和智能机器人的种子,并在20世纪80年代诞生了智能控制和智能机器人系统。

人工智能领域的流派之争由来已久,3个流派都有自己的观点,它们的发展趋势也反映了时代发展的特点。或许人工智能未来的发展方向是将3个流派融合,各取所长,合力前行。

13.2 知识表示

知识与知识表示是人工智能中的一项基本技术,且这项技术非常重要,决定着人工智能如何进行知识学习。

13.2.1 知识的概念

知识是信息接收者通过对信息的提炼和推理而获得的正确结论,是人对自然世界、人类社会以及思维方式与运动规律的认识与掌握,是人的大脑通过思维重新组合和系统化的信息集合。

1. 知识表示的基本概念

知识表示是知识的符号化和形式化的过程,是用机器表示知识的可行性、有效性的一般方法,是一种数据结构与控制结构的统一体,既考虑知识的存储,又考虑知识的使用。知识表示可以看作是一组描述事物的约定,以把人类知识表示成机器能处理的数据结构。

知识表示包含两层含义。

(1) 用给定的知识结构,按一定的原则、组织表示知识。

(2) 解释所表示知识的含义。

一般来说,对于同一种知识可以采用不同的表示方法;反过来,一种知识表示模式可以表达多种不同的知识。但在解决某一问题时,不同的表示方法可能产生不同的效果。

2. 知识表示的方法

知识表示的方法有许多种。可以用自然语言描述知识,例如,可以用一段中文描述一个学生以及他与外界的联系。尽管自然语言的说明性很强,但它不容易处理。所以我们需要形式化的语言,这种形式化更适合严格的计算机处理,却难以理解和正确使用。

常用的知识表示方法包括状态空间法、问题归约法、谓词逻辑法、产生式表示方法、语义网法、框架表示法、面向对象表示法以及剧本表示法等。本节只介绍语义网和谓词逻辑两种方法。

13.2.2　语义网法

语义网是一种知识表示法,重点关注对象之间的关系。表示语义网的是有向图,图中的节点表示对象,节点之间的箭头表示关系,箭头上的标签说明了关系的类型。

1. 语义网可以表示的关系

语义网可以表示的知识关系包括类属关系、属性关系、包含关系、时间关系、位置关系、相近关系等。

1)类属关系

类属关系是指具有共同属性的不同事物间的分类关系、成员关系或实例关系。体现的是"具体与抽象"和"个体与集体"的概念。

常用的类属关系如下。

(1) Is-a(isa):直观含义为"是一个",表示一个事物是另一个事物的实例,指出一个类的一个特定成员。

(2) A-Kind-of(ako):直观含义为"是一种",表示一个事物是另一个事物的一种类型。ako 关系用来连接一个类与另一个类。ako 一般不用来表示特定个体之间的关系,那是 isa 的功能。

2)属性关系

属性关系一般是指事物和其属性之间的关系。一个类的对象一般都有一个以上的属性,而每个属性又有一个值。

常用的属性关系如下。

(1) Have:直观含义是"有",表示事物和属性的"占有"关系,表示一个节点具有另一个节点所描述的属性。

(2) Can:直观含义为"能、会"等,表示属性和事物之间的能力或技能关系,表示一个节点能做另一个节点的事情。

3)包含关系

包含关系是指具有组织或结构特征的"部分与整体"之间的关系。

常用的包含关系如下。

Part-of:表示一个事物是另一个事物的一部分。

2. 语义网能回答的问题

语义网所表示的关系的类型决定了哪些问题是可以轻松解答的,哪些是更难解答的,哪些是不能解答的。图 13-3 展示了语义网表示知识的一个例子,该语义网回答下列两个问题相当简单。

- 张三是职员吗?
- 桌子是一种办公用品吗?

但是,回答下面的问题却比较困难。

- 有多少职员?

注意,语义网中具有回答该问题所必需的信息,只是不那么明显罢了。这需要搜索该语义网络,找到网络中所有的职员。

还有一类问题是这个网络无法回答的,因为它没有提供相应的信息。例如:

- 张三是男的吗？

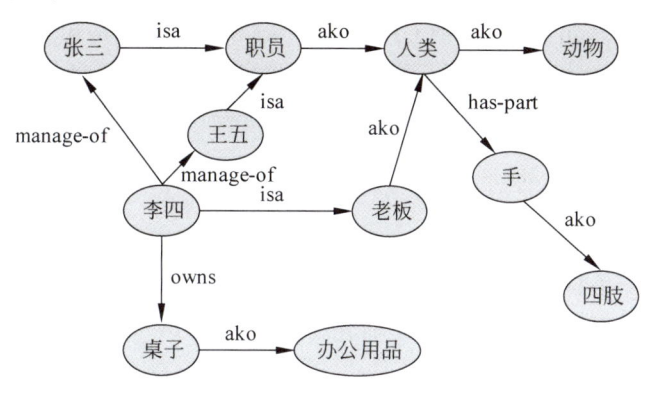

图 13-3　语义网表示知识的一个例子

语义网是表示大量信息的强有力的工具，其难点在于建立正确的关系模型，用精确完整的数据填充整个网络。

13.2.3　谓词逻辑法

谓词逻辑是常见的知识表示方式。谓词逻辑可以用来表示复杂的事实，由具有悠久历史的理论逻辑支持，成为一门良好定义的语言。本节先介绍简单一点的命题逻辑，再介绍谓词逻辑，谓词逻辑使用了命题逻辑。

1. 命题逻辑

命题逻辑是一种由一组句子组成的语言，可用于对世界进行逻辑推理。

1) 运算符

命题逻辑使用以下 5 种运算符。

¬	∨	∧	→	↔
（非）	（或）	（与）	（如果…那么…）	（当且仅当）

第一个运算符(非)是一元运算符(运算符带一个句子)，其他 4 个都是二元运算符(运算符带两个句子)。每个句子的逻辑值(真或假)取决于原子句子的逻辑值，原子句子是不带运算符的句子。图 13-4 显示了命题逻辑 5 个运算符的真值表。真值表在第 4 章中介绍过，其中非、或、与与第 4 章介绍过的逻辑电路运算相同。

A	¬A
F	T
F	F

A	B	A∧B
F	F	F
F	T	F
T	F	F
T	T	T

A	B	A∨B
F	F	F
F	T	T
T	F	T
T	T	T

A	B	A→B
F	F	T
F	T	T
T	F	F
T	T	T

A	B	A↔B
F	F	T
F	T	F
T	F	F
T	T	T

图 13-4　命题逻辑 5 个运算符的真值表

2) 句子

命题逻辑的句子递归定义如下。

(1) 自然语言中的陈述句(用大写字母表示)是一个句子。

(2) 两个常数值(真和假)中的任意一个都是句子。

(3) 如果 P 是句子,则¬P 也是句子。

(4) 如果 P 和 Q 是句子,则 P∧Q、P∨Q、P→Q 和 P↔Q 都是句子。

例如,下面是命题逻辑中的句子(原子句子可以用一个大写字母代表)。

(1) 今天是星期天(S)。

(2) 今天是星期一(M)。

(3) 天在下雨(R)。

(4) 今天是星期天或星期一(S∨M)。

(5) 天没下雨(¬R)。

(6) 如果狗是哺乳动物,那么猫也是哺乳动物(D→C)。

3) 推演

在人工智能中,我们需要从已知的事实中推导出新的事实。在命题逻辑中,这样的过程称为推演。给定两个假定为真的句子,我们能推演出新的为真的句子,前面两个句子称为前提,推演出的句子称为结论,而整体称为论断。我们来看下面的例子。

前提 1:他或者在家,或者在办公室。

前提 2:他不在家。

结　论:所以,他在办公室。

如果我们用 H 代表"他在家",用 O 代表"他在办公室",符号"⊢"代表"所以",那上面的论断可以表示成:

$$\{H \lor O, \neg H\} \vdash O$$

我们如何证明推演的论断是合法的呢?验证论断合法性的一种方法是为前提和结论建立真值表,如果在其中发现了反例,那么结论就是非法的,否则就是合法的。所谓反例是指所有的前提都为真,而结论却为假。

论断$\{H \lor O, \neg H\} \vdash O$的合法性可以用如表 13-1 所示的真值表证明。

表 13-1　论断$\{H \lor O, \neg H\} \vdash O$的真值表

H	O	H∨O(前提1)	¬H(前提2)	O(结论)
F	F	F	T	F
F	T	T	T	T
T	F	T	F	F
T	T	T	F	T

表 13-1 中唯一要检查的行是第二行,因为只有这一行的两个前提 H∨O 和¬H 都为真(T),这一行没有显示反例,因此,论断是合法的。

有些论断在逻辑上是非法的,例如下面的论断。

前提 1:如果她富有,她有车。

前提 2:她有车。

结　论:因此,她富有。

从表 13-2 可以看到,即使前两个句子都为真,结论却是假。我们把上面的论断表示成:$\{R \to C, C\} \vdash R$,其中 R 代表"她富有",C 代表"她有车"。

论断$\{R \to C, C\} \vdash R$不合法,因为能找到反例。

表 13-2　论断{R→C,C}├─R 的真值表

R	C	R→C（前提1）	C（前提2）	R（结论）
F	F	T	F	F
F	T	T	T	F
T	F	F	F	T
T	T	T	T	T

表 13-2 中，第二行和第四行需要检查。第四行没问题，但第二行是个反例（两个真的前提导致了假的结论）。因此，这个论断是非法的。

当找不到反例时，论断就是合法的。

2. 谓词逻辑

在命题逻辑中，表示句子的符号是原子的，我们不能将它分割开而发现各个组成部分中所含的信息。例如下面的句子：

　　　　　　P1：佳芬是小玉的母亲　　　　P2：小玉是珂珂的母亲

利用命题逻辑运算可以组合这两个句子，从而产生其他句子，但不能提取出佳芬和珂珂间的关系，即不能从上面两个句子中推导出佳芬是珂珂的外婆。要进行这样的推导，就需要谓词逻辑，这种逻辑定义了命题各部分间的关系。

在谓词逻辑中，句子分成谓词和参数。例如，可以将刚才的例子变成如下形式。

　　　　　　P1：佳芬是小玉的母亲　　变成　　母亲（佳芬，小玉）
　　　　　　P2：小玉是珂珂的母亲　　变成　　母亲（小玉，珂珂）

上面句子中的母子关系是由谓词"母亲"来定义的，如果在两个句子中的小玉是指同一个人，我们可以推导出佳芬和珂珂间的新关系：外婆（佳芬，珂珂）。这就是谓词逻辑的用处。

1) 量词

谓词逻辑允许使用量词，在谓词逻辑中两个常用的量词是 ∀ 和 ∃。

（1）∀ 称为全称量词，它表明变量所表示的全部对象在某些事上全部为真。

（2）∃ 称为存在量词，它表明变量所表示的一个或多个对象在某些事上为真。

下面举例说明英语句子如何被写成谓词逻辑中的句子（x 是占位符）。

（1）句子"All men are mortals"可以写成：

$$\forall x [man(x) \rightarrow mortal(x)]$$

（2）句子"Frogs are green"可以写成：

$$\forall x [frog(x) \rightarrow green(x)]$$

（3）句子"Some flowers are red"可以写成：

$$\exists x [flower(x) \wedge red(x)]$$

这里方括号里的运算符号是"∧"，与上面句子中的"→"不同，解释这样做的原因超出了本书的范围。

（4）句子"John has a book"可以写成：

$$\exists x [book(x) \wedge has(John, x)]$$

换言之，句子变成了"There exists a book that belongs to John"。

2) 推演

在谓词逻辑中，如果没有量词，一个论断的真假确认与命题逻辑完全相同。但是，当有量词时，判断就变得复杂多了。例如，下面的论断是完全合法的。

前提 1：All men are mortals.
前提 2：Socrates is a man.
结　论：Therefore, Socrates is mortal.

判断这个简单的论断并不复杂，我们可以写成：

$$\forall x[man(x) \rightarrow mortal(x)], man(Socrates) \models mortal(Socrates)$$

既然第一个前提是讨论所有的人，我们可以把这个类中的一个实例（Socrates）放到前提中，就得到如下的论断：

$$man(Socrates) \rightarrow mortal(Socrates), man(Socrates) \models mortal(Socrates)$$

这可以简化成 $\{M1 \rightarrow M2, M1\} \models M2$。这里，M1 是 man(Socrates)，M2 是 mortal(Socrates)。这个结果是命题逻辑中的一个论断，显然是合法的。但是，在谓词逻辑中有许多论断不像这样容易判别，我们需要一套系统的证明，但这超出了本书的范围。

3. 超越谓词逻辑

由于逻辑推理的需要，逻辑得到了进一步的发展，包括高阶逻辑、默认逻辑、模态逻辑和时态逻辑。对它们的讨论超出了本书的范围。

13.3　专家系统

专家系统使用前面所讨论的知识表示语言，执行通常需要人类专家才能完成的任务。它们被用在需要人类专家，而人类专家却缺少、昂贵或不可用等场合。

基于知识的系统是嵌入并使用一套特定信息的软件系统，它从嵌入的信息集合中提取和处理特定的片段。"专家系统"和"基于知识的系统"一般是通用的术语，不过专家系统通常嵌入的是一个特定领域的知识，对这个领域的专业人员的专门技术进行了建模。当用户面临特定的问题时，会咨询专家系统，该系统将利用它的专门技术，建议用户如何解决这个问题。

专家系统使用一套规则来指导处理，因此又叫作基于规则的系统，它基于一套 if-then 规则。专家系统的规则集合又叫作它的知识库。推理机是专家系统的一部分，决定了如何执行规则，以及从中会得到什么结论。

医生是一种活的专家系统，他们通过提问或化验收集信息，你的回答和化验结果可能会产生更多的问题和化验。医生知识库中的规则让他们知道接下来要问什么问题，然后他们用收集到的信息排除各种可能性，最终得出诊断结果。一旦识别出问题，他们就可以根据特定的知识提出适当的治疗方案。

下面演练一次专家系统的处理过程。假设你要问的是：我应该对草坪进行哪些修理？

嵌入了园丁知识的专家系统能够指导你如何做决定。先定义几个变量，以便在园丁系统中可以简化规则。

- NONE：这次不进行任何修理。
- TURF：进行铺草皮修理。
- WEED：进行除草修理。
- BUG：进行除虫修理。
- FEED：进行施肥修理。
- WEEDFEED：进行除草和施肥修理。

这些值表示了专家系统在分析过当前情况之后可能得出的各种结论。接下来的布尔变量表示草坪当前的状态。
- BARE：草坪具有大块的空地。
- SPARSE：草坪普遍比较稀疏。
- WEEDS：草坪中有许多杂草。
- BUGS：草坪有虫子存在的迹象。

假设专家系统最初没有任何关于草坪状态的直接数据。例如，必须询问用户草坪是否具有大块的空地，然后通过某些计算或其他数据库可以得到下面一些专家系统能直接使用的数据。
- LAST：最后一次修理草坪的日期。
- CURRENT：当前的日期。
- SEASON：当前的季节。

现在可以公式化一些规则用于推导结论，这些规则采用 if-then 语句的形式。

```
if (CURRENT - LAST < 30) then NONE
if (SEASON = winter) then not BUGS
if (BARE) then TURF
if (SPARSE and not WEEDS) then FEED
if (BUGS and not SPARSE) then BUG
if (WEEDS and not SPARSE) then WEED
if (WEEDS and SPARSE) then WEEDFEED
```

注意，这只是这种系统中可能存在的规则的示例，真正的专家系统具有上千条规则以协助分析状况。即使对于上面的小例子，这套规则也没有覆盖所有的状况。

在执行过程中，推理机将选择一条规则，确定它是否可行，只需要向用户提问也许就能确定规则的可行性。如果这条规则是可行的，那么它可能会影响到其他规则的可行性。推理机将继续应用规则，直到没有可行的规则为止。不要把规则想成线性的（按序排列的），推理机将应用所有能用的规则，反复循环，直到得出结论。推理机的运行可能会生成下列的交互过程。

系统：草坪有大块的空地吗？
用户：没有。
系统：草坪有虫子的迹象吗？
用户：没有。
系统：草坪普遍比较稀疏吗？
用户：是的。
系统：草坪中有大量杂草吗？
用户：是的。
系统：你应该进行除草和施肥修理。

注意，专家系统不会对任何它可以查到的信息提问，如最后一次修理的日期。显然我们的情况不是发生在冬天的，因为系统就潜在的虫害进行了提问。如果是冬天，虫害问题应该被省略。

比起其他技术，专家系统具有许多优点。首先，它是面向目标的，它的重点不是抽象信息或理论信息，而是如何解决特定的问题。其次，它非常有效，它将记录之前的反应，不会问无关的问题。最后,即使你不知道某些问题的答案,一个真正的专家系统也会通过精心构造的规则集合提供有用的指示。

13.4　机器学习

机器学习(Machine Learning,ML)是人工智能研究的一个分支,它有不同的定义,本书采用的定义是:机器学习是对能通过经验自动改进的计算机算法的研究。通俗地讲,机器学习就是让计算机从数据中进行自动学习,得到某种知识(或规律)。机器学习算法基于样本数据(称为训练数据)构建数学模型,以便在不用明确编程来执行任务的情况下对未知或无法观测的数据做出预测或决策。

机器学习问题在早期的工程领域也经常称为模式识别(Pattern Recognition,PR),但模式识别更偏向于具体的应用任务,如光学字符识别、语音识别、人脸识别等。这些任务的特点是对于人类而言,这些任务很容易完成,但我们不知道自己是如何做到的,因此也很难人工设计一个计算机程序来完成这些任务。一个可行的方法是设计一个算法可以让计算机自己从有标注的样本上学习其中的规律,并用来完成各种识别任务。随着机器学习技术的应用越来越广,现在机器学习的概念逐渐替代模式识别,成为这一类问题及其解决方法的统称。

以手写体数字识别为例,我们让计算机能自动识别手写的阿拉伯数字。手写数字识别是一个经典的机器学习任务,对人来说很简单,但对计算机来说却十分困难。我们很难总结每个数字的手写体特征,或者区分不同数字的规则,因此设计一套通过规则来识别的算法几乎是一项不可能的任务。在现实生活中,很多问题都类似于手写体数字识别问题,如物体识别、语音识别等。对于这类问题,我们不知道如何设计一个计算机程序来解决,即使可以通过一些启发式规则来实现,其过程也是极其复杂的。因此,人们开始尝试采用另一种思路,即让计算机"看"大量的样本,并从中学习到一些经验,然后用这些经验识别新的样本。要识别手写体数字,首先通过人工标注大量的手写体数字图像(即每个图像都人工标记了它是什么数字),这些图像作为训练数据,然后通过学习算法自动生成一套模型,并依靠它来识别新的手写体数字。这和人类学习过程也比较类似,我们教小孩子识别数字也是这样的过程。这种通过数据来学习的方法就称为机器学习的方法。

机器学习算法很多,常用的算法有线性回归、决策树、k-近邻、支持向量机、贝叶斯分类、聚类、人工神经网络、集成学习、降维等。本节随后会简述其中几种典型的算法,在讲解过程中,有时为了方便尚不具备相关数学基础的读者理解,描述时或许有不严谨之处。

13.4.1　基本概念

首先介绍一下机器学习中的一些基本概念,包括样本、特征、标签、模型、学习算法等。

以一个生活中的经验学习为例,假设我们没有挑选西瓜的经验,不知道哪个西瓜好,那么我们(这里机器学习也类似)如何通过学习来获取挑瓜的知识呢? 首先,我们到市场随机买一些西瓜,一个个剖开,看看哪些是好瓜,哪些是坏瓜,然后总结经验(学习并产生模型);当下次看到一个没剖开的瓜时,通过经验判断它是好瓜还是坏瓜(运用模型去判断)。

假如研究西瓜好坏时关注西瓜的3个特征:颜色、根蒂、敲声。例如,(颜色=青绿;根蒂=蜷缩;敲声=浊响),(颜色=乌黑;根蒂=稍蜷;敲声=沉闷),(颜色=浅白;根蒂=

硬挺；敲声=清脆)，每对括号内是一条记录，"="的意思是"取值为"。

这组数据的集合称为一个数据集(Data Set)，其中每条记录是关于一个事件或对象(这里是一个西瓜)的描述，称为样本(Sample)。反映事件或对象在某方面的表现或性质的事项，如颜色、根蒂、敲声，称为属性或特征(Feature)，属性的取值称为属性值。

样本结果的信息称为标签(Label)，例如，一个(颜色=青绿；根蒂=蜷缩；敲声=浊响)的西瓜是好瓜，那么"好瓜"就是(色泽=青绿；根蒂=蜷缩；敲声=浊响)这个样本的标签。

一般将数据集分为两部分：训练集和测试集。训练集(Training Set)中的样本是用来训练模型的，也叫训练样本(Training Sample)；而测试集(Test Set)中的样本是用来检验模型好坏的，也叫测试样本(Test Sample)。

我们希望让计算机能通过训练数据寻找一个决策函数来建立每个样本特性和标签之间的映射，该过程称为"学习"或"训练"。模型训练好后，对于一个结果未知的样本，我们可以通过决策函数来预测其标签。

13.4.2 学习方式

到目前为止，已经有各种各样的机器学习方法。按照训练样本提供的信息以及反馈方式的不同，机器学习方法一般可以分为以下 3 类。

1. 监督学习

监督学习(Supervised Learning)是利用一组已知输入 x 和目标标签 y 的数据来学习模型的参数，使得模型预测的目标标签和真实标签尽可能一致。

根据目标标签的类型不同，监督学习又可以分为回归和分类两类问题。

(1) 回归(Regression)问题：目标标签 y 是连续值(实数或连续整数)，决策函数 $f(x,\theta)$ 的输出也是连续值。对于所有已知或未知的 (x, y)，使得 $f(x,\theta)$ 和 y 尽可能一致。

(2) 分类(Classification)问题：目标标签 y 是离散的类别(符号)。在分类问题中，通过学习得到的决策函数 $f(x,\theta)$ 也叫分类器。根据类别数量，分类问题又可分为两类分类(Binary Classification)和多类分类(Multi-Class Classification)问题。

2. 无监督学习

无监督学习(Unsupervised Learning)是用来学习的数据不包含目标标签，需要学习算法自动学习到一些有价值的信息。典型的无监督学习问题有聚类(Clustering)、密度估计(Density Estimation)、降维(Dimension Reduction)等。聚类用于根据属性和行为将对象进行分组，然后进行有针对性的处理。降维是通过查找共性来减少数据集的变量。大多数数据可视化使用降维来识别趋势和规则。

3. 强化学习

强化学习(Reinforcement Learning)也叫增强学习，强调一种交互的学习方式。智能体根据环境的状态每做出一个动作，可以得到即时或延时的奖励。智能体需要在和环境的交互中不断学习调整策略，以取得最大化的累积奖励。

与监督和无监督学习相反，强化学习不注重提供"正确"的答案或输出。相反，它专注于性能，这类似于人类根据积极和消极后果进行学习。如果小孩子碰到了热炉，他很快就会学会不再重复这个动作。同样在国际象棋中，计算机可以学习到不将王移动到对手的棋子可以到达的地方。很多计算机游戏(尤其是棋类)是根据这个原理设计并逐步完善的，在游戏中机器能够最终击败顶级的人类玩家。

13.4.3 线性回归

线性回归(Linear Regression)基本上是机器学习中最简单的模型,但是它的地位很重要。回归分析(Regression Analysis)是利用样本(已知数据),确定两种或两种以上变量间相互依赖的定量关系,产生拟合方程,从而对未知数据进行预测。在回归分析中,自变量和因变量之间是线性关系的称为线性回归。只包括一个自变量和一个因变量,且二者的关系可用一条直线近似表示,这种回归分析称为一元线性回归分析。

举个例子,有一个公司,统计 10 个月的广告费用和销售额,如表 13-3 所示,现在公司想探索广告费和销售额的关系。

表 13-3 广告费与销售额

广告费/万元	销售额/万元	广告费/万元	销售额/万元
4	9	12	23
8	20	6	18
9	22	10	25
8	15	6	10
7	17	9	20

如果我们把广告费作为 x,销售额作为 y,画在二维坐标内,就能够得到一幅散点图。假定广告费和销售额符合线性关系,就可以利用一元线性回归作出一条拟合直线,如图 13-5 所示,其中虚线是对圆点的拟合。

这条线是怎么画出来的呢?我们知道,确定直线需要斜率和截距两个参数,参数需要按照某种衡量标准来确定。图 13-6 给出了拟合直线与数据的距离示意图,通常使用误差平方和衡量预测值和真实值的差距。

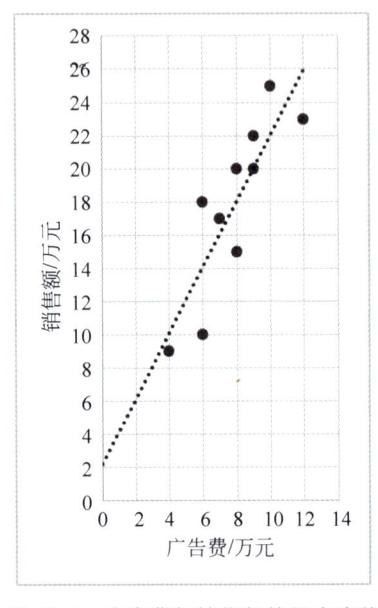

图 13-5 广告费与销售额的拟合直线

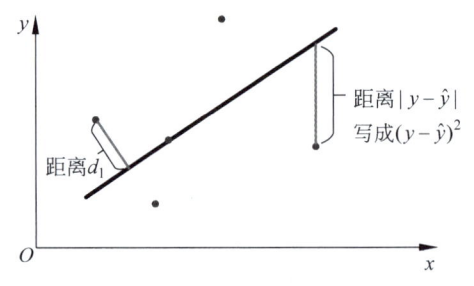

图 13-6 拟合直线与数据的距离示意图

图 13-6 中间的斜线就是拟合线,我们希望找到一条最佳的拟合线。如何衡量是否"最佳"呢?基本思想就是期望误差之和最小。那么基于什么误差呢?第一个想到的就是基于数据点到回归线的距离(如图 13-6 所示,其中一个数据点的距离为 d_1)。但是求距离有开方项,不太好计算。人们又想到直接使用预测值与真实值的差,这样可行,但是相减有正有负,因此需要加上绝对值(如图 13-6 所示的$|y-\hat{y}|$)。因为有绝对值不好计算,用平方就不用考虑正负了,所以最终的误差距离就使用误差平方和进行衡量,得到损失函数:

$$J(\theta_0,\theta_1)=\frac{1}{2m}\sum_{i=1}^{m}(y_i-\hat{y})^2 \tag{13-1}$$

其中,m 为数据个数,y_i 是第 i 个数据的真实值,$\hat{y}$ 是预测值。

对于一元线性回归,回归函数是直线方程,即 $\hat{y}=\theta_0+\theta_1 x_i$,将其代入式(13-1),得到:

$$J(\theta_0,\theta_1)=\frac{1}{2m}\sum_{i=1}^{m}[y_i-(\theta_0+\theta_1 x_i)]^2 \tag{13-2}$$

下面需要求出使损失函数最小的参数(系数),即求出直线方程的两个参数 θ_0 和 θ_1。求函数参数可以使用解析法,也可以使用数值法。梯度下降法是一种在机器学习算法中使用非常普遍的数值方法。

1. 解析法求函数参数

从式(13-1)可以看出 $J(\theta_0,\theta_1)$ 是 θ_0 和 θ_1 的函数,使用最小二乘法或求偏导都可以求出参数 θ_0 和 θ_1。下面使用求偏导的方法。我们知道,导数为 0 的点是极值点,这里是极小值。分别对 θ_0 和 θ_1 求偏导数,并使偏导数等于 0,化简后得到:

$$\theta_1=\sum_{i=1}^{m}(x_i-\bar{x})(y_i-\bar{y})\Big/\sum_{i=1}^{m}(x_i-\bar{x})^2$$

$$\theta_0=\bar{y}-\theta_1\bar{x}$$

其中,x_i 和 y_i 是第 i 个数据,$\bar{x}$ 和 $\bar{y}$ 分别是 x 和 y 的均值。把广告费和销售额数据代入公式,计算得到 $\theta_1=1.98,\theta_0=2.25$,拟合直线的方程为 $y=2.25+1.98x$。回归方程确定了以后,对于某个未知结果的 x,就可以使用回归方程预测 y 值了。

2. 梯度下降法求函数参数

有些情况下,解析法不方便或无法使用,这时可以使用梯度下降法来求解函数参数。

梯度下降法的基本步骤如下。

(1) 确定损失函数的梯度,即偏导数;再根据经验或随机确定函数参数的初始值;设定步长(一个比较小的值);设定梯度下降阈值(一个很小的值)。

(2) 计算损失函数在参数位置处的梯度值。

(3) 用步长乘以损失函数的梯度,得到当前位置下降的距离。

(4) 确定对于所有的参数,梯度下降的距离绝对值是否都小于阈值,如果小于,说明梯度变化接近 0,则算法终止,当前的参数即为最终结果,否则转入步骤(5)。

(5) 原参数值减去下降的距离,得到新的参数值,更新完毕后继续转入步骤(2)。

梯度下降法的形象比喻就像是从山坡下山,我们的下山方案是从当前位置往最陡峭的向下方向小幅移动,到达新位置后,再重复下山方案,直到最终到达山下平地处。

对于一元线性回归,使用表 13-3 的数据,梯度下降法是求解函数参数的。

(1) 损失函数的梯度:式(13-2)中 $J(\theta_0,\theta_1)$,分别对 θ_0 和 θ_1 求偏导数,得到:

$$\frac{\partial}{\partial \theta_0}J(\theta_0,\theta_1)=\frac{1}{m}\sum_{i=1}^{m}(\theta_0+\theta_1 x_i-y_i)$$

$$\frac{\partial}{\partial \theta_1}J(\theta_0,\theta_1)=\frac{1}{m}\sum_{i=1}^{m}(\theta_0+\theta_1 x_i-y_i)x_i$$

设定参数初值,这里设置 $\theta_0=\theta_1=0$;设定步长 $\alpha=0.01$;设定梯度下降阈值为 0.001。

(2) 计算损失函数的梯度值,对于表 13-3 的数据,$m=10$,$\frac{\partial}{\partial \theta_0}J(\theta_0,\theta_1)=-17.9$,$\frac{\partial}{\partial \theta_1}J(\theta_0,\theta_1)=-150.7$。

(3) $\alpha\frac{\partial}{\partial \theta_0}J(\theta_0,\theta_1)=0.01\times(-17.9)=-0.179$;$\alpha\frac{\partial}{\partial \theta_1}J(\theta_0,\theta_1)=0.01\times(-150.7)=-1.507$。

(4) 由于 -0.179 与 -1.507 的绝对值都大于阈值 0.001,所以进入步骤(5)。

(5) 参数更新,$\theta_0=\theta_0-\alpha\frac{\partial}{\partial \theta_0}J(\theta_0,\theta_1)=0.179$;$\theta_1=\theta_1-\alpha\frac{\partial}{\partial \theta_1}J(\theta_0,\theta_1)=1.507$;转至步骤(2)。由于 θ_0 和 θ_1 的值更新了,步骤(2)计算的结果也变了,这里就不再给出具体值了。

上述过程重复多次,最终得到的结果是 $\theta_0=2.25$,$\theta_1=1.98$,与解析法得到的结果一致。

13.4.4 k-近邻算法

k-近邻(k-Nearest Neighbor)算法,也称为 kNN,用于分类。kNN 算法比较数据点的距离并将未知类别的点分配与给它最接近的组。

现举例说明该算法。如图 13-7 所示,已知数据分为两类(图中分别用方框和三角表示),圆点是类型未知的待判断的点,kNN 算法的工作过程如下。

(1) 分别计算圆点与其他各点的距离,并按距离从小到大排序。

(2) 事先设定具体的 k 值,找出刚才排好序的距离最小的 k 个点。

(3) 根据这 k 个点的类别,依照少数服从多数的原则,确定圆点的类别。

图 13-7 中,如果 k 值设为 3,距离未知类型圆点最近的 3 个点(黑实线圆内)有两个是三角,有一个是方块,根据少数服从多数的原则,判定圆点与三角同类。

如果 k 的值设为 5,距离未知类型圆点最近的 5 个点(虚线圆内)有两个是三角,有 3 个是方块,由此判定圆点与方块同类。

kNN 算法有如下特点。

(1) kNN 没有训练过程,数据集事先已有了分类和特征值,待收到新样本后直接进行判定。

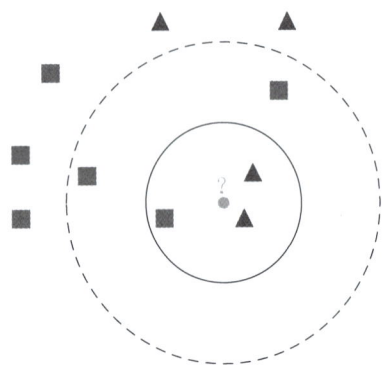

图 13-7 kNN 算法举例

(2) kNN 的计算复杂度较高,新样本需要与数据集中的每个数据进行距离计算,因此 kNN 一般适用于样本数较少的数据集。

（3）k 取不同值时，分类结果可能会有显著不同。

13.4.5　决策树

决策树是机器学习的一类常见算法，其核心思想是通过训练样本构建一个树状模型对新样本进行预测。树的叶节点是预测结果，而所有非叶节点皆是一个个决策过程。

训练阶段：给定训练数据集，构造出一棵决策树。

分类阶段：从根开始，按照决策树的分类属性逐层往下划分，直到叶节点，获得概念（决策、分类）结果。

表 13-4 所示为能否打棒球的天气数据，它包括 4 个特征，分别是 Outlook、Temperature、Humidity、Wind，以及最终是否打棒球的判断结果（Play）。图 13-8 是根据表 13-4 的数据得到的决策树。

表 13-4　能否打棒球的天气数据

Outlook	Temperature	Humidity	Wind	Play
sunny	hot	high	weak	No
sunny	hot	high	strong	No
overcast	hot	high	weak	Yes
rain	mild	high	weak	Yes
rain	cool	normal	weak	Yes
rain	cool	normal	strong	No
overcast	cool	normal	strong	Yes
sunny	mild	high	weak	No
sunny	cool	normal	weak	Yes
rain	mild	normal	weak	Yes
sunny	mild	normal	strong	Yes
overcast	mild	high	strong	Yes
overcast	hot	normal	weak	Yes
rain	mild	high	strong	No

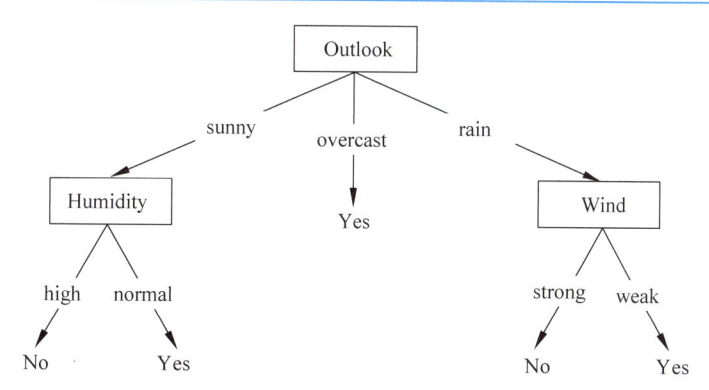

图 13-8　能否打棒球的决策树

根据训练数据可以构建不同的决策树，图 13-8 是将 Outlook 作为根节点建立的决策树；当然也可以以 Humidity 作为根节点建立决策树，但图 13-8 的决策树层数最少，能够快速做出决策，性能比其他决策树好。

1. 决策树的划分选择

决策树算法的核心是如何建立一棵最小深度（树的层数最少）的决策树。采用的方法主要是计算信息增益，选择信息增益大的属性作为根节点；根节点确定后，在构建子树时，考虑其他属性，寻找信息增益大的属性作为子树的根节点；如此循环，直到所有结果都明确为止。

所谓信息增益大，直观的理解就是区分度大，按区分度最大的属性分类后，结果最明朗。信息增益精确的描述需要信息论的相关知识。

1) 信息熵

在信息论中，熵（Entropy）是衡量消息来源不确定性的指标，它为我们提供了数据的无组织程度。熵越大，不确定性越大，越无序；熵越小，确定性越大，越有序。

假定当前样本集合 D 中一共有 n 类样本，其中第 k 类样本所占的比例为 p_k，则 D 的信息熵定义为：

$$\text{Ent}(D) = -\sum_{k=1}^{n} p_k \text{lb} p_k$$

假定集合 D 中有 14 个样本，分为正例（Yes）和负例（No）两类，其中正例有 9 个，比例为 9/14，反例有 5 个，比例为 5/14，则 $\text{Ent}(D) = -\frac{9}{14}\text{lb}\left(\frac{9}{14}\right) - \frac{5}{14}\text{lb}\left(\frac{5}{14}\right) = 0.940$。

请注意，如果 D 的所有成员属于同一个类，则熵为 0；当集合包含相同数量的正面和负面示例时，则熵为 1；如果集合包含不等数量的正面和负面示例，则熵在 0～1 之间。

2) 信息增益

信息增益用来衡量预期的熵减少，它决定哪个属性进入决策节点。为了最小化决策树深度，具有最多熵减少的属性是最佳选择。更确切地说，属性 a 相对于集合 D 的信息增益定义为：

$$\text{Gain}(D,a) = \text{Ent}(D) - \sum_{v=1}^{V} \frac{|D^v|}{|D|} \text{Ent}(D^v) \tag{13-3}$$

其中，V 是属性 a 可能的取值，D^v 是属性 a 具有值 v 的 D 的子集，$|D^v|$ 是 D^v 中的元素数，$|D|$ 是 D 中的元素数。

2. 计算步骤

下面根据表 13-4 的数据进行信息增益的计算。表中的 4 个属性可能的取值是：Outlook={sunny, overcast, rain}，Temperature={hot, mild, cool}，Humidity={high, normal}，Wind={weak, strong}。

1) 计算整个数据集的熵

表 13-4 中，集合 D 有 14 个样本，其中有 9 个 "Yes"，5 个 "No"，因此：

$$\text{Ent}(D) = -\frac{9}{14}\text{lb}\left(\frac{9}{14}\right) - \frac{5}{14}\text{lb}\left(\frac{5}{14}\right) = 0.940$$

2) 计算每个属性的信息增益

（1）计算 Outlook 的信息增益。Outlook 属性包含 3 个不同的观测：Outlook={sunny, overcast, rain}。

overcast 有 4 条记录，4 条对应的 Play 结果都是 "Yes"，熵为 $-\frac{4}{4}\text{lb}\left(\frac{4}{4}\right) = 0$。

rain 有 5 条记录,其中有 3 条对应的 Play 结果是"Yes",熵为 $-\frac{3}{5}\text{lb}\left(\frac{3}{5}\right)-\frac{2}{5}\text{lb}\left(\frac{2}{5}\right)=0.97$。

sunny 有 5 条记录,其中有两条对应的 Play 结果是"Yes",熵为 $-\frac{2}{5}\text{lb}\left(\frac{2}{5}\right)-\frac{3}{5}\text{lb}\left(\frac{3}{5}\right)=0.97$。

代入式(13-3),得到 Outlook 的信息增益为 $0.940-\left(\frac{4}{14}\times0+\frac{5}{14}\times0.97+\frac{5}{14}\times0.97\right)=0.25$。

(2) 计算 Temperature 的信息增益。采用类似于上面的方法,得到信息增益为 0.03。
(3) 计算 Humidity 的信息增益。得到信息增益为 0.22。
(4) 计算 Wind 的信息增益。得到信息增益为 0.07。

3) 比较各个属性的信息增益

显然,Outlook 属性的增益最高,因此,用它做根节点。

4) 确定子树

由于 Outlook 有 3 个可能的值,因此根节点有 3 个分支(sunny, overcast, rain)。接下来的问题是,应该在 sunny 分支节点测试什么属性? 由于已经在根部使用了 Outlook,因此只需要决定其余 3 个属性:Temperature、Humidity 和 Wind。

表 13-4 中,Outlook=sunny 的有 5 项,$D_{\text{sunny}}=\{D1, D2, D8, D9, D11\}$。

$\text{Gain}(D_{\text{sunny}}, \text{Humidity})=0.970$。

$\text{Gain}(D_{\text{sunny}}, \text{Temperature})=0.570$。

$\text{Gain}(D_{\text{sunny}}, \text{Wind})=0.019$。

上面 3 项增益中,Humidity 增益最大,因此,它被用作决策节点。这个过程一直持续到所有数据都被完美分类或我们的属性用完了为止。

有些情况下,为了提高决策树的预测能力,还需要对决策树进行剪枝操作。限于篇幅,这里就不讲解了。

13.4.6 贝叶斯算法

贝叶斯算法基于贝叶斯定理,其中朴素贝叶斯分类器(Naive Bayes Classifier)是一种简单有效的常用分类算法。例如,大多数垃圾邮件过滤器都使用贝叶斯算法。

贝叶斯分类其实是利用贝叶斯公式,算出每种情况发生的概率,再取概率较大的一个分类作为结果。我们先来看看贝叶斯公式:

$$P(A \mid B) = P(B \mid A) P(A) / P(B)$$

其中,$P(A|B)$ 是指在事件 B 发生的情况下事件 A 发生的条件概率;$P(A)$ 是事件 A 发生的概率;$P(B|A)$ 是在事件 A 发生的情况下事件 B 发生的概率;$P(B)$ 是事件 B 发生的概率。

朴素贝叶斯分类器采用了"属性条件独立性假设",对已知类型,假设所有的属性相互独立。换言之,假设每个属性独立地对分类结果发生影响。

下面通过一个病人分类的例子解释朴素贝叶斯算法。

某医院早上收了 6 个门诊病人,这些病人的症状、职业与疾病如表 13-5 所示。

表 13-5　病人列表

症　　状	职　　业	疾　　病
打喷嚏	护士	感冒
打喷嚏	农夫	过敏
头痛	建筑工人	脑震荡
头痛	建筑工人	感冒
打喷嚏	教师	感冒
头痛	教师	脑震荡

现在又来了第七个病人,是一个打喷嚏的建筑工人。请问他患上感冒的概率有多大?

根据贝叶斯公式,这里事件 A 是打喷嚏×建筑工人,事件 B 是感冒,则打喷嚏的建筑工人得感冒的概率为:

$$P(感冒|打喷嚏×建筑工人)=P(打喷嚏×建筑工人|感冒)× \\ P(感冒)/P(打喷嚏×建筑工人)$$

假定"打喷嚏"和"建筑工人"这两个特征是独立的(朴素贝叶斯假设),上面的等式就变成了:

$$P(感冒|打喷嚏×建筑工人)=P(打喷嚏|感冒)×P(建筑工人|感冒)× \\ P(感冒)/(P(打喷嚏)×P(建筑工人))$$

从表 13-5 可以看到,感冒的病人有 3 个,其中 2 个打喷嚏,因此,$P(打喷嚏|感冒)=2/3$,同理,$P(建筑工人|感冒)=1/3$;6 个病人有 3 个得感冒,因此,$P(感冒)=3/6$,同理,$P(打喷嚏)=3/6$,$P(建筑工人)=2/6$。因此:

$$P(感冒|打喷嚏×建筑工人)=2/3×1/3×3/6/(3/6×2/6)=2/3$$

因此,这个打喷嚏的建筑工人,约有 66% 的概率是得了感冒。同理,可以计算出这个病人患上过敏或脑震荡的概率。比较这 3 个概率,哪个值大,就认为他最可能得哪种病。当然,这个例子主要是为了说明朴素贝叶斯分类的原理,要想得到更可靠的结论,需要更多的样本。

这就是贝叶斯分类器的基本方法,在统计资料的基础上,依据某些特征,计算各个类别的概率,从而实现分类。

13.4.7　聚类算法

聚类算法是一种无监督学习方法,将大量的无标签数据通过计算,自动为其标注标签。现实的场景中,无标签数据显然多于有标签数据。聚类的目的,是要将数据归为不同的类,基本原则是相近的数据尽量归为一类,而不同类之间的数据则要尽量有比较大的差别。

聚类算法中,简单且常用的是 k-means 聚类算法,将数据按距离(常用欧几里得距离)归到适当的类中。

k-means 聚类算法是一种基于簇心(样本特征的均值)的划分数据的方法,具体方法如下。

(1) 设定数据集有 k 个簇,k 值的选择没有完美的方案,可以根据经验确定,也可以通过尝试多个不同的 k 值,再根据聚合度选择一个合适的 k 值。初始设定 k 个不同的簇心。

(2) 对每个样本,计算其与 k 个簇心的距离,距离哪个簇心近,就把该样本归为那个簇心所属的类,每个样本只能属于其中一个簇。

(3) 同一簇的样本重新计算簇心,方法是计算同一簇中所有样本的各个特征的均值,这样,构成 k 个新的簇心。

(4) 对上一步计算得到的新的簇心,重复进行(2)、(3)步的工作,直到 k 个簇心不再变化为止。

下面通过一个简单的二维平面上的聚类问题来展示 k-means 算法的细节。数据集为:p1(2,10),p2(2,5),p3(8,4),p4(5,8),p5(7,5),p6(6,4),p7(1,2),p8(4,9)。图 13-9 所示为 k-means 算法工作过程。

(1) 如果需要把这些数据分为 3 类($k=3$),就需要预设 3 个初始的簇心,假如选择 p1、p4、p7 这 3 个点作为簇心,如图 13-9(a)所示,* 是簇心。

(2) 计算所有数据点与簇心的距离,并选择距离他们最近的簇心作为同类,归类的结果如图 13-9(b)中圈出来的那样。

(3) 更新簇心,如图 13-9(c)所示,并重新计算各数据点与簇心的距离,重新归类,结果如图 13-9(c)圈起来的结果。

(4) 重复进行步骤(2)和步骤(3),直到簇心不再变更为止,最终得到如图 13-9(d)所示的聚类结果。

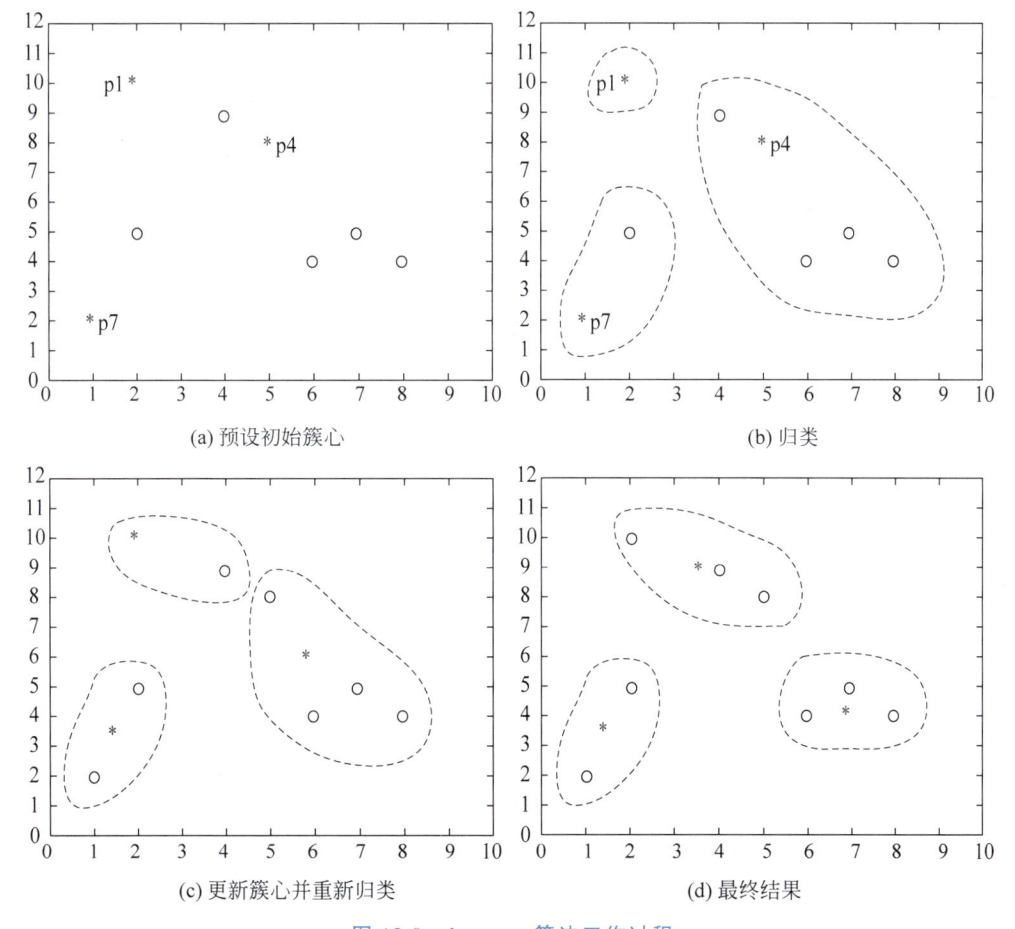

图 13-9 k-means 算法工作过程

需要注意的是，初始簇心的选择有时候会影响最终的聚类结果，所以，实际操作中，一般会选用不同的数据作为初始簇心，多次执行 k-means 算法。

13.4.8　人工神经网络

※读者可观看本书配套视频 19：人工神经网络。

人工神经网络（Artificial Neural Network，ANN）简称神经网络，许多复杂的应用（如模式识别、自动控制）和高级模型（如深度学习）都基于它。科学家一直希望模拟人的大脑，造出可以思考的机器。科学家发现，人能够思考的原因在于人体的神经网络。人体神经网络非常复杂，目前对它的认知还比较肤浅，概括起来有以下几点。

（1）外部刺激通过神经末梢，转化为电信号，转导到神经细胞（又称为神经元）。

（2）无数神经元构成神经中枢。

（3）神经中枢综合各种信号，做出判断。

（4）人体根据神经中枢的指令，对外部刺激做出反应。

人工智能研究的先驱借鉴了人类神经网络的一些特点，设计了人工神经网络。需要注意的是，人工神经网络只是对生物感知的粗糙模拟，和真正的生物神经网络有巨大的差异。下面先从感知器开始，描述人工神经网络的工作原理。

1. 感知器

图 13-10 是感知器的两种描述。20 世纪 60 年代，有人提出了最早的"人造神经元"模型，叫作"感知器"（Perceptron），结构如图 13-10(a)所示，它接受多个输入（$x_1, x_2, x_3, \cdots$），产生一个输出（Output）。

为了体现每个输入对输出的不同影响，可以给这些输入指定权重（Weight），代表它们的重要性不同。这时，还需要指定一个阈值（Threshold）。如果每个输入乘以相应的权重，再加起来的总和大于阈值，感知器输出 1，否则输出 0。

$$\text{Output} = \begin{cases} 0, & \sum_i w_i x_i \leqslant \text{Threshold} \\ 1, & \sum_i w_i x_i > \text{Threshold} \end{cases}$$

其中，x_i 为输入，w_i 为 x_i 的权重。

将阈值用 $-b$ 表示，可以把上述式子归纳为：

$$v = \sum_{i=1}^{m} w_i x_i + b$$

$$y = f(v) = \begin{cases} 1, & v > 0 \\ 0, & \text{其他} \end{cases}$$

$f()$ 称为激活函数，感知器的激活函数就是阶跃函数，即变量值大于 0 时，函数值为 1，否则为 0。这样感知器可以描述为图 13-10(b)的样子。

感知器只有输出层神经元进行激活函数处理，即只拥有一层功能神经元。感知器是一种线性分类模型，即数据必须是线性可分的才能使用感知器。采用如图 13-11 所示的有两个输入源的感知器能很容易地实现逻辑与、或、非运算，但不能实现异或运算，因为与、或、非运算是线性可分的，而异或运算是非线性可分的。

(a) 描述1　　　　　　　　(b) 描述2

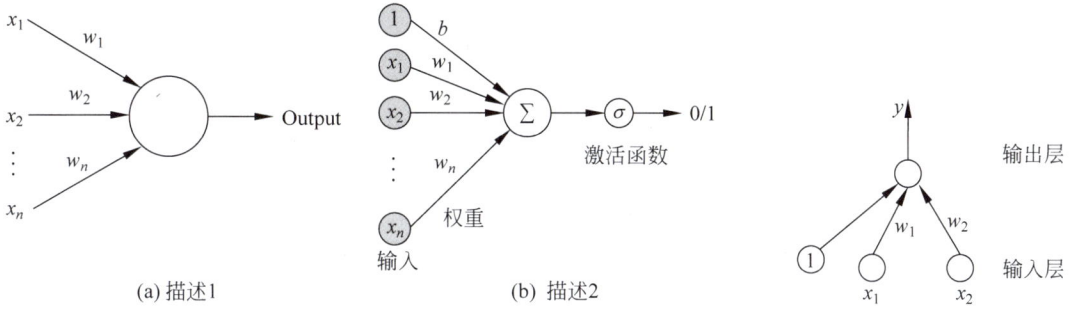

图 13-10　感知器的两种描述

图 13-11　两个输入源的感知器结构

（1）实现与 ($x_1 \wedge x_2$) 功能：令 $w_1=w_2=1$，$b=-1.5$，则 $y=f(x_1+x_2-1.5)$。x_1 和 x_2 的输入是 0 或 1，仅在 $x_1=x_2=1$ 时，$y=1$。

（2）实现或 ($x_1 \vee x_2$) 功能：令 $w_1=w_2=1$，$b=-0.5$，则 $y=f(x_1+x_2-0.5)$。x_1 和 x_2 的输入是 0 或 1，当 $x_1=1$ 或 $x_2=1$ 时，$y=1$，仅在 $x_1=x_2=0$ 时，$y=0$。

（3）实现非 ($\neg x_1$) 功能：令 $w_1=-0.6$，$w_2=0$，$b=0.5$，则 $y=f(-0.6x_1+0.5)$，当 $x_1=1$ 时，$y=0$；当 $x_1=0$ 时，$y=1$。

图 13-12 展示了线性可分的与、或、非问题与线性不可分的异或问题。从 13-12(d) 可以看出，异或结果为 0 和为 1 的点在四边形对角，是线性不可分的，用感知器无法实现该功能。

对于更一般的分类问题，感知器在实现分类时，实际就是寻找一个超平面，即通过训练感知器来修正感知器的权重。在二维情况下（输入源有两个）就是确定一条直线，不断修正直线的位置和角度，一直到能将两类样本分开为止，如图 13-13 所示。直线参数的确定使用梯度下降法。

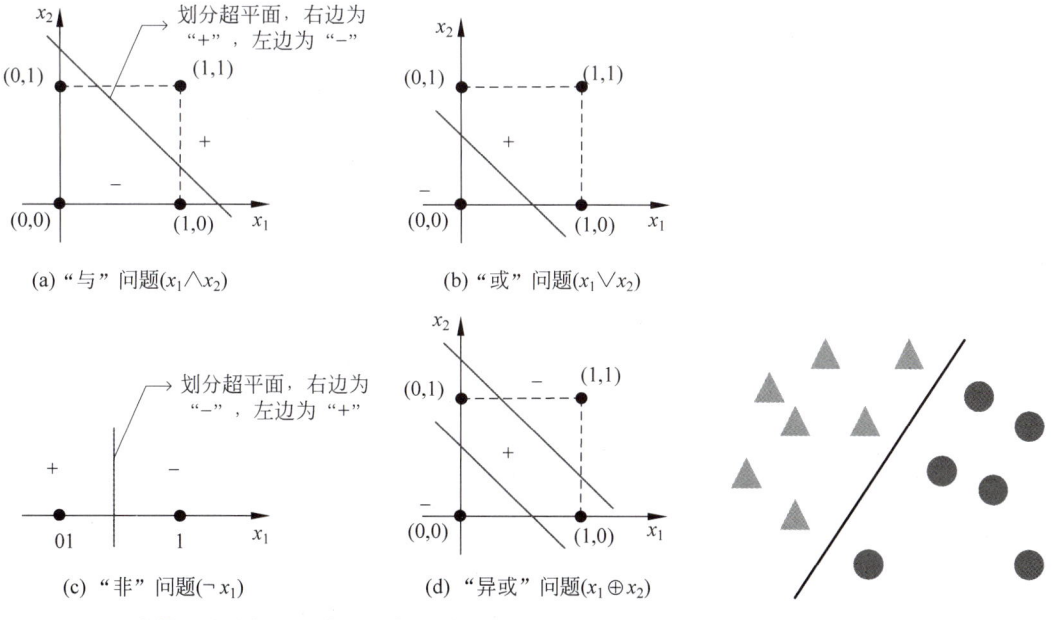

(a) "与" 问题 ($x_1 \wedge x_2$)　　　　(b) "或" 问题 ($x_1 \vee x_2$)

(c) "非" 问题 ($\neg x_1$)　　　　(d) "异或" 问题 ($x_1 \oplus x_2$)

图 13-12　线性可分的与、或、非问题与线性不可分的异或问题

图 13-13　感知器实现分类图例

2. 前馈神经网络

感知器可以看作人工神经网络的一种最简单的情况。但单层感知器无法解决不可线性分割的问题。实际使用的人工神经网络可采用多种结构,其中前馈神经网络是最常见的一种,而且经常使用多层进行分类。当提到神经网络时,如果没有特指,说的就是前馈神经网络。

前馈神经网络中各个神经元按接收信息的先后分为不同的组,每一组可以看作一个神经层。每一层中的神经元接收前一层神经元的输出,并输出到下一层神经元。整个网络中的信息朝一个方向传播,没有反向的信息传播,这种网络结构简单,易于实现。前馈网络包括全连接前馈网络和卷积神经网络等。

前馈神经网络中激活函数可以有多种选择,当然也可以是感知器使用的阶跃函数。通过简单非线性函数的多次复合,实现输入空间到输出空间的复杂映射。引入多种激活函数是神经网络具有优异性能的关键所在,多层级联的结构加上激活函数,令多层神经网络可以逼近任意函数,从而可以学习出非常复杂的假设函数。

前馈神经网络激活函数经常使用 sigmoid( )函数,$\text{sigmoid}(x)=\dfrac{1}{1+e^{-x}}$,其图像如图 13-14 所示。sigmoid 神经元输出为 $\dfrac{1}{1+\exp(-\sum_{i}w_ix_i-b)}$,感知器与 sigmoid 神经元的差别是感知器只输出 0 或 1,sigmoid 神经元可输出 0~1 的任意值。

前馈神经网络包括输入层、中间层(隐藏层)和输出层,如图 13-15 所示。隐藏层可以没有,也可以不止一层。工作过程是后一层的神经元接收前一层输入值乘以权重后的累加和,再通过激活函数处理,作为输出,传递给它的下一层,直到输出层结束。

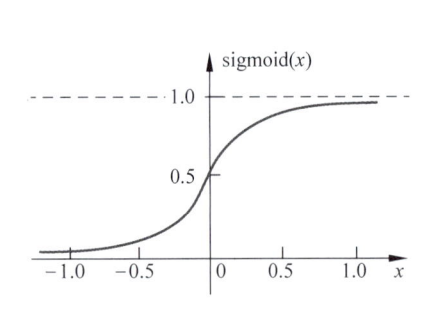

图 13-14　sigmoid( )函数图像　　　　图 13-15　前馈神经网络

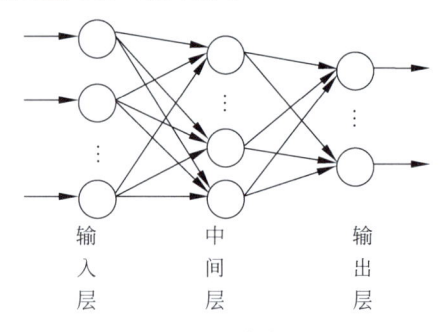

神经网络这种看似简单的模型用处却很大,因为无论是计算机科学、通信工程、生物统计学和医学,还是金融学和经济学中,大多数与"智能"有点关系的问题,都可以归结为一个在多维空间进行模式分类的问题,而神经网络所擅长的正是模式分类。多层前馈神经网络具有强大的分类能力,可以逼近任意函数。

前面讲过,单层感知器无法实现异或功能,多层感知器可以认为是多层神经网络的一种情况,可以实现异或功能,具体网络结构如图 13-16 所示。我们来分析一下这个网络。$h_1=f(-0.5+x_1-x_2)$,$h_2=f(-0.5-x_1+x_2)$,$y=f(-0.5+h_1+h_2)$,其中 f 是阶跃函数。当 $x_1=x_2=0$ 时,$h_1=0$,$h_2=0$,$y=0$;当 $x_1=x_2=1$ 时,$h_1=0$,$h_2=0$,$y=0$;当 $x_1=0$,$x_2=1$ 时,$h_1=0$,$h_2=1$,$y=1$;当 $x_1=1$,$x_2=0$ 时,$h_1=1$,$h_2=0$,$y=1$。

图 13-17 是一个使用 sigmoid() 函数作为激活函数的多层网络的具体例子,这个网络有 3 层,输入层有两个输入源,中间层有两个神经元,输出层有一个神经元。连接线上是权重。让我们看看它前向传播的计算过程。

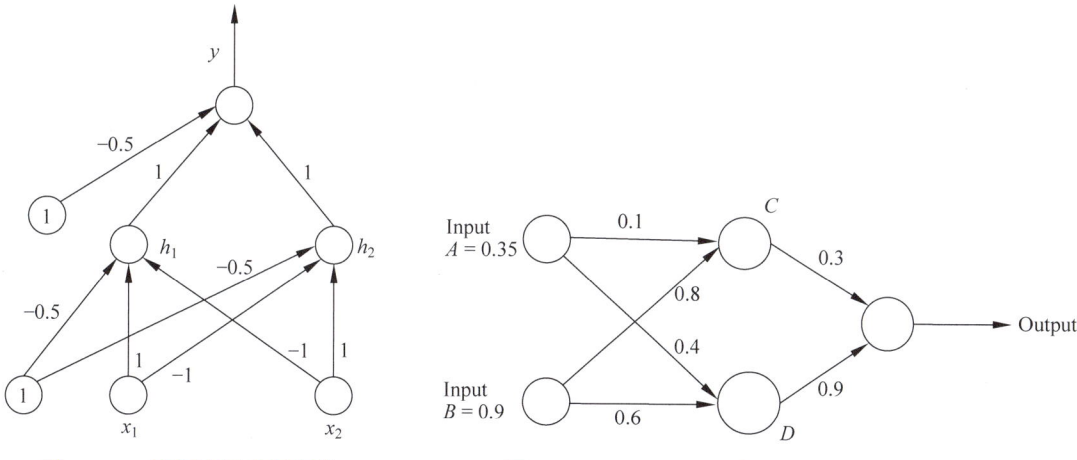

图 13-16 能解决异或问题的两层感知器

图 13-17 sigmoid() 函数作为激活函数的多层网络

计算隐藏层上面的神经元 C 时,先计算 $0.35 \times 0.1 + 0.9 \times 0.8 = 0.755$,经过 sigmoid() 激活函数 $y = \dfrac{1}{1+e^{-x}}$ 计算后(将 0.755 代入 x),得到 $C = 0.68$。

计算隐藏层下面的神经元 D 时,先计算 $0.9 \times 0.6 + 0.35 \times 0.4 = 0.68$。经过 sigmoid() 激活函数计算后,$D = 0.6637$。

C 和 D 作为输入,输入给输出神经元,$0.68 \times 0.3 + 0.6637 \times 0.9 = 0.80133$,经过 sigmoid() 激活函数计算后最终输出 Output$= 0.69$。

图 13-17 所示的神经网络可以用作两类分类器。可以设定如果 Output> 0.5,判定输入的数据属于第一类,否则属于第二类。按照这种设定,输入的数据 $(0.35, 0.9)$ 属于第一类。

3. 后向传播算法

在使用神经网络进行分类时,首先要设计网络结构。网络的输入层节点数量通常就是样本的属性数量;隐藏层的层数和每层的节点数根据经验确定;输出层节点的数量根据要分类的类别数量确定。如果是二分类,输出节点可以设计为一个,当输出值大于 0.5 时,判定为一类,否则为另一类。如果是 n 分类,输出节点可以设计为 n 个,哪个节点的输出值大,就判定输入属于哪一类。

网络结构确定了以后,必须要进行网络训练,计算出网络的权重。训练之前,需要先取得一批标注好的样本(训练数据),这些样本既有输入数据 x,又有它们对应的输出值 y。训练的目标是找到一组参数(权重)w,使得模型算出的输出值(它是参数 w 的函数,记作 $y(w)$)和这组训练数据中事先设计好的输出值(标签)y 尽可能一致。假设用 $J()$ 表示代价函数,它表示 $y(w)$ 与 y 的误差。可以定义 $J_y = \sum (y(w) - y)^2$,我们的目标是求出 w 的值使 J 最小。这种方法称为误差后向传播(Back Propagation,BP)算法,其核心方法是梯度下降法，它是迄今最成功的神经网络学习算法。

如果用数学公式精确描述 BP 算法，不容易看懂，下面是它粗略的工作过程。

(1) 初始化网络权重。可以根据经验设定权重初值，也可以设为随机值。

(2) 执行前向传播。类似于图 13-17 的计算过程，将训练数据从输入层经过乘权重、累加、激活函数处理后，向输出层传播，计算出输出结果。

(3) 执行反向传播。求出步骤(2)计算出来的输出值与样本的实际值之间的输出误差；根据输出误差调整与输出层有连接的网络权重；计算隐藏层的传递误差；根据传递误差调整与隐含层连接的网络权重。

步骤(2)和步骤(3)重复进行，直到误差小于某个很小的值，或者达到最大循环次数为止。

13.5 深度学习

深度学习(Deep Learning)是近年来发展十分迅速的研究领域，并取得了巨大的成功。从根源来讲，深度学习是机器学习的一个分支。

13.5.1 深度学习的特点

首先，深度学习问题是一个机器学习问题，是指从有限样本中，通过算法总结出一般性的规律，并可以应用到新的未知数据上。例如，我们可以从一些历史病例的集合，总结出症状和疾病之间的规律，这样当有新的病人时，我们可以利用总结出来的规律，判断这个病人得了什么疾病。

其次，和传统的机器学习不同，深度学习采用的模型一般比较复杂，指样本的原始输入到输出目标之间的数据流经过多个线性或非线性的组件。因为每个组件都会对信息进行加工，进而影响后续的组件。当最后得到输出结果时，我们并不清楚其中每个组件的贡献是多少，这个问题叫作贡献度分配问题。

目前可以比较好地解决贡献度分配问题的模型是人工神经网络。人工神经网络是由人工神经元以及神经元之间的连接构成，可以看作是信息从输入到输出的信息处理系统。如果把人工神经网络看作是由一组参数控制的复杂函数，并用来处理一些模式识别任务(如语音识别、人脸识别等)时，神经网络的参数可以通过机器学习的方式从数据中学习。对于层数和神经元较多的深度神经网络模型，从输入到输出的信息传递路径一般比较长，所以深度神经网络的学习可以看作是一种深度的机器学习，即深度学习。

神经网络和深度学习并不等价。深度学习可以采用神经网络模型，也可以采用其他模型，但是由于神经网络模型可以比较容易地解决贡献度分配问题，因此神经网络模型成为深度学习主要采用的模型。虽然深度学习一开始用来解决机器学习中的表示学习问题，但是由于其强大的能力，深度学习越来越多地被用来解决一些通用人工智能问题，如推理、决策等。

1. 传统机器学习的流程

当我们用传统机器学习来解决一些模式识别任务时，一般的数据处理流程包含以下几个步骤，如图 13-18 所示。

原始数据 → 预处理 → 特征提取 → 特征转换 → 预测 → 结果

特征处理　　　　　　　　　浅层学习

图 13-18　传统机器学习的数据处理流程

（1）预处理：经过数据的预处理，去除噪声等。

（2）特征提取：从原始数据中提取一些有效的特征，如在图像分类中，提取边缘、尺度不变特征变换（Scale Invariant Feature Transform，SIFT）特征等。

（3）特征转换：对特征进行一定的加工。

（4）预测：机器学习的核心部分，学习一个函数，进行预测。

目前大部分的机器学习算法是将特征处理（即前3步）和预测分开的，并且主要关注最后一步，即构建预测函数。但是实际操作过程中，不同预测模型的性能相差不多，而前3步中的特征处理对最终系统的准确性有着十分关键的影响。特征处理一般都需要人工干预完成，相当于是利用人类的经验来选取好的"特征"，并最终提高机器学习系统的性能。

在处理好特征后，传统机器学习模型主要关注分类或预测。我们把这类机器学习模型称为浅层模型或浅层学习。浅层学习的一个重要特点是不涉及特征学习，其特征主要靠人工经验或特征转换方法来抽取。

2. 深度学习流程

为了提高机器学习系统的准确率，我们需要将输入信息转换为有效的特征，也称为表示。如果有一种算法可以自动地学习出有效的特征，并提高最终分类器的性能，这种学习就可以叫作表示学习。

要提高一种表示方法的表示能力，其关键是构建具有一定深度的多层次特征表示。深层结构的优点是可以增加特征的重用性，从而指数级地增加表示能力。此外，从底层特征开始，一般需要多步非线性转换才能得到较抽象的高层语义特征。因此，表示学习可以看作是一种深度学习。通过构建具有一定"深度"的模型，可以让模型自动学习好的特征表示（从底层特征，到中层特征，再到高层特征），从而最终提升预测或识别的准确性。图13-19给出了深度学习的数据处理流程。

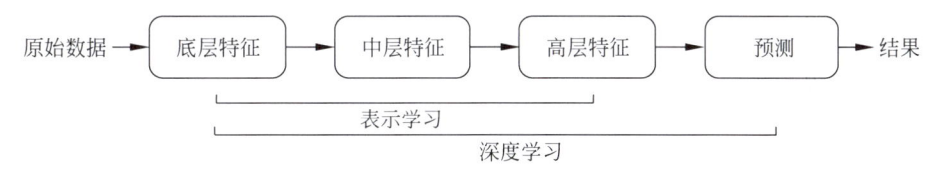

原始数据 → 底层特征 → 中层特征 → 高层特征 → 预测 → 结果

表示学习

深度学习

图 13-19　深度学习的数据处理流程

随着深度学习的快速发展，模型深度也从早期的5～10层发展到目前的数百层。随着模型深度的不断增加，其特征表示的能力也越来越强，从而使后续的预测更加容易。

13.5.2　常用的深度学习框架

在深度学习中，一般通过误差反向传播算法进行参数学习。采用手工方式计算梯度再写代码实现的方式会非常低效，并且容易出错。此外，深度学习模型需要的计算机资源比较多，一般需要在CPU和GPU之间不断进行切换，开发难度也比较大。因此，一些支持自动梯度计算、无缝 CPU 和 GPU 切换等功能的深度学习框架应运而生。比较有代表性的框架包括：Theano、Caffe、TensorFlow、PyTorch、Keras 等。

Theano 是蒙特利尔大学的 Python 工具包，用来高效地定义、优化和执行多维数组数据对应数学表达式。Theano 可以透明地使用 GPU，具有高效的符号微分。

Caffe 的全称为 Convolutional Architecture for Fast Feature Embedding，是一个卷积网络模型的计算框架，要实现的网络结构可以在配置文件中指定，不需要编码。Caffe 是用 C++ 和 Python 实现的，主要用于计算机视觉。

TensorFlow 是 Google 公司开发的 Python 工具包，可以在任意具备 CPU 或 GPU 的设备上运行。TensorFlow 的计算过程使用数据流图来表示。TensorFlow 的名字来源于其计算过程中的操作对象为多维数组，即张量(Tensor)。

PyTorch 是由 Facebook、NVIDIA、Twitter 等公司开发维护的深度学习框架。PyTorch 是基于动态计算图的框架，在需要动态改变神经网络结构的任务中有着明显的优势。

此外，还有一些深度学习框架，包括微软的 CNTK，由亚马逊、华盛顿大学和卡内基·梅隆大学等开发维护的 MXNet，以及百度开发的 PaddlePaddle 等。还有一些建立在这些基础框架之上的高度模块化的神经网络库，使得构建一个神经网络模型就像搭积木一样容易。其中比较有名的模块化神经网络框架有基于 TensorFlow 和 Theano 的 Keras。

13.6 人工智能的主要成果

13.6.1 人工智能的 3 个层次

1. 弱人工智能

弱人工智能是能推理和解决问题的智能机器，这些机器看起来像是智能的，但是并不真正拥有智能，也不会有自主意识，是仅在单个领域比较强的人工智能程序。

2. 强人工智能

强人工智能是能够达到人类级别的人工智能程序。不同于弱人工智能，强人工智能可以像人类一样应对不同层面的问题，而不仅只是下下围棋，或写写财经报道。它还具有自我学习、理解复杂理念等多种能力。

3. 超人工智能

对于超人工智能，人工智能思想家 Nick Bostrom 为我们勾勒了这样一幅图景：它具有能够准确回答几乎所有困难问题的先知模式，能够执行任何高级指令的精灵模式和能执行开放式任务，而且拥有自由意志和自由活动能力的独立意识模式。在超人工智能的语境下，有些未来学家在思考拥有独立意识的机器人是否会毁灭人类，超人工智能带来的是永生还是灭绝等问题。

13.6.2 人工智能的主要应用领域

人工智能目前突破性的成果包括下棋、计算机视觉(图像识别与理解)、语音识别、自然语言理解、推荐系统等，这些成果得益于 3 方面的进步：计算能力、大数据处理能力以及算法(主要是深度学习算法)。

人工智能的主要应用领域包括以下几方面。

1. 自动驾驶

人工智能在自动驾驶领域的应用最为深入。通过人工智能、视觉计算、雷达、监控装置和全球定位系统协同合作，让计算机可以在无人类主动操作下，自动安全进行操作驾驶。自动驾驶系统主要由环境感知、决策协同、控制执行模块组成。目前自动驾驶的主要应用场景包括智能汽车、公共交通、快递用车、工业应用等。

2. 智能金融

主要通过机器学习、语音识别、视觉识别等方式分析、预测、辨别交易数据、价格走势等信息，从而为客户提供投资理财、股权投资等服务，同时规避金融风险，提高金融监管力度。智能金融主要应用在智能投顾、智能客服、安防监控、金融监管等场景。

3. 电商零售

人工智能在电商零售领域，主要是利用大数据分析技术，智能地管理仓储与物流、导购等方面，用以节省仓储物流成本，提高购物效率，简化购物程序，主要应用在仓储物流、智能导购和机器客服等场景中。

4. 智能安防

智能安防要解决安防领域数据结构化、业务智能化以及应用大数据化的问题。长久以来，安防系统每天都产生大量的图像以及视频信息，处理这些冗余信息所需人力成本较高而且效率非常低。因此，人工智能在安防行业的应用主要依靠视频智能分析技术，通过对监控画面的智能分析采取安防行动，主要应用场景为智能监控和安保机器人。

5. 智能教育

人工智能进入教育领域，最主要能实现对知识的归类，以及利用大数据的搜集，通过算法为学生计算学习曲线，为使用者匹配高效的教育模式。同时，针对儿童幼教的机器人能通过深度学习与儿童进行情感上的交流。智能教育主要应用在智能评测、个性化辅导、儿童陪伴等场景。

6. 智慧医疗

人工智能在医疗健康领域，主要是通过大数据分析，完成对部分病症的诊断，减少误诊的发生。同时，在手术领域，手术机器人也得到了广泛应用；在治疗领域，基于智能康复的仿生机械肢等也有一些应用。智慧医疗应用场景主要包括医疗健康的监测诊断、智能医疗设备、辅助诊断与治疗、医学影像分析、精准医疗、智能化药物研发等。

7. 个人助理

人工智能在个人助理领域的应用相对成熟，即通过智能语音识别、自然语言处理和大数据搜索实现人机交互。个人助理系统在接收文本、语音信息之后，通过识别、搜索、分析之后进行回馈，返回用户所需要的信息。人工智能个人助理目前普遍用于智能手机语音助理、语音输入、家庭管家和陪护机器人。

13.7 小结

长久以来，人类都希望能制造出具有智能的机器，图灵测试是检验机器是否具有智能的一种方法。

"人工智能"一词来源于1956年的达特茅斯会议,在60多年的发展过程中经历了3次高潮和2次低谷。人工智能主要分为三大流派:符号主义、连接主义和行为主义,三大流派对智能有不同的理解,延伸出了不同的发展轨迹。

符号主义主要研究知识的表示与逻辑推理,其中语义网重点关注对象之间的关系;谓词逻辑可以用来表示复杂的事实,由具有悠久历史的理论逻辑支持;专家系统是符号主义的主要成就。

机器学习是人工智能研究的一个分支,能让计算机从数据中进行自动学习,得到某种知识(或规律)。机器学习算法很多,一般可以分为监督学习、无监督学习及强化学习。

监督学习又可分为回归和分类两种。线性回归是常用的回归方法;分类算法包括k近邻算法、决策树、贝叶斯算法、神经网络等。常用的非监督学习算法是k-means算法。

人工神经网络是连接主义的代表,多层神经网络具有强大的分类能力。

深度学习是机器学习的一个分支,可以让模型自动逐层学习好的特征表示,从而最终提升预测或识别的准确性。

目前,人工智能在某些领域取得了突破性的进展,应用的广度和深度在不断扩大,但与人类智能还有相当大的差距。

13.8 习题

问答题

(1) 什么是图灵测试?你认为该测试能用来准确定义一个智能系统吗?

(2) 人工智能从诞生至今,经历了哪些时期?

(3) 人工智能有哪些流派?各自对"智能"的理解是什么?

(4) 语义网是如何表示知识的?

(5) 谓词逻辑与命题逻辑各有哪些功能?

(6) 专家系统是如何工作的?

(7) 什么是机器学习?它主要有哪几种学习方式?

(8) 说明线性回归的原理。

(9) 描述梯度下降法的基本步骤。

(10) 说明k-近邻算法的原理。

(11) 简述决策树方法的基本原理。

(12) 说明贝叶斯算法的基本原理。

(13) 说明k-means算法的基本原理。

(14) 单层感知器能实现异或功能吗?为什么?

(15) 简述人工神经网络的基本原理。

(16) 深度学习相对于传统机器学习有什么特色?

(17) 目前我们需要担心人工智能机器统治人类吗?谈谈你的想法。

第 14 章　计算的限制

CHAPTER 14

前面的章节介绍了什么是计算机,它能够做什么,以及如何用它解决问题。本章将介绍计算机不能做什么,并分析限制计算机的因素,这些因素包括硬件、软件和要解决的问题的性质。

本章学习目标如下。
- 说明硬件对问题解决方案造成的限制。
- 理解计算机数字表示的有限性对数字问题造成了哪些影响。
- 讨论能检测出数据传输中的错误的方法。
- 说明软件对问题解决方案造成的限制。
- 讨论构建更好的软件的方法。
- 说明计算问题自身固有的限制。
- 从 P 类问题到不能解决的问题,讨论解决问题的时间复杂度。

14.1　硬件限制

硬件带给计算的限制来自几个因素。其一,数字是无限的,而计算机的数字表示却是有限的。其二,硬件是由容易损坏的机械零件和电子元器件组成的。其三,数据在计算机内部传递,或者从一台计算机传递到另一台计算机时可能会出现问题。下面看看这几种问题的具体表现,以及最小化其负面影响的一些策略。

14.1.1　算术运算的限制

第 2 章和第 3 章讨论过数字在计算机中的表示方法,计算机的硬件对整数和实数的表示都有限制。

1. 整数

如果计算机的字长是 16 位,其通用寄存器就是 16 位的,如果只表示正数,寄存器能存储的最大值是 $2^{16}-1=65535$。32 位字长的计算机,寄存器能存储的最大整数是 $2^{32}-1=4294967295$。64 位字长的计算机,寄存器能存储的最大整数 $2^{64}-1=18446744073709551615$。但这样的长度足够进行任何运算吗?

相传古印度有位宰相,是国际象棋的发明者。有一次,国王因为他的贡献要奖励他,问他想要什么,宰相说:"只要在国际象棋棋盘上(共 64 格)摆上这么多米粒就行了,第一格一粒,第二格两粒,后面一格的米粒总是前一格米粒数的两倍,摆满整个棋盘,我就感恩不尽了。"国王一想,这还不容易?但摆了几行后,国王发现不对,仔细一算,他终于明白了,按照宰相的要求,64 个格子总共要放 $1+2+2^2+2^3+2^4\cdots+2^{63}=2^{64}-1$ 粒米,全国的粮食也不够。这是一个很大的数字,刚好是 64 位计算机寄存器能存储的最大整数,这个数字再加 1,就会发生溢出。

计算机的硬件(寄存器)能表示的整数大小是有限制的。不过用软件方法可以克服这种限制。图 14-1 展示了通过软件的方式表示非常大的数,即用一系列较小的数表示很大的数。图 14-1(a)和图 14-1(b)是存储同一个数的两种方法,图 14-1(c)是 num1 与 num2 相加的示例,运算必须从最右边开始把每个数对相加,并且把进位加到左边。这种形式的整数程序处理时,数据可以使用数组方式存储,也可以使用链表方式存储。

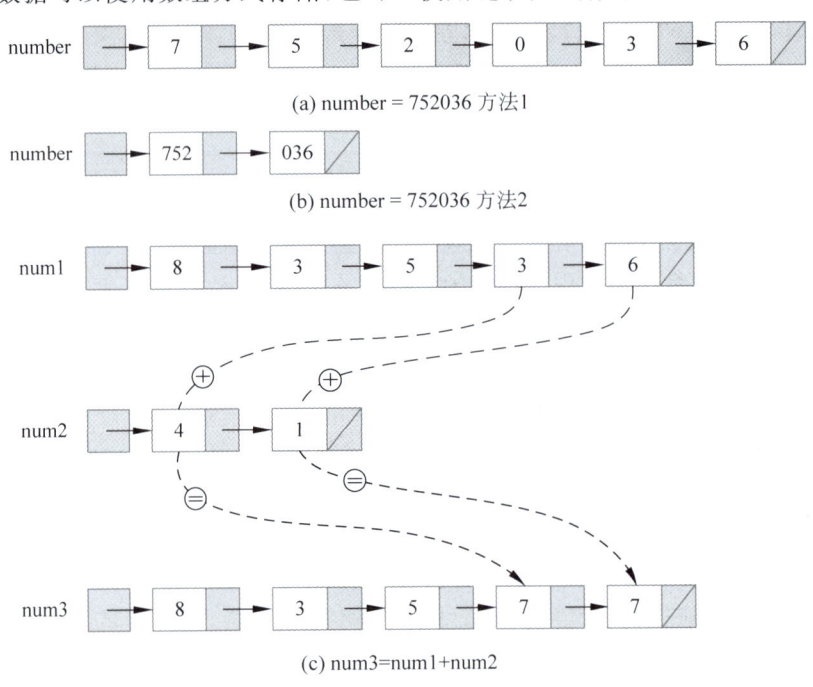

图 14-1 通过软件的方式表示非常大的数

2. 实数

第 3 章介绍过实数在计算机中的表示方式。为了更好地理解为什么实数会带来问题,需要研究一下其编码模式。

虽然实际的计算机使用的是二进制,但为了便于讨论和理解,下面都采用十进制数进行说明。假设计算机的内存单元长度相同,都是 6 位(每位能存储一个"+"或"−",或者存储 0~9 的一个数字)。存储的数字由一个符号位和 5 个数字位组成。

如果声明的是整数变量,那么这个数会被直接存储起来。如果声明的是一个实数变量,那么这个数将被存储为整数部分和小数部分,要表示这两部分,就需要进行编码,这里所谓的编码,就是确定整数和小数部分各占多少位。

让我们来看看编码后的数是什么样的,以及这些编码所表示的真实值是多少。我们从整数开始,用 5 位数字能够表示的整数范围是 −99999~+99999,如下所示。

−	9	9	9	9	9	最大的负数
+	0	0	0	0	0	零
+	9	9	9	9	9	最大的正数

精度（Precision）是最多可以表示的有效位数。这个例子的精度是 5 个数位，也就是 5 位数以内的每个数都能被精确地表示出来。如果用其中一个数位（左边的一位）表示指数，会出现什么情况呢？例如：

+	3	2	3	4	5

它表示的真实值是 $+2345\times 10^3$。采用上面的表示法，能表示的数的范围大多了，可以从 -9999×10^9 到 $+9999\times 10^9$，即 $-9999000000000 \sim +9999000000000$。

现在精度只有 4 位数字了，最左边的 4 位数字是正确的，其余的数字都假设为 0，右边的数位或者说最低有效数位将丢失。

要扩展这种编码模式表示实数，还要能够表示负指数。例如，$4394\times 10^{-2}=43.94$，$22\times 10^{-4}=0.0022$。

由于在上面的模式中，指数没有符号，所以必须对它修改，增加一个符号位，作为数本身的符号。这样的编码模式共有 7 位，其中一位表示数的符号，可以是正（+）或负（−），还有一位表示指数的符号，一位指数位，其他 4 位是有效数字，如图 14-2 所示。

数的符号	指数的符号	指数					
+	+	9	9	9	9	9	最大正数 $+9999\times 10^9$
−	+	9	9	9	9	9	最大负数 -9999×10^9
+	−	9	0	0	0	1	最小正数 $+1\times 10^{-9}$
−	−	9	0	0	0	1	最小负数 -1×10^{-9}

图 14-2　7 位实数编码模式

现在可以表示 -9999×10^{-9} 到 9999×10^9 之间的所有实数（精确到 4 位）了。

假设我们想用这种编码模式求 3 个数 x、y 与 z 的和。可以先求 x 与 y 的和，再把 z 加到之前求得的结果上。也可以先求 y 与 z 的和，再把 x 加到之前求得的结果上。算术运算中的结合律可以证明这两种方法得到的答案一样，但计算机得到的结果真是这样吗？

计算机限制了实数的精度（有效位的位数）。让我们用上述编码模式（两个符号位，一位指数，4 位有效位）求下列 3 个值 x、y、z 的和：

$$x=-1324\times 10^3 \quad y=1325\times 10^3 \quad z=5424\times 10^0$$

计算机在进行实数加法运算时，先要对阶，这里在可能的情况下尽量保持精度。

（1）先计算 x 加 y，再加 z。

x 和 y 同阶，直接计算两数的和。

(x)　　　　　-1324×10^3
(y)　　　　　1325×10^3
　　　得到　　　1×10^3

为了尽量保持精度,$1×10^3$ 按 $1000×10^0$ 计算,再加上 z。

$(x+y)$　　　　　$1000×10^0$
(z)　　　　　　$5424×10^0$
　　　得到　　　$6424×10^0$

(2) 先计算 y 与 z 的和,再加 x,即 $x+(y+z)$。

y 和 z 不同阶,需要对阶:

(y)　　　　　　$1325×10^3$
(z)　　　　　　$0005×10^3$　　　($5424×10^0$ 对阶后的结果)
　　　得到　　　$1330×10^3$

再加上 x:

$(y+z)$　　　　　$1330×10^3$
(x)　　　　　　$-1324×10^3$
　　　得到　　　$6×10^3=6000×10^0$

比较(1)和(2)两种计算次序,两个答案在千位上的结果相同,但百位、十位和个位上的结果却不同。这种由于算术运算结果的精度大于机器的精度造成的算术误差叫作表示误差或舍入误差。

除了表示误差,浮点算术还有两个要注意的问题——下溢(Underflow)和溢出(Overflow)。当计算出的绝对值太小以至于计算机不能表示时,将发生下溢。采用十进制数表示法,看一个涉及非常小的数的运算:

$\quad\quad 4210×10^{-8}$
$\quad\quad ×2000×10^{-8}$
$\quad\quad =8420000×10^{-16}=8420×10^{-13}$

用我们的编码模式不能表示这个数,因为指数 -13 太小了,我们的最小指数是 -9。因此,这个运算的结果将被设为 0。所有因为太小而不能表示的数都将被设为 0。在这种编码方式下,这样做是合理的。

当计算出的绝对值太大以至于计算机不能表示时,将发生溢出。溢出是更加严重的问题,因为一旦发生溢出,没有合理的解决方法。例如,下列计算的结果不能存储。

$\quad\quad 9999×10^9$
$\quad\quad ×1000×10^9$
$\quad\quad =9999000×10^{18}=9999×10^{21}$

我们应该怎么处理呢? 可以把结果设置为 $9999×10^9$,即模式中的最大实数值。但显然这样做误差太大。另一种方法是停止运算报错。

浮点数可能发生的另一种错误叫作化零误差。当相加或相减的两个数的量级相差太大时会出现这种误差。下面是一个例子: $(1+0.00001234-1)=0.00001234$。

算术运算的法则可以证明这个等式是正确的。但如果用计算机来执行这个运算会出现什么情况呢?

$\quad\quad 100000000×10^{-8}$
$\quad\quad +\quad\quad 1234×10^{-8}$
$\quad\quad =100001234×10^{-8}$

因为只有 4 位精度，所以结果将变为 1000×10^{-3}。计算机再减去 1：

1000×10^{-3}

-1000×10^{-3}

$=0$

结果是 0，而不是 0.00001234。

上面讨论了实数的问题，整数（无论负数还是正数）也会发生溢出。本节讨论的主旨有两点。第一，实数运算的结果可能与你预期的不同；第二，如果处理的数非常大或非常小，要注意执行运算的顺序。

14.1.2 部件的限制

硬件故障发生的概率虽然比较低，但确实存在。硬盘会坏，文件服务器会崩溃，网络会断掉。有时候系统崩溃的严重程度超出了设计者的想象。硬件故障的最佳解决方法是进行防御性维护，也就是定期检测硬件，替换损坏的零件。

防御性维护还要保证放置计算机的物理环境合适。大型计算机常常需要放在有空调和防尘的房间，个人计算机不能放在防漏水管下。现实世界里，有些意外情况并不能事先都预计到。例如，在计算机出现早期，也就是真空管的年代，有一台运行的计算机开始生成奇怪的结果，最后才发现是只虫子（Bug）进入机箱造成了部分线路短路。此后，"Bug"一词就由一个开玩笑的说辞逐渐开始正式表示计算机错误了，以至于很多人不知道这种说法的来历。较近的一次有趣的事故是一条数字用户线路（Digital Subscriber Line，DSL）会间歇性地中断，层层检查后才发现，问题出在电话线上，原来是松鼠用它来磨牙了。

当然，关于部件限制的所有讨论都有一个前提，即计算机硬件在设计和制造阶段都经过了全面的测试。1994 年，出现了一条关于 Intel 的 Pentium 处理器缺陷的丑闻。IBM、Compaq、Dell、Gateway 2000 等公司生产的几百万台计算机都使用了这种 Pentium 芯片。这个缺陷是浮点运算部件的一个设计错误，会使某些 5 位有效位的除法运算生成错误的答案。这个运算错误会多久发生一次呢？IBM 预测，电子制表软件的用户将每隔 24 天遭遇一次这样的错误，Intel 则声称每隔 27000 年才会发生一次错误。PC Week 的测试组得出的结论是发生错误的频率为 2 个月到 10 年。虽然这种芯片设计错误随后被修正了，但 Intel 公司并没有召回全部有缺陷的芯片。对 Intel 公司来说，这是一件公共关系的灾难性事件，当时对 Intel 的影响很大。

14.1.3 通信的限制

计算机内部和计算机之间的数据流就好像是计算机的血液，因此，一定要保证数据不被破坏。为了实现这种需求，计算机采取了错误检测码和错误纠正码策略。错误检测码可以判断出数据在传输过程中是否发生了错误，并警告系统；错误纠正码不仅能检测出发生了错误，还能将其纠正为正确的值。

1. 奇偶校验（位校验）

奇偶校验是一种检测存储和读取，或发送和接收数据的过程中数据传输是否正确的方法，办法是在正常传输的数据后面附加一位校验位。根据被传输的一组二进制代码的数位中"1"的个数是奇数或偶数来进行校验。采用奇数的称为奇校验，反之，称为偶校验。采用何种校验是事先规定好的。通常专门设置一个奇偶校验位,用它表示这组代码中"1"的个数为奇数或偶数。若用奇校验,则当接收端收到这组代码时,校验"1"的个数是否为奇数,从而确定传输代码的正确性。

例如,某系统规定采用奇校验,现在有一个正常传输的数据是 8 位二进制数 11001100,它本身有 4 个 1,4 是偶数,所以附加的校验位应该是 1,这样构成的 9 位二进制串 110011001 共有奇数个 1。如果正常传输的数据是 11110001,那么附加校验位就应该是 0,也一起构成 9 位二进制串 111100010,共有奇数个 1。这个数据在读取和存储时,9 位都会被写入或读出。读出时,将计算其中 1 的个数(包括校验位)。如果 1 的个数是偶数,说明发生了错误。

需要注意的是,数据传输时如果其中一位发生错误,奇偶校验能检测到错误,但如果有两位发生错误,则系统会认为传输是正确的。不过,通常系统极少会发生两位错误,所以奇偶校验还是很常用的检测错误方法。

上述模式的一种软件变体是求一串数字的每个数位的和,然后把和的个位与正常数据存储在一起,这种方式称为校验数字。例如,对于数字 34376,3+4+3+7+6=23,存储时会把 23 的个位 3 与数字存储在一起,就是 343763。如果这个数中的 4 变成了 3,系统就可以检测到错误。但是,如果 7 变成了 6,6 变成了 7,整个数字的和仍然是正确的,但其实发生了错误。

2. 纠错码

纠错码是在接收端能自动地纠正数据传输中所发生错误的码,通常是在发送的数据块中添加足够的冗余信息,以便接收方不仅能够判断数据是否出错,而且能够纠正错误。极端的冗余是对每个数据都保留一份独立的副本,如果发现奇偶校验有错,那么可以查看另一个副本以得到正确的值,不过这种方式代价太大。

海明码(Hamming Codes)是一种常见的纠错码,是海明(H. W. Hamming)于 1950 年提出的一种码制。在发送数据之前将数据按照海明码制形成海明码,然后发送海明码,到达对方后根据接收到的海明码进行解释分析、判错、纠错。

纠错码主要用于通信、硬盘驱动器、CD、DVD 等方面。

14.2 软件限制

软件中的错误非常令人讨厌,有时甚至会造成致命的事故。下面列举几例造成严重后果的软件错误。

1962 年,美国发射"水手 1 号"空间探测器前往金星,结果在起飞后不久就偏离了预定轨道,控制台只好摧毁了火箭。事故的起因是一名程序员在程序中将一条计算公式抄错了。

1980 年,北美防空联合司令部曾报告称美国遭受导弹袭击。后来证实,这是反馈系统的电路故障,但反馈系统软件没有考虑故障问题,因此引发了误报。1983 年,苏联卫星报告有美国导弹入侵,但主管官员的直觉告诉他这是误报,后来事实证明的确是误报,幸亏这些误报没有激活"核按钮"。在上述案例中,如果真的发起反击,核战争将全面爆发,后果不堪设想。

"火星气候探测者"号是由美国国家航空航天局于 1998 年发射的一个空间探测器,用于研究火星的大气层、气候以及表层变化。该探测器在发射后第 286 天进入火星轨道时失去了通信，导航故障让探测器过于靠近火星大气层，从而导致燃烧并解体。此项工程耗费 3.27 亿美元，这还不包括损失的时间。任务失败的主要原因是人为失误。火星气候探测者号的飞行系统软件使用公制单位"牛顿"计算推进器动力，而地面控制方向校正量和推进器参数的软件使用的是英制单位"磅"。

下面将分析为什么开发没有错误的软件很困难，也将分析当前提高软件质量的方法。

14.2.1 软件的复杂度

为什么商业软件无法保证没有错误？难道软件开发者不测试他们的产品吗？软件错误问题并非由懒惰引起，而是由软件的复杂性引起的。

软件测试能够证明软件存在错误，但是不能证明不存在错误。我们可以测试软件，发现问题，修正问题，然后再测试软件。随着不断发现问题，解决问题，对软件的信心也会逐渐增强。但我们永远不能确保已经消除了所有的错误。软件中潜伏着其他的还没有发现的错误，这种可能性将一直存在。

由于我们永远不知道是否已经发现了所有问题，那么何时才能停止测试呢？这成了一个风险问题。如果你的软件中还有错误，那么你愿意承担多大的风险？如果是游戏软件，那么面对的风险是公司信用可能降低；如果是飞机控制软件，那么要承担的风险就是整机乘客的生命。

20 世纪 60 年代出现了计算机研究的一个分支——软件工程，其目标就是把工程原则引入软件开发。在过去的半个世纪，这方面的研究已经向目标跨进了一大步，包括对抽象角色更深的理解、引入模块化以及软件生命周期等。虽然软件工程的大多数概念来自工程学，但必须适应处理软件这种抽象的数据时产生的特殊问题。硬件设计受所用材料的限制，软件则主要受人类能力的限制。

以前构建软件的主要工作是完全写一个新软件，而今天，构建软件的重点已经变成了对现有软件的维护和升级。随着系统变得越来越大，需要多组设计员设计系统，因此必须分析人类协作的方式，以便设计出能辅助人们有效协作的方法。

14.2.2 当前提高软件质量的方法

软件产品质量通常可以从以下 6 方面去衡量(定义)。

(1) 功能性(Functionality)，即软件是否满足了客户业务要求。
(2) 可用性(Usability)，即衡量用户使用软件需要付出多大的努力。
(3) 可靠性(Reliability)，即软件是否能够一直处在一个稳定的状态上满足可用性。
(4) 高效性(Efficiency)，即衡量软件正常运行需要耗费多少物理资源。
(5) 可维护性(Maintainability)，即衡量对已经完成的软件进行调整需要多大的努力。
(6) 可移植性(Portability)，即衡量软件是否能够方便地部署到不同的运行环境中。

由此可见，软件产品的质量有其明显的特殊性。而目前提高软件产品质量的主要方法是软件过程质量控制。

虽然我们不可能使大型软件系统完全没有错误，但是并不意味着应该放弃努力。我们可以采用某些策略提高软件的质量。

1. 软件工程

第 5 章列出了计算机问题求解的 3 个阶段，即开发算法、实现算法和维护程序。如果从定义明确的小任务转移到大型的软件项目，那么还需要增加需求分析阶段。需求分析需要说明软件产品的功能、输入、处理、输出和特性。

软件生命周期包括需求分析、设计（概要设计和详细设计）、实现及维护。

所有阶段都要执行验证操作：需求是否精确反映了需要的功能；概要设计是否精确反映了需求中的功能；设计中的每个后继层是否精确实现了上一层的功能；代码实现是否与设计相符；维护阶段的改变是否精确反映了想要的改变；这些改变的实现是否正确。

第 5 章和第 11 章讨论过软件的设计和代码的测试。显然，随着问题的复杂化，软件验证越来越重要，也越来越复杂。对设计和完成的代码的测试尽管很重要，也只是整个过程中的一小部分。在一个典型的项目中，有一半错误是在设计阶段发生的，而在实现阶段发生的错误只占一半。如果以修正错误的代价作为衡量标准，那么在设计过程中越早发现错误，修正错误的代价越小。

大型软件产品是由多个程序员小组合作开发出来的。程序设计小组使用的两种有效的验证方法是走查和审查。虽然第 5 章已经介绍过这两种方法，但是它们非常重要，所以值得在此再提一遍。走查和审查是正式的小组活动，目的是把发现错误的责任从个人转移到小组。由于测试非常耗时，而且错误发现得越晚，代价越高，所以这种活动的目标是在测试开始前发现错误。

进行走查时，小组成员集中在一起，输入测试样本对设计或程序进行手动模拟，在纸上或黑板上跟踪程序中的数据。与全面的程序测试不同，走查并非要模拟所有可能的测试用例，它的目的是激发大家对所选择的设计方式或实现程序的方法进行讨论。

进行审查时，将由小组中的一员（不能是程序的作者）逐行读出程序的需求、设计或代码。审查参与者事先已拿到了相关资料，理应仔细阅读过这些资料，并且记录了发现的错误。在审查过程中，审查参与者会指出错误，这些错误会记录在审查报告中。仅仅是大声朗读的过程就会发现其他错误。与走查一样，小组讨论的主要好处在于讨论是在所有小组成员之间进行的。程序员、测试员和其他小组成员之间的这种沟通会在测试开始前发现很多的程序错误。

在概要设计阶段，要将设计与程序需求进行比较，以确保设计方案包括了所有必需的功能，并且该程序或模块能够与系统中的其他软件正确地连接起来。在详细设计阶段，设计已经具有很多细节，在实现它之前，一定要进行审查。完成编码后，要再审查一次。审查（或走查）可以确保实现（代码）与需求和设计都是一致的。审查成功完成后，就可以开始程序测试了。

走查和审查都要以一种无威胁的方式执行，这些小组活动的重点是去除产品中的缺陷，而不是批评做设计或写代码的人采用的技术方法。由于这些活动的主持人都不是作者，所以针对的是错误，而不是相关人员。

有一篇论文报告了一个项目，该项目采用小组走查和正式审查结合的方式能够把产品的错误减少 86.6%。这一过程要应用于软件生命周期的每个阶段。表 14-1 展示了在维护一个项目时软件生命周期的各个阶段发现的每 1000 行源代码中的错误数。除了测试活动外，每个阶段都要进行正式的审查。

表 14-1　软件生命周期各阶段发现的错误数

阶　　段	每 1000 行代码中的错误数
系统规划	2
软件需求	8
设计	12
代码审查	34
测试活动	3

刚才讨论的是大型软件项目，有必要对"大型"进行一下量化。美国航天飞机地面处理系统有 50 多万行代码，Windows Vista 有 5000 万行代码，大多数大型项目的代码行数介于这两者之间。

前面已经指出过，由于大型项目的复杂性，要编写没有错误的代码是不可能的。下面是预计错误量的一个参考标准。

- 标准软件：每 1000 行代码 25 个错误。
- 好的软件：每 1000 行代码 2 个错误。
- 航天飞机软件：每 10000 行代码少于 1 个错误。

2. 形式验证

有没有工具可以用来定位设计和代码中的错误呢？我们可以用数学方法证明几何定理，为什么不能这样证明计算机程序呢？

程序正确性验证不同于软件测试，它是计算机科学理论研究的一个重要领域。这项研究的目标是建立证明程序的方法，就像证明几何定理一样。现在已经有技术能证明代码满足描述的功能，但是证明往往比程序本身更复杂。因此，验证研究的一个重点是尝试构建自动化的程序证明器，即验证那些能检验其他程序的程序。

已经有形式化的方法可以成功地验证计算机芯片的正确性。一个著名的例子是验证执行实数算术运算的芯片，这项成果获得了英国女王技术成就奖。硬件层的形式验证技术的成功有望带来软件形式验证的成功。但是，软件比硬件复杂得多，不敢期望在不久的将来会出现太大的突破。

3. 开源运动

在计算机发展早期，软件(包括它的源代码)是与计算机绑定在一起的。程序员不断地调整和改编程序，而且很愿意共享他们所做的改进。从 20 世纪 70 年代开始，计算机公司开始保留源代码，软件变成了一项大生意。

随着 Internet 的出现，世界各地的程序员几乎无须什么费用就可以进行协作。有兴趣参与某开源项目的程序员可以在 Internet 上得到该软件产品的初级简单版本，然后修改 Bug 或进行扩展，如果这种改进通过了同行审查，获得了项目掌控人的认可，并被纳入下一个版本，那么这就是对该开源软件质量的一次出色的改进。

Linux 是最著名的开源项目。Linus Torvolds 以 UNIX 为蓝图，开发了这种操作系统的第一个简单版本，并且一直在指引着它的发展。早些年，有人对 Linux 的成功模式不以为然，认为它只是个令人惊喜的偶然。现在看来，Linux 更像是一种新模式的教科书式示例。开源运动是一个大规模的奇迹，全世界已经有上千万的志愿程序员加入其中。截至 2018 年 10 月，Github 上的开源项目达到 9600 万个，注册用户超过 3000 万。

如今，开源运动仍在走强。有些公司认为这是几种设计选择之一；有些公司则认为这对公司的运营至关重要。专门研究软件质量和安全测试解决方案的 Coverity 公司 2013 年的一份报告显示，开源软件每千行代码的错误比专有软件少。

OpenSSL 是创建于 1998 年的加密工具的开源实现，有大量的 Web 服务器使用它。不幸的是，2014 年 4 月，在 OpenSSL 中发现了一个错误，俗称"心血漏洞"（Heartbleed）。该错误很快就被修复了，但它引起了推动开源运动的志愿者程序员的注意。从理论上讲，每个人都可以检查别人的软件能获得更好的软件，然而，这种情况在心血漏洞中并没有发生。

因此，仍然需要时间才能证明开源软件运动是否对制作高质量的软件有所贡献。

14.3 问题可解性

生活中充满了各种问题。对于有些问题，计算机很容易解决；有些问题，计算机虽然能解决，但需要的计算量很大，运算时间很长，如果我们有足够的计算资源，可以得到计算结果；还有一些问题可以证明没有解决办法。在介绍这些不同类型的问题之前，有必要先介绍一下比较算法的方法。

14.3.1 算法比较

前面的章节中介绍过，大部分问题的解决方案不止一种。例如，你想知道如何从甲地到乙地，可能有几条不同的路线都能到达。无论哪条路线，都是正确的答案。如果有特殊要求，那么一种解决方案可能比另一种好。例如，"我开车从甲地到乙地，走哪条路最快？"对于这个问题，就需要从可行的几条路线中选择一条。

通常，算法的选择取决于效率，即解决问题需要的工作量。要比较两个算法的工作量，首先要定义一组客观的度量标准。算法分析是理论计算机科学的一个重要研究领域，在高级计算课程中，可以看到该领域中的大量工作。这里只介绍其中的一点内容，让你能够比较两个算法，理解对算法复杂度的描述。

如何衡量两个算法的执行效率呢？首先想到的办法是将算法用程序实现，然后运行程序，对比两个程序的运行时间，用时较短的算法是比较好的算法。这种方法可行吗？事实上，使用这种方法，只能确定程序 A 在特定的计算机上比程序 B 耗时短，执行时间是特定计算机特有的。当然，可以在所有可能的计算机上测试算法，但计算机硬件千变万化，我们很难都测试到，所以需要一个更通用的方法。

第二种方法是计算执行的指令数或语句数。但是，使用的程序设计语言不同，以及程序员的个人编程风格不同，都会对这种衡量方法有影响。为了标准化这种衡量方法，可以计算算法中执行关键的循环的次数。如果每次循环的工作量相同，那么这种方法就给我们提供了衡量算法效率的标准。

另一种方法是把算法中的一个特定基本操作分离出来，计算这个操作执行的次数。例如，假设要求一个整数序列的元素的和，要衡量所需的工作量，就要计算整数加法操作的次数。对于有 100 个元素的序列，需要 99 次加法运算。但要注意，并非真的要去计算加法运算的次数，它是序列中的元素个数（N）的函数。因此，可以用 N 表示加法运算的次数，对于有 N 个元素的序列，需要 $N-1$ 次加法运算。现在可以比较一般情况的算法性能，而不是只比较特定数量个元素的情况。

1. 大 O 分析

前面介绍过,用算法输入的大小(如求和序列中的元素个数)的函数衡量工作量比较合适。我们可以用称为数量级的数学符号或大 O 表示法表示这个函数的近似值。大 O 符号(Big-O Notation)是以函数中随着问题的大小增长得最快的项表示计算时间(复杂度)的符号。

函数的数量级是以问题的大小为参数的函数中的最高项。例如,$f(N)=N^4+100N^2+10N+50$,那么 $f(N)$ 的数量级是 N^4,用大 O 符号表示就是 $O(N^4)$。也就是说,对于较大的 N,N^4 在函数中占支配地位。$100N^2+10N+50$ 并非不重要,只是随着 N 越来越大,它们会变得越来越无足轻重,因为 N^4 支配着这个函数的量级。

为什么可以舍弃低数量级的项呢?举例来说,如果我们想买汽车和坐垫,考虑两家销售商,我们只需要对比汽车的价格,坐垫的价格根本微不足道。同样地,对于较大的 N,N^4 比 50、$10N$,甚至 $100N^2$ 都大得多,以至于可以忽略这些项。这并不意味着这些项对计算时间没有影响,只是说它们在 N 比较大时对我们的估计没有显著影响。

算法的数量级并没有表明该算法在计算机上运行需要花费多少时间。有时,我们需要这种信息。例如,一个字处理软件的功能需求里要求该程序(在特定计算机上)必须能在 120s 以内对 50 页文档进行拼写检查。对于这种信息,就不能使用大 O 分析,而需要其他的衡量方法。

2. 常见的复杂度数量级

$O(1)$ 叫作有界时间,即工作量是个常数,不受问题大小的影响。给有 N 个元素的数组中的第 i 个元素赋值,复杂度是 $O(1)$,因为可以通过索引直接访问数组中的元素。虽然有界时间通常又叫作固定时间,但工作量却不一定是固定的,它只是有一个常量界限而已。

$O(\log N)$ 叫作对数时间,即工作量是问题大小的对数。每次都把问题的数据量减少一半的算法通常都属于这个类别。用二分查找法在有序列表中查找一个值,复杂度是 $O(\log N)$。

$O(N)$ 叫作线性时间,即工作量是一个常数乘以问题的大小。输出具有 N 个元素的列表中的所有元素,复杂度是 $O(N)$。在无序列表中查找一个值的复杂度也是 $O(N)$,因为必须查找列表中的每一个元素。

$O(N \log N)$(由于缺乏更好的术语)叫作 $N \log N$ 时间。这类算法通常要应用 N 次对数算法。比较好的排序算法(如快速排序、堆排序和合并排序)的复杂度都是 $O(N \log N)$。也就是说,这些算法能用 $O(N \log N)$ 的时间把一个无序列表转换成有序列表,不过快速排序算法对于某些输入数据的时间复杂度是 $O(N^2)$。

$O(N^2)$ 叫作二次时间,这类算法通常要应用 N 次线性算法。大多数简单排序算法的时间复杂度都是 $O(N^2)$。

$O(2^N)$ 叫作指数时间,这类算法非常耗时,随着 N 的增长,指数时间增长得非常快。棋盘上的米粒的故事就是指数时间算法的一个例子,在这个故事中,问题的规模是棋盘的格子数。还要注意的是,最后一格的值增长得非常快,以至于使用普通计算机处理这个量级的问题所需的计算时间超出了预计的宇宙生命期限。

$O(N!)$ 叫作阶乘时间。这类算法甚至比指数时间的算法更耗时。旅行销售商问题就是一个阶乘时间算法。

把常见的复杂度量级从低到高排序,依次为 $O(1),O(\log N),O(N),O(N \log N)$,

$O(N^2)$,$O(2^N)$,$O(N!)$。

表 14-2 列出了随着问题规模 N 的增长,不同时间复杂度的运算次数的变化对比。

表 14-2 不同时间复杂度运算次数对比

N	logN	NlogN	N^2	2^N	N!
1	0	0.0	1	2	1
10	3.3	33.2	100	1024	3628800
20	4.3	86.4	400	1048376	2.4×10^{18}
50	5.6	282.2	2500	1.0×10^{15}	3.0×10^{64}
100	6.6	664.4	10000	1.3×10^{30}	9.3×10^{157}

14.3.2 图灵机

本书已经不止一次提到过图灵这个名字,是他在 20 世纪 30 年代提出了计算机器的概念。他的兴趣并非实现这台机器,而是用它作为一种模型,研究计算的限度。这种著名的模型就是图灵机,如图 14-3 所示。

逻辑结构上,图灵机由 4 部分组成。

(1)一个无限长的存储带。带子由一个个连续的存储格子组成,每个格子可以存储一个数字或符号。

(2)一个读写头。读写头在存储带上左右移动,并可以读、修改存储格上的数字或符号。

(3)一个内部状态存储器。该存储器可以记录图灵机的当前状态,并且有一种特殊状态为停机。

(4)一套状态控制规则。可以根据当前状态以及当前读写头所指的格子上的符号确定读写头下一步的动作(左移还是右移),并改变状态存储器的值,令机器进入一个新的状态或保持状态不变。

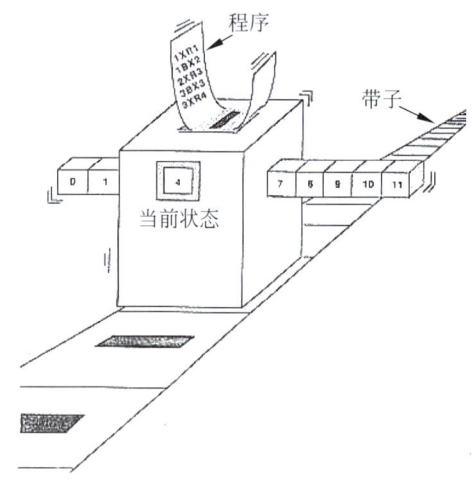

图 14-3 图灵机模型

为什么这样一个简单的机器(模型)这么重要呢?一个广为接受的说法是任何能直观计算的问题都能被图灵机计算,这个说法叫作丘奇-图灵理论(Church-Turing Thesis),是以图灵和阿隆佐·丘奇(Alonzo Church)的名字命名的,丘奇是开发了另一个类似的模型 λ 演算的数学家,是图灵在普林斯顿大学的同事。计算机科学的理论课程会深入地介绍图灵和丘奇的工作。

从丘奇-图灵理论我们可以得出这样的结论,如果证明了一个问题的图灵机解决方案不存在,那么这个问题就是不可解的。

14.3.3 停机问题

※读者可观看本书配套视频 20:停机问题。

前面的章节中介绍过如何循环执行一个过程以及不同的循环类型。有些循环很明显会终止,而有的则不会终止,即陷入了无限循环,还有些循环是根据输入的数据或循环中的计算结果来终止的。在一个程序运行的过程中,很难分辨它是进入了无限循环还是需要更多的时间来运行。

因此,如果可以预言一个具有特定输入的程序不会落入无限循环,是非常有用的。停机问题是这样阐述这个问题的:对于任意一个给定的程序和它的输入,确定该程序采用这样的输入最终是否能停止。

最容易想到的解决方案是用给定的输入运行这个程序,看会发生什么情况。如果程序停止了,答案显而易见。如果程序不停止呢?一个程序要运行多久才能判定它落入了无限循环呢?显然,这种方法不可行。遗憾的是,所有能想到的其他方法也不能判断停机问题,事实上,这个问题是不可解的。

让我们看一下证明停机问题不可解的推理过程。该证明可以写成:不存在这样一个程序,它能够判断任何程序在给定的输入上是否会结束(停机)。证明过程类似于数学上的反证法。

假设存在一个程序 SolveHalt,对于任何程序 Example 和输入 Data,它都能确定 Example 是否会停止。也就是说,程序 SolveHalt 以程序 Example 和输入 Data 作为参数,如果判断 Example 能停止,则返回 0,并输出"停机",如果判断出 Example 是无限循环,则返回 1,并输出"死循环"。

```
int SolveHalt (Example, Data)
{
    //无论具体如何实现,它只有两种返回值,要么返回 0,表示停机,并输出"停机";
    // 要么返回 1,表示死循环,并输出"死循环"。
}
```

前面讲过,在计算机中,程序(指令)和数据很像,都是二进制串。程序和数据的区别在于控制部件如何解释二进制串,程序也可以作为数据使用。因此,如果把 Example 自身作为输入数据 Data,那么 SolveHalt 就要以程序 Example 和数据 Example 作为参数,来判断 Example 以其自身作为输入是否会停止。

现在我们构造一个新程序 NewProgram,它有一个参数。该程序调用了 SolveHalt 算法。

```
NewProgram (P)
{
  if (SolveHalt (P,P) == 1)    // 如果 SolveHalt 判断出程序 P 死循环
       printf("停机");           // 此时 NewProgram 输出"停机",表示自己能停止
  else                          // 如果 SolveHalt 判断出程序 P 不是死循环,能停机
       while(1)
          {}                    //此时 NewProgram 会死循环
}
```

前面说过,程序可以作为数据使用,现在如果 NewProgram 的参数 P 是它本身,即 NewProgram(NewProgram),程序中会出现 SolveHalt(NewProgram, NewProgram),相当于用 SolveHalt 判断程序 NewProgram 在输入为 NewProgram 时是否会停机。如果 SolveHalt(NewProgram, NewProgram)判断出 NewProgram 死循环,并输出"死循环",此时,NewProgram 输出"停机",显然矛盾。反之,如果 SolveHalt(NewProgram, NewProgram)判

出 NewProgram 停机,并输出"停机",但从程序中看,NewProgram 会死循环,两者同样矛盾。

从这个特殊的例子可以证明,没有一个万能的程序,能判断任意程序在给定输入的情况下是否能停机。

14.3.4 算法分类

如果一个问题存在着一个算法,它的时间复杂度为 $O(N^k)$,其中 N 为输入规模,k 为非负整数,就认为存在着一个解该问题的多项式时间算法,$O(1)$、$O(\log N)$、$O(N)$、$O(N\log N)$ 和 $O(N^2)$ 都是多项式时间算法,$O(2^N)$ 和 $O(N!)$ 统称为指数时间算法。

通常将存在多项式时间算法的问题称为 P 类问题,看作是易解问题,将需要指数时间算法解决的问题看作是难解问题。还有一类问题是不可解问题,如上述的停机问题。

虽然难解问题有算法解决方案,但数据量稍大,它们就要执行很长的时间。第 1 章提到过并行计算机,如果同时使用足够多的处理器,某些问题能在合理的时间(多项式时间)内解决吗?答案是可以。如果使用大量的处理器,就能在多项式时间内解决的问题叫作 NP 类问题。

有一个经典的 NP 问题叫作旅行商问题(Travelling Salesman Problem,TSP)。一个旅行商要走访他的销售区内的所有城市,为了有效地走访每个城市,他想从起点开始,找到一条经过且只经过每个城市一次并回到起点的最短路径。这个问题可以用图描述,图的顶点表示城市,图中的边表示城市间的路,每条边上标有城市之间的距离。这是一个著名的图论问题,实现它的算法复杂度是 $O(N!)$。

显然,P 类问题也是 NP 类问题。计算理论中的一个未决问题是:NP 类问题是否也是 P 类问题?也就是说,这些问题是否存在多项式算法,而我们还没发现?目前这个问题还没有答案,不过计算理论研究者一直在寻找答案。

NP 类问题很多,如果每一个 NP 类问题都要判断是否等价于 P 类问题,恐怕不太可行。计算机研究者已经找到了一种方法,将该问题简化了。有一类特殊的问题叫作 NP 完全问题,它属于 NP 类问题,而且所有 NP 类问题都能规约到它。至于如何规约,已经超出了本书的范围,在专门的算法课程中会讲到。NP 完全问题可以理解为 NP 类问题中最难的一类问题。如果找到了其中一个 NP 完全问题的单处理器多项式算法,那么所有 NP 问题都会有这样的解决方案,就证明了 P 类问题等同于 NP 类问题。证明或否定 P 类问题等同于 NP 类问题非常困难,如果有人解决了该问题,你肯定会立刻知道,因为这一定是计算领域的头条新闻。

14.4 小结

计算机解决问题受到硬件、软件和要解决的问题的性质这三者的限制。

数字本身是无限的,而计算机能表示的数字却是有限的,这种限制会导致算术运算错误,生成不正确的结果。硬件部件会磨损,计算机之间或计算机内部的数据传输可能会造成信息丢失。

大型软件项目的规模和复杂性几乎一定会导致软件存在未发现的错误。虽然测试可以发现错误,却不能证明没有错误了。构建好的软件的最佳方法是从项目一开始就应用软件工程的规则,关注它的质量。

从非常易于解决的,到根本不能解决的问题的种类很多。大 O 分析提供了一个指标,使我们能够根据算法计算量增长率的不同比较算法。多项式时间算法是能够用问题规模的多项式表示的算法。P 类问题是能用单处理器在多项式时间内解决的问题。NP 类问题是能用足够多的处理器在多项式时间内解决的问题。还有一类问题(如停机问题)是计算机无法解决的问题。

14.5 习题

1. 判断题

(1) 计算机在做 $1+x-1$ 运算后,结果一定等于 x。(　　)

(2) 表示误差就是舍入误差。(　　)

(3) 软件验证活动仅限于实现阶段。(　　)

(4) 软件项目中的一半错误都发生在设计阶段。(　　)

(5) 大多数大型软件项目都是由一个天才人物设计,然后交给程序员组开发的。(　　)

(6) 在软件生命周期中,错误发现得越晚,修正它的代价越小。(　　)

(7) 程序的正式验证只停留在理论研究阶段,至今还没有实行过。(　　)

(8) 大 O 符号可以告诉我们一个解决方案运行了多长时间。(　　)

(9) 软件工程是计算机学科的一个分支,出现于 20 世纪 60 年代。(　　)

(10) 现有软件的维护和升级已经变得比构建新系统更重要。(　　)

2. 问答题

(1) 硬件带给计算的限制有哪些?

(2) 实数运算为什么会有误差?

(3) 当前提高软件质量的方法有哪些?

(4) 什么是走查和审查?

(5) 常见的复杂度数量级有哪些? 请从低到高列出。

(6) 解释图灵停机问题。

(7) 什么是 P 类问题? 什么是 NP 类问题?

附录 ASCII码对照表及其说明
APPENDIX

ASCII 码对照表如下。

编码（十进制）	字符	注释	编码（十进制）	字符	编码（十进制）	字符	编码（十进制）	字符
0	NUL	空字符	32	space	64	@	96	`
1	SOH	标题开始	33	!	65	A	97	a
2	STX	正文开始	34	"	66	B	98	b
3	ETX	正文结束	35	#	67	C	99	c
4	EOT	传输结束	36	$	68	D	100	d
5	ENQ	请求	37	%	69	E	101	e
6	ACK	收到通知	38	&	70	F	102	f
7	BEL	响铃	39	`	71	G	103	g
8	BS	退格	40	(	72	H	104	h
9	HT	水平制表符	41	)	73	I	105	i
10	LF	换行	42	*	74	J	106	j
11	VT	垂直制表符	43	+	75	K	107	k
12	FF	换页	44	,	76	L	108	l
13	CR	回车键	45	—	77	M	109	m
14	SO	不用切换	46	.	78	N	110	n
15	SI	启用切换	47	/	79	O	111	o
16	DLE	转义	48	0	80	P	112	p
17	DC1	设备控制1	49	1	81	Q	113	q
18	DC2	设备控制2	50	2	82	R	114	r
19	DC3	设备控制3	51	3	83	S	115	s
20	DC4	设备控制4	52	4	84	T	116	t
21	NAK	拒绝接收	53	5	85	U	117	u
22	SYN	同步空闲	54	6	86	V	118	v
23	ETB	传输块结束	55	7	87	W	119	w
24	CAN	取消	56	8	88	X	120	x
25	EM	介质中断	57	9	89	Y	121	y
26	SUB	替补	58	:	90	Z	122	z
27	ESC	溢出	59	;	91	[	123	{
28	FS	文件分隔符	60	<	92	\	124	|
29	GS	分组符	61	=	93	]	125	}
30	RS	记录分离符	62	>	94	^	126	~
31	1E	单元分隔符	63	?	95	_	127	del

1. ASCII 码分类

ASCII 码中，字符大致分为两类。

(1) 不可打印字符。第 0~31 号及第 127 号(共 33 个)是控制字符或通信专用字符。

(2) 可打印字符。除不可打印字符外的其他字符，这些字符可以从键盘上输入。

2. ASCII 码的一些特征

(1) 大写字母从 65(A)开始，连续到 90(Z)。小写字母从 97(a)开始，连续到 122(z)。同一个字母的小写编码比大写编码大 32。

(2) 大写字母后面不是紧跟着小写字母的，中间有些标点字符。

(3) 十进制数字(0~9)从 48 开始，到 57 结束，这意味着如果要把一个 ASCII 字符转化为它对应的作为整数的值，需要从中减去 48。例如，8 在 ASCII 中的编码是 56，要得到它所对应的数字值，需要从中减去 48，即 56－48＝8。

参 考 文 献

[1] Nell Dale,John Lewis. Computer Science Illuminated[M]. Sixth Edition. MA：Jones and Bartlett Publishers,2014.

[2] Behrouz Forouzan,Firouz Mosharraf. 计算机科学导论[M]. 刘艺,翟高峰,等译. 2版. 北京：机械工业出版社,2009.

[3] J. Glenn Brookshear,Dennis Brylow. 计算机科学概论[M]. 刘艺,吴英,毛倩倩,译. 12版. 北京：人民邮电出版社,2017.